高等院校土木工程专业课程设计解析与实例丛书

混凝土结构课程设计解析与实例

第 2 版

唐兴荣 编著

U0257856

机 械 工 业 出 版 社

本书是"高等院校土木工程专业课程设计解析与实例丛书"之一，书中对土木工程专业课程设计体系中结构设计模块的混凝土单向板肋梁楼盖设计、混凝土双向板肋梁楼盖设计、单层厂房排架结构设计、混凝土框架结构设计、砌体结构设计五个混凝土结构课程设计进行了详细的分析说明。解析了上述混凝土结构的设计方法、设计内容及基本要求，并列举了相应的课程设计实例以供参考。

　　本书可供高等院校土木工程专业及相关专业师生作为课程设计及毕业设计的教学辅导与参考用书，亦可成为土木工程专业的毕业生通向实际工作的一座必要的桥梁。

图书在版编目（CIP）数据

混凝土结构课程设计解析与实例/唐兴荣编著 . —2 版 . —北京：机械工业出版社，2021.1（2024.5 重印）

（高等院校土木工程专业课程设计解析与实例丛书）

ISBN 978-7-111-67145-9

Ⅰ . ①混… Ⅱ . ①唐… Ⅲ . ①混凝土结构-课程设计-高等学校-教学参考资料 Ⅳ . ①TU37

中国版本图书馆 CIP 数据核字（2020）第 260186 号

机械工业出版社（北京市百万庄大街 22 号　邮政编码 100037）
策划编辑：薛俊高　责任编辑：薛俊高　关正美
责任校对：刘时光　封面设计：张　静
责任印制：邓　博
北京盛通数码印刷有限公司印刷
2024 年 5 月第 2 版第 3 次印刷
210mm×285mm · 15.25 印张 · 444 千字
标准书号：ISBN 978-7-111-67145-9
定价：49.00 元

电话服务　　　　　　　　　网络服务
客服电话：010-88361066　　机　工　官　网：www.cmpbook.com
　　　　　010-88379833　　机　工　官　博：weibo.com/cmp1952
　　　　　010-68326294　　金　书　网：www.golden-book.com
封底无防伪标均为盗版　　机工教育服务网：www.cmpedu.com

总　序

土木工程专业实践教学体系由实验类、实习类、设计类和社会实践以及科研训练等多个领域组成，是土木工程专业培养方案中重要的教学环节之一。设计领域包括课程设计和毕业设计，课程设计是土木工程专业实践教学体系的重要环节，起到承上启下的纽带作用。一个课程设计实践环节与一门理论课程相对应，课程设计是将课程基本理论、基本知识转化为课程实践活动的"桥梁"，也为后续的毕业设计和学生今后的工作奠定坚实的基础。但是，由于课程设计辅导环节很难满足大规模学生的需求，缺少课程设计后期的答辩和信息反馈环节，加上辅导教师缺乏工程实践经验，使课程设计很难达到专业培养方案所提出的要求。为此，作者根据多年来从事土木工程专业教学改革项目研究和实践所取得的成果以及指导土木工程专业课程设计所积累的教学经验，按照我国新颁布的现行国家和行业标准编写了这套丛书。

土木工程专业课程设计体系包括实践单元、知识与技能点两个层次，由建筑设计、结构设计和施工技术与经济三个设计模块组成。据此，提出了土木工程专业各专业方向课程设计的内容以及其知识与技能点。

在本系列丛书的编写过程中，注重解析课程设计中的重点、难点及理论应用于实践的基本方法，培养学生初步的设计计算能力，掌握综合运用课程基础理论和设计方法。每个课程设计的内容包括知识与技能点、设计解析、设计实例以及思考题等。书后还附有课程设计任务书，供教师教学时参考。

"高等院校土木工程专业课程设计解析与实例丛书"共七册，涵盖了土木工程专业建筑工程、道路和桥梁工程、地下工程各设计模块中涉及的课程内容。第一册：《建筑设计课程设计解析与实例》，包括土木工程制图课程设计、房屋建筑学课程设计等；第二册：《施工技术与经济课程设计解析与实例》，包括施工组织设计、工程概预算课程设计等；第三册：《混凝土结构课程设计解析与实例》，包括混凝土梁板结构设计、单层厂房排架结构设计、混凝土框架结构设计、砌体结构设计等；第四册：《钢结构课程设计解析与实例》，包括组合楼盖设计、普通钢屋架设计、平台钢结构设计、轻型门式刚架结构设计、钢框架结构设计等；第五册：《桥梁工程课程设计解析与实例》，包括桥梁结构设计、桥梁桩基础设计等；第六册：《道路工程课程设计解析与实例》，包括道路勘测设计、路基挡土墙设计、路基路面设计等；第七册：《地下建筑结构课程设计解析与实例》，包括地下建筑结构设计、隧道工程设计、基坑支护设计、桩基础工程设计等。

本丛书既可作为高等院校土木工程专业及相关专业师生课程设计的教学辅导与参考用书，亦可作为土木工程专业师生毕业设计的参考用书，还可供从事土木工程专业及相关专业的工程技术人员参考。

由于编者的水平有限，书中难免会有疏漏之处，敬请读者批评指正。

编　者

2020 年元月

前　言

　　本书是"高等院校土木工程专业课程设计解析与实例丛书"之一。书中解析了土木工程专业课程设计体系中结构设计模块的混凝土单向板肋梁楼盖设计、混凝土双向板肋梁楼盖设计、单层厂房排架结构设计、混凝土框架结构设计、砌体结构设计五个混凝土和砌体结构课程设计。

　　"混凝土单向板肋梁楼盖设计"系统解析了混凝土单向板肋梁楼盖结构的设计方法。要求学生完成单向板肋梁楼盖结构布置、内力计算和组合、配筋计算以及结构施工图绘制，形成初步结构设计的能力。

　　"混凝土双向板肋梁楼盖设计"系统解析了混凝土双向板肋梁楼盖结构的设计方法。要求学生完成双向板肋梁楼盖结构布置、内力计算和组合、配筋计算以及结构施工图绘制，形成初步结构设计的能力。

　　"单层厂房排架结构设计"系统解析了单层厂房排架结构设计方法。要求学生初步掌握混凝土结构设计的一般步骤，完成单层厂房排架结构的结构布置、内力计算、内力组合、构件配筋计算、构造设计、基础设计以及结构施工图绘制，形成初步结构设计的能力。

　　"混凝土框架结构设计"系统解析了混凝土框架结构的设计方法。要求学生初步掌握混凝土结构设计的一般步骤，完成混凝土框架结构的结构布置、内力计算、内力组合、构件配筋计算、构造设计以及结构施工图绘制，形成初步结构设计的能力。

　　"砌体结构设计"系统解析了砌体结构的设计方法。要求学生在初步掌握砌体结构设计理论的基础上，完成砌体结构的结构布置、静力计算、构件设计、基础设计以及结构施工图绘制，形成初步结构设计的能力。

　　本书内容根据现行国家标准《建筑结构可靠性设计统一标准》GB 50068、《建筑结构荷载规范》GB 50009、《混凝土结构设计规范》GB 50010、《建筑抗震设计规范》GB 50011、《砌体结构设计规范》GB 50003、《建筑地基基础设计规范》GB 50007 等规范、规程进行修改，修改时也充分吸纳了广大读者反馈的有益建议。本书可作为高等院校土木工程专业及相关专业课程设计、毕业设计的教学辅导与参考书，也可供土木工程专业及相关专业工程技术人员参考。

　　由于编者的水平有限，书中难免会有疏漏之处，敬请读者批评指正。

目　录

第1章 绪 论

1.1 课程设计的目的

课程设计是土木工程专业实践教学体系中的重要环节之一，其目的主要体现在以下八个方面：

1. 巩固与运用理论教学的基本概念、基础知识

一个课程设计实践环节与一门理论课程相对应，课程设计起着将课程基本理论、基本知识转化为课程实践活动的"桥梁"纽带作用。通过课程设计，可以加深学生对课程基本理论、知识的认识和理解，并学习运用这些基本理论、基本知识来解决工程实际问题。

2. 培养学生使用各种规范、规程、手册和资料的能力

完成一个课程设计，仅仅局限于教材中的内容是远远不够的，需要查阅和运用相关的规范、规程、标准、手册、图集等资料。学生在完成课程设计的过程中进行必要的文献检索，一方面有助于提高课程设计的质量，另一方面可以培养学生查阅各种资料和应用规范规程的能力，从而为毕业设计（论文）打下坚实的基础。

3. 培养学生工程设计意识，提高概念设计的能力

课程设计实践环节使学生完成从基本理论、基本知识的学习到工程技术学习的过渡。通过课程设计，可培养学生工程设计意识，提高概念设计的能力。一个完整的结构设计过程，从结构选型、结构布置，到结构分析计算、截面设计，再到细部处理等环节，学生对所遇的问题依据建筑结构在各种情况下工作的一般规律，结合实践经验，综合考虑各方面因素，才能确定合理的结构分析、处理方法，力求取得最为经济、合理的结构设计方案。

4. 熟悉设计步骤与相关的设计内容

所有工程结构设计，无论是整个结构体系，还是结构构件设计的步骤都有其共同性。通过课程设计教学环节的训练，可以使学生熟悉设计的基本步骤和程序，掌握主要设计过程的设计内容与设计方法。

5. 培养学生的设计计算能力

各门课程设计的计算除了涉及本课程的设计计算内容外，还要涉及其他专业课程、专业基础课程甚至基础课程的相关知识。课程设计对学生加深各门课程之间纵横向联系的理解，学会综合运用各门课程的知识完成工程设计计算是一项十分有益的训练。

6. 培养学生施工图的表达能力

在课程设计过程中，应引导学生查阅有关的构造手册，对规范中规定的各种构造措施要在图纸中有明确的表示，使学生认识到，图纸是工程师的语言，自己所绘的图纸必须正确体现设计计算，图纸上的每一根线条都要有根有据，不仅要自己看得明白，还要让施工人员便于理解设计意图，最终达到正确施工的目的。

7. 培养学生分析和解决工程实际问题的能力

课程设计是理论知识与设计方法的综合运用。每份课程设计任务书的设计任务有所不同，要实现"一人一题"，这样可以避免重复，同时减少学生间的相互依赖，使学生主动思考，自行设计。从而使学生既受到全面的设计训练，也能通过对具体工程问题的处理，提高学生分析问题和解决工程实际问题的能力。

8. 培养学生的语言表达能力

在课程设计结束时，建议增加一个课程设计的答辩环节，以培养学生的语言组织能力、逻辑思维能力和语言表达能力，同时也为毕业设计（论文）答辩做好准备。

1.2　课程设计的基本要求

课程设计的成果一般包括课程设计计算书和设计图纸。课程设计计算书应装订成册，一般由封面、目录、课程设计计算过程、参考文献、附录、致谢和封底等部分组成。设计图纸应符合规范，达到施工图要求。

1. 封面

封面要素包括课程设计名称、学院（系）及专业名称、学生姓名、学号、班级、指导教师姓名以及编写日期等。

2. 目录

编写目录时应注意与设计计算书相对应，尽量细致划分、重点突出。

3. 课程设计计算过程

课程设计计算书主要记录全部的设计计算过程，应完整、清楚、整洁、正确。计算步骤要条理清楚，引用数据要有依据，采用的计算图表和计算公式应注明其来源或出处，构件编号、计算结果（如截面尺寸、配筋等）应与图纸表达一致，以便核对。

当采用计算机计算时，应在计算书中注明所采用的计算机软件名称，计算机软件必须经过审定或鉴定才能在工程中推广应用，电算结果应经分析认可。荷载简图、原始数据和电算结果应整理成册，与手算结果统一整理。

选用标准图集时，应根据图集的说明，进行必要的选用计算，作为设计计算的内容之一。

4. 参考文献

参考文献中列出主要的参考文章、书籍，编号应与正文相对应。

5. 附录

附录包括课程设计任务书和其他主要的设计依据资料。

6. 致谢

对在设计过程中提供帮助的教师、学生等给予感谢。

7. 封底

施工图是进行施工的依据，是设计者的语言，是设计意图最准确、最完整的体现，也是保证工程质量的重要环节。

图纸要求：依据现行国家制图标准《房屋建筑制图统一标准》GB/T 50001 和《建筑结构制图标准》GB/T 50105，采用手绘或 CAD 软件绘制，设计内容满足规范要求，图面布置合理，表达正确，文字规范，线条清楚，达到施工图设计深度的要求。

1.3　土木工程专业课程设计体系和课程设计内容

1. 土木工程专业课程设计体系

土木工程专业各专业方向（建筑工程、道路与桥梁工程、地下工程、铁道工程等）的课程设计体系构建由"建筑设计""结构设计""施工技术与经济"三个模块所组成，如图 1-1 所示。

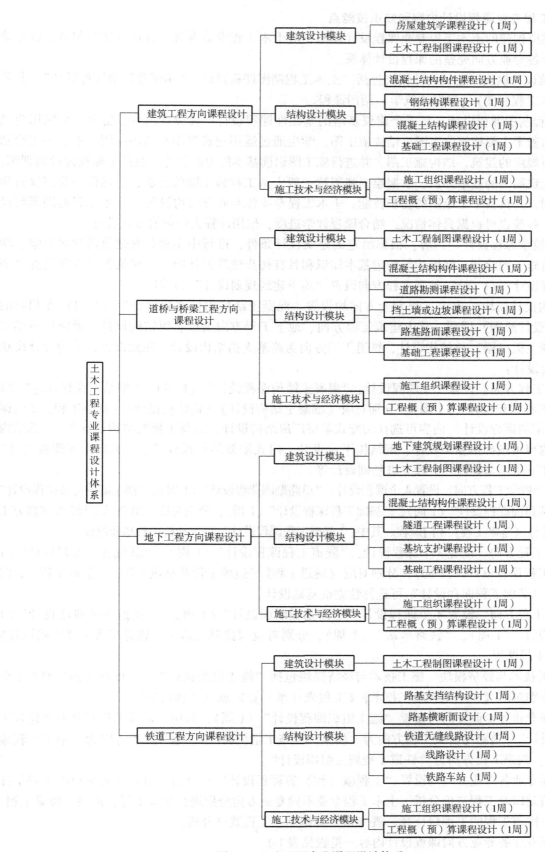

图 1-1　土木工程专业课程设计体系

2. 土木工程专业课程设计内容和知识技能点

根据上述所构建的土木工程专业课程设计体系，对土木工程专业课程设计加以适当组合，以反映土木工程专业各专业方向完整的课程设计体系。

（1）建筑设计模块　建筑设计模块包括"土木工程制图课程设计""房屋建筑学课程设计"，其分别对应《土木工程制图》《房屋建筑学》两门课程。

"土木工程制图课程设计"是一个建议新增的基础性课程设计，其设计内容：给定一栋民用建筑或工业建筑的若干主要建筑施工图、结构施工图，学生通过运用建筑制图和结构制图标准，手工绘制设计任务书所规定的建筑、结构施工图，并进行施工图识读基本能力的训练。通过本课程设计的训练，使学生掌握土建制图的基本知识，掌握绘制和阅读一般土木工程施工图的方法，正确使用绘图仪器和绘图软件作图，并具备手工绘图的初步技能。土木工程专业各专业方向均设置"土木工程制图课程设计"（1周），各校也可根据具体情况，结合课程教学进度，采用课程大作业的形式进行。

"房屋建筑学课程设计"内容：根据给定的建筑设计条件，进行中小型公共建筑的建筑方案、功能布置、建筑施工图绘制，掌握建筑构造基本知识和具有初步建筑设计能力。建筑工程方向设置"房屋建筑学课程设计"（1周），地下工程方向设置"地下建筑规划设计"（1周）。

（2）结构设计模块　土木工程专业方向均设置"混凝土结构构件课程设计"（1周）和相应的《混凝土结构设计原理》课程。其中建筑工程方向、地下工程方向为梁、板结构设计，道路和桥梁工程方向为混凝土板（梁）桥结构设计，铁道工程方向为路基支挡结构设计。除此以外，结构设计模块设置以下课程设计：

1）建筑工程方向。设置3个课程设计："混凝土结构课程设计"（1周）、"钢结构课程设计"（1周）、"基础工程课程设计"（1周），分别对应《混凝土结构设计》《钢结构设计》《基础工程》3门课程。"混凝土结构课程设计"内容可选择装配式单层厂房结构设计、混凝土框架结构设计等。"钢结构课程设计"内容可选择钢屋架设计、钢结构平台设计、门式刚架结构设计等。"基础工程课程设计"内容可选择柱下条形基础设计、独立桩基础设计等。

2）道路与桥梁工程方向。设置4个课程设计："道路勘测课程设计"（1周）、"挡土墙或边坡课程设计"（1周）、"路基路面课程设计"（1周）、"基础工程课程设计"（1周），分别对应《道路勘测设计》《路基工程》《路面工程》《基础工程》4门课程。其中，"基础工程课程设计"可选择桥梁桩基础设计。

3）地下工程方向。设置3个课程设计："隧道工程课程设计"（1周）、"基坑支护课程设计"（1周）、"基础工程课程设计"（1周），分别对应《隧道工程》《边坡工程及基坑支护》《基础工程》3门课程。其中，"基础工程课程设计"可选择独立桩基础设计。

4）铁道工程方向。设置4个课程设计："路基横断面设计"（1周）、"铁道无缝线路设计"（1周）、"线路设计"（1周）、"铁路车站"（1周），分别对应《路基工程》《轨道工程》《线路设计》《铁路车站》4门课程。

（3）施工技术与经济模块　施工技术与经济模块包括"施工组织设计""工程概（预）算"2个课程设计，分别对应《土木工程施工技术》《工程概（预）算》或《工程造价》。

土木工程专业各专业方向均设置"施工组织课程设计"（1周），其中，建筑工程方向为"建筑工程施工组织设计"，道路与桥梁工程方向为"桥梁工程施工组织设计"，地下工程方向为"地下工程施工组织设计"，铁道工程方向为"铁道工程施工组织设计"。

土木工程专业各专业方向均设置"工程概（预）算课程设计"（1周），进行工程项目的工程量计算、预算书编制以及工程造价分析。土木工程专业不同专业方向分别进行建筑工程、道路或桥梁工程、地下工程以及铁道工程的工程量计算、概（预）算编制、工程造价分析。

土木工程专业各专业方向课程设计内容一览表见表1-1。

土木工程专业各专业方向课程设计的知识技能点见表1-2。

表1-1　土木工程专业各专业方向课程设计内容一览表

序号	专业方向	课程设计名称	课程设计内容描述	对应课程	建议周数
1	建筑工程	土木工程制图课程设计	识图并手绘主要建筑、结构施工图	土木工程制图	1周
2		房屋建筑学课程设计	中小型公共建筑方案设计	房屋建筑学	1周
3		混凝土结构构件设计	（单、双向板）肋梁楼盖梁、板构件设计	混凝土结构设计原理	1周
4		钢结构设计	钢屋架设计或钢平台结构设计	钢结构设计	1周
5		混凝土结构设计	装配式混凝土单层厂房结构设计或多层混凝土框架结构设计	混凝土结构设计	1周
6		基础工程课程设计	柱下条形基础或独立柱下桩基础设计	基础工程	1周
7		施工组织课程设计	民用建筑或工业建筑施工组织设计	建筑工程施工	1周
8		工程概（预）算	房屋建筑工程的工程量计算、概（预）算编制、工程造价分析	建筑工程造价	1周
1	道路与桥梁工程	土木工程制图课程设计	识图并手绘主要建筑、结构施工图	土木工程制图	1周
2		混凝土结构构件设计	混凝土板（梁）桥结构设计	桥梁工程	1周
3		道路勘测设计	三级公路设计	道路勘测设计	1周
4		路基工程设计	挡土墙或边坡设计	路基路面工程	1周
5		路面工程设计	刚性路面或柔性沥青路面结构设计	路基路面工程	1周
6		基础工程课程设计	桥梁桩基础设计	基础工程	1周
7		施工组织课程设计	桥梁工程施工组织设计	道路桥梁工程施工技术	1周
8		工程概（预）算	道路工程或桥梁工程的工程量计算、概（预）算编制、工程造价分析	道路桥梁工程概（预）算	1周
1	地下工程	土木工程制图课程设计	识图并手绘主要建筑、结构施工图	土木工程制图	1周
2		地下建筑规划设计	典型地下建筑工程的规划设计	地下建筑规划设计	1周
3		混凝土结构构件设计	地下建筑（单、双向板）肋梁楼盖梁、板构件设计	混凝土结构设计	1周
4		地下建筑结构设计	浅埋式框架结构设计或盾构隧道结构设计	地下建筑结构	1周
5		基坑支护设计	基坑支护设计	基坑支护	1周
6		基础工程课程设计	独立桩基设计	基础工程	1周
7		施工组织课程设计	地下建筑工程施工组织设计	地下工程施工技术	1周
8		工程概（预）算	地下建筑工程的工程量计算、概（预）算编制、工程造价分析	地下工程概（预）算	1周
1	铁道工程	土木工程制图课程设计	识图并手绘主要建筑、结构施工图	土木工程制图	1周
2		路基支挡结构设计	挡土墙及边坡设计	路基工程	1周
3		路基横断面设计	铁道路基工程设计	路基工程	1周
4		铁道无缝线路设计	铁道无缝线路设计	轨道工程	1周
5		线路设计	普通铁道线路设计	线路设计	1周
6		铁路车站设计	铁路区段站设计	铁路车站	1周
7		施工组织课程设计	铁道工程施工组织设计	铁道工程施工技术	1周
8		工程概（预）算	铁道工程的工程量计算、概（预）算编制、工程造价分析	铁道工程概（预）算	1周

注：课程设计内容各学校可根据土木工程专业课程设置情况作适当的调整。

表 1-2　土木工程专业各专业方向课程设计的知识技能点

实践单元			知识与技能点		
序号	描述	序号	描述		要求
1	土木工程制图课程设计（1 周）	1	建筑制图、结构制图的标准		熟悉
		2	绘制和阅读建筑、结构施工图方法		掌握
2	房屋建筑学课程设计（1 周）	1	中小型公共建筑方案设计		熟悉
		2	绘制建筑施工图（平、立、剖面及局部大样图）的方法		掌握
3	混凝土结构构件设计（1 周）	1	楼盖结构梁板布置方法和构件截面尺寸估算方法		掌握
		2	按弹性理论、塑性理论设计计算混凝土梁、板构件		掌握
		3	楼盖结构施工图的绘制方法		掌握
4	钢结构设计（1 周）	1	钢屋架形式的选择和主要尺寸的确定		掌握
		2	钢屋架支撑系统体系的布置原则及表达方法		掌握
		3	钢屋架荷载、内力计算与组合方法		掌握
		4	钢屋架各杆件截面选择原则、验算的内容及计算方法		掌握
		5	钢屋架典型节点的设计计算方法及相关构造；焊缝的计算方法及构造		掌握
		6	钢屋架施工图的绘制方法及材料用量计算		熟悉
5	混凝土结构设计（1 周）	1	混凝土结构布置原则、构件截面尺寸估选方法		熟悉
		2	混凝土结构计算单元和计算简图的取用		掌握
		3	混凝土结构荷载、内力的计算和组合方法		掌握
		4	混凝土结构构件截面设计和构造要求		掌握
		5	绘制混凝土结构施工图		掌握
6	基础工程课程设计（1 周）	1	设计资料分析、基础方案及类型的选择		熟悉
		2	地基承载力验算及基础尺寸的拟定；地基变形及稳定验算		掌握
		3	基础结构设计计算方法		掌握
		4	绘制基础结构施工图		掌握
7	施工组织课程设计（1 周）	1	工程概况及施工特点分析；施工部署和施工方法概述		熟悉
		2	主要分部、分项工程施工方法的选择		掌握
		3	施工进度计划、施工准备工作计划		掌握
		4	安全生产、质量工期保证措施和文明施工达标措施		掌握
		5	设计并绘制施工现场总平面布置图		掌握
8	工程概（预）算（1 周）	1	按照相应《工程计价表》中的计算规则进行详细的工程量计算		掌握
		2	按照相应《工程计价表》中的相应价格编制各分部分项工程的预算书		掌握
		3	按照相应地区的工程量清单计价程序和取费标准编制工程造价书		掌握
1	土木工程制图课程设计（1 周）	1	建筑制图、结构制图的标准		熟悉
		2	绘制和阅读建筑、结构施工图方法		掌握
2	混凝土结构构件设计（1 周）	1	钢筋混凝土简支板（梁）桥结构布置原则和构件截面尺寸估选		掌握
		2	钢筋混凝土简支板（梁）的设计计算方法和构造要求		掌握
		3	结构施工图的绘制方法		掌握
3	道路勘测设计（1 周）	1	道路选线的一般方法和要求		熟悉
		2	道路的线型设计（包括平、纵、横）		掌握
		3	道路线型施工图的绘制方法		掌握

注：表中"建筑工程方向课程设计"列为序号 1~8，"道路与桥梁方向课程设计"列为序号 1~3。

（续）

实践单元			知识与技能点		
序号	描述	序号	描述		要求
4	路基工程设计 （1周）	1	挡土墙结构类型选用		熟悉
		2	挡土墙结构设计计算方法		掌握
		3	绘制挡土墙结构施工图（包括挡土墙纵断面、平面、横断面详图）；计算有关工程数量		掌握
5	路面工程设计 （1周）	1	路基设计计算方法		掌握
		2	路面结构设计参数确定方法		掌握
		3	路面结构设计计算方法		掌握
		4	路面结构施工图的绘制方法		掌握
6	基础工程课程设计 （1周）	1	基础方案及类型的选择		熟悉
		2	地基承载力验算及基础尺寸的拟定；地基变形及稳定验算		掌握
		3	基础结构设计计算方法		掌握
		4	绘制基础结构施工图		掌握
7	施工组织课程设计 （1周）	1	施工方案和施工方法的选择		熟悉
		2	下部、上部结构和特殊部位工艺流程和技术措施		掌握
		3	施工进度计划表；施工准备工作计划		掌握
		4	安全生产、质量工期保证措施和文明施工达标措施		掌握
		5	设计并绘制施工现场总平面布置图		掌握
8	工程概（预）算 （1周）	1	按照相应《工程计价表》中的计算规则进行详细的工程量计算		掌握
		2	按照相应《工程计价表》中的相应价格编制各分部分项工程的预算书		掌握
		3	按照相应地区的工程量清单计价程序和取费标准编制工程造价书		掌握
1	土木工程制图课程设计 （1周）	1	建筑制图、结构制图的标准		熟悉
		2	绘制和阅读建筑、结构施工图方法		掌握
2	地下建筑规划设计 （1周）	1	地下建筑工程的结构选型，主体工程的长度、宽度和高度等主要尺寸的估算		掌握
		2	通道、出口部等主要附属工程的结构形式与净空尺寸的估算		掌握
		3	绘制地下建筑的建筑施工图		掌握
3	混凝土结构构件设计 （1周）	1	主体建筑结构选择，衬砌（支护）结构形式选择		熟悉
		2	外部荷载计算，主要结构的力学计算及校核，配筋计算等		掌握
		3	梁、板、柱等主要构件的设计计算方法		掌握
		4	绘制结构施工图		掌握
4	隧道工程设计 （1周）	1	隧道断面布置		掌握
		2	隧道主体结构设计方法		掌握
		3	绘制隧道结构施工图		掌握
5	基坑支护设计 （2周）	1	基坑支护类型的选择方法		熟悉
		2	土钉墙设计计算方法		掌握
		3	护坡桩设计计算方法		掌握
		4	基坑施工要求及安全监测的设计		熟悉
		5	基坑施工图绘制方法		掌握

注：左侧"道路与桥梁方向课程设计"（序号4～8）及"地下工程方向课程设计"（序号1～5）为实践单元大类名称。

（续）

实践单元			知识与技能点		
序号	描述		序号	描述	要求
6	地下工程方向课程设计	基础工程课程设计（1周）	1	选择桩的类型和几何尺寸	掌握
			2	确定单桩竖向承载力特征值；确定桩的数量、间距和布置方式	掌握
			3	验算桩基承载力；桩基沉降计算；承台设计	掌握
			4	桩基础结构施工图绘制方法	掌握
7		施工组织课程设计（1周）	1	掘进和支护工序施工方案的选择、施工工艺与方法的设计、施工设备的选择	熟悉
			2	提升、运输、压气供应、通风、供水、排水等辅助系统的设计方法	掌握
			3	编制工程质量与安全措施	掌握
			4	设计并绘制施工方案图	掌握
8		工程概（预）算（1周）	1	按照相应《工程计价表》中的计算规则进行详细的工程量计算	掌握
			2	按照相应《工程计价表》中的相应价格编制各分部分项工程的预算书	掌握
			3	按照相应地区的工程量清单计价程序和取费标准编制工程造价书	掌握
1	铁道工程方向课程设计	土木工程制图课程设计（1周）	1	建筑制图、结构制图的标准	熟悉
			2	绘制和阅读建筑、结构施工图方法	掌握
2		轨道无缝线路设计（1周）	1	路基、桥上无缝线路设计的基本原理、方法和步骤	掌握
			2	通过计算确定路基上无缝线路的允许降温和升温幅度、确定中和轨道温度（即无缝线路设计锁定轨温）	掌握
			3	计算单跨简支梁位于固定区的钢轨伸缩附加力，确定桥上无缝线路锁定轨温	掌握
3		线路设计（1周）	1	根据给定的客货运量，确定主要技术标准，求算区间需要的通过能力，计算站间的距离，进行车站分布计算	熟悉
			2	线路走向选择及平纵断面设计	掌握
			3	工程量和工程费用计算	掌握
			4	平纵断面图的绘制、编制设计说明书	掌握
4		路基横断面设计（1周）	1	设计资料分析、确定路基形式及高度	掌握
			2	确定路基面宽度及形状、基床厚度	掌握
			3	路基填料设计、路基边坡坡度确定	掌握
			4	路堤整体稳定性验算及路堤边坡稳定性验算	掌握
5		路基支挡结构设计	1	设计资料分析、确定路基横断面尺寸、初步拟定挡土墙高度	掌握
			2	支挡结构荷载分析、拟定挡土墙尺寸并进行土压力计算	掌握
			3	挡土墙的稳定性验算和截面应力验算	掌握
			4	绘制挡土墙结构施工图（包括挡土墙纵断面、平面、横断面详图）	掌握
6		铁路车站设计（1周）	1	分析资料、铁路区段站设计的各主要环节、分析区段站各项设备相互位置、选择车站类型	掌握
			2	确定各项运转设备数量、咽喉设计及计算	掌握
			3	坐标计算、绘图、编写说明书	掌握
7		施工组织课程设计（1周）	1	分析设计资料、工程概况及施工特点，按结构形式确定施工方案及施工方法	熟悉

（续）

实践单元			知识与技能点		
序号	描述		序号	描述	要求
7	铁道工程方向课程设计	施工组织课程设计（1周）	2	根据轨道或路基结构形式确定工艺流程和技术措施，编制资源需要量计划	掌握
			3	施工进度计划表、施工准备工作计划	掌握
			4	安全生产、质量工期保证措施和文明施工达标措施	掌握
			5	设计并绘制施工现场总平面图布置图	掌握
8		工程概（预）算（1周）	1	按照相应《工程计价表》中的计算规则进行详细的工程量计算	掌握
			2	按照相应《工程计价表》中的相应价格编制各分部分项工程的预算书	掌握
			3	按照相应地区的工程量清单计价程序和取费标准进行工程造价汇总	掌握

注：各学校可根据土木工程专业课程设置情况对课程设计内容做适当的调整。

1.4 课程设计的成绩评定

一般课程设计成绩由以下四部分组成：① 计算书（权重50%）；② 图纸（权重30%）；③ 设计答辩（权重10%）；④ 完成情况（权重10%），具体可参考表1-3。

表1-3 课程设计成绩评定表

项目	权重	分值	评分标准	评分
计算书（X_1）	50%	90~100	结构计算的基本原理、方法、计算简图完全正确 荷载概念及思路清晰，运算正确 计算书内容完整，系统性强，书写工整，图文并茂	
		80~89	结构计算的基本原理、方法、计算简图正确 荷载概念及思路基本清晰，运算无误 计算书内容完整，计算书有系统性，书写清楚	
		70~79	结构计算的基本原理、方法、计算简图正确 荷载概念及思路清晰，运算正确 计算书内容完整，系统性强，书写工整	
		60~69	结构计算的基本原理、方法、计算简图基本正确 荷载概念及思路不够清晰，运算有错误 计算书无系统性，书写潦草	
		60以下	结构计算的基本原理、方法、计算简图不正确 荷载概念及思路不清晰，运算错误多 计算书内容不完整，书写不认真	
图纸（X_2）	30%	90~100	正确表达设计意图 图例、符号、线条、字体、习惯做法完全符合制图标准 图面布局合理，图纸无错误	
		80~89	正确表达设计意图 图例、符号、线条、字体、习惯做法完全符合制图标准 图面布局合理，图纸有小错误	
		70~79	尚能表达设计意图 图例、符号、线条、字体、习惯做法基本符合制图标准 图面布局一般，有抄图现象，图纸有小错误	
		60~69	能表达设计意图 图例、符号、线条、字体、习惯做法基本符合制图标准 图面布局不合理，有抄图不求甚解现象，图纸有小错误	

（续）

项目	权重	分值	评分标准	评分
图纸 （X_2）	30%	60 以下	不能表达设计意图 图例、符号、线条、字体、习惯做法不符合制图标准 图面布局不合理，有抄图不求甚解现象，图纸错误多	
答辩 （X_3）	10%	90～100	回答问题正确，概念清楚，综合表达能力强	
		80～89	回答问题正确，概念基本清楚，综合表达能力较强	
		70～79	回答问题基本正确，概念基本清楚，综合表达能力一般	
		60～69	回答问题错误较多，概念基本清楚，综合表达能力较差	
		60 以下	回答问题完全错误，概念不清楚	
完成 任务 （X_4）	10%	90～100	能熟练地综合运用所学的知识，独立全面出色完成设计任务	
		80～89	能综合运用所学的知识，独立完成设计任务	
		70～79	能运用所学的知识，按期完成设计任务	
		60～69	能在教师的帮助下运用所学的知识，按期完成设计任务	
		60 以下	不能按期完成设计任务	
总分（X）			$X = 0.5X_1 + 0.3X_2 + 0.1X_3 + 0.1X_4$	

课程设计成绩采用优秀、良好、中等、及格和不及格五级制，五级制等级与百分制的对应关系见表 1-4。

表 1-4　五级制等级与百分制的对应关系

百分制分值	90～100	80～89	70～79	60～69	60 分以下
五级制等级	优秀	良好	中等	及格	不及格

1.5　课程设计教学质量的评估指标体系

1. 课程设计教学质量评价的特点

构建科学、合理的本科课程设计教学质量评价体系，准确地评价本科课程设计教学质量，是准确地评价本科人才培养质量的基础性工作之一。本科课程设计工作涉及面广，从工作层面来看，涉及学校、学院、系（教研室）、教师、学生五个不同层次的工作；从工作性质来看，涉及教学管理部门、教师、学生三个不同主体的工作。因此，课程设计教学质量的评价应体现层次性、多元性和综合性。

2. 课程设计教学质量评价的体系

根据课程设计教学质量评价的层次性、多元性、综合性等特点，对不同工作层次和不同工作对象进行分层次、分对象的评价，形成层次化、多元化的评价体系。建议从制度建设、组织管理、设计成果、学生情况、指导教师、教学条件共六个方面对本科课程设计教学质量进行综合评价，形成综合性评价体系。具体评估指标体系见表 1-5。

表 1-5　课程设计教学质量评价指标体系

序号	一级指标		二级指标		评价内容
	内容	权重	内容	权重	
1	制度建设	0.1	制度建设	0.3	学校是否制定了关于课程设计工作的管理文件
				0.3	学院是否制定了课程设计工作的具体实施计划或工作方案
				0.4	学院或系（教研室）是否制定了符合本科教学要求的课程设计质量标准

（续）

序号	一级指标		二级指标		评价内容
	内容	权重	内容	权重	
2	组织管理	0.1	常规管理	0.6	校、院、系（教研室）对课程设计工作过程的管理
			教学资料	0.4	学生设计成果归档
3	设计成果	0.4	选题	0.1	选题是否紧扣专业的培养目标
			实际动手能力	0.1	设计能力：具有一定的工程技术实际问题的分析能力、设计能力
				0.1	计算能力：掌握计算方法的熟练程度以及计算结果的正确性
			综合应用知识能力	0.2	学生综合运用基本理论与基本技能的熟练程度，表述概念是否清楚、正确
			规范要求方面	0.3	图纸质量：绘图、字体是否规范标准，符合国家标准
				0.2	计算书质量：内容完整，概念清楚，条理分明，书写工整
4	学生情况	0.15	独立工作能力	0.4	按进度要求独立完成设计任务
			教师评学	0.6	学生纪律表现、工作态度、学风等（由教师评价）
5	指导教师	0.15	任务书质量	0.2	任务书内容完整、科学、合理
			进度计划及执行	0.2	进度计划合理，执行情况好
			学生评教	0.4	教师工作态度、方法、效果等（由学生评价）
			指导教师资格和指导人数	0.2	符合学校有关指导教师资格和指导人数的规定
6	教学条件	0.1	教学经费	0.2	课程设计经费满足要求
			图书资料	0.6	能满足课程设计需要资料（规范、规程、标准、手册及工具书等）的要求
			教学场地	0.2	固定的设计教室、设计所需的制图工具

3. 课程设计评价的主要内容

（1）课程设计管理工作质量评价　课程设计管理工作质量包括学校、学院、系（教研室）在不同层面对课程设计工作的过程管理，以及指导教师对学生的具体指导工作，因此对课程设计管理工作质量的评价既是对学校、学院、系（教研室）工作的评价，又是对教师指导工作的评价。

在学校、学院、系（教研室）对课程设计工作的管理方面主要评价制度建设、教学条件、过程管理等对课程设计工作的作用。制度建设主要根据学校是否制定了有关课程设计工作的管理文件，学院是否制定了课程设计工作的具体实施计划或工作方案，学院或系（教研室）是否制定了符合本科教学要求的课程设计质量标准。教学条件是指课程设计工作在培养计划中的学时安排、经费支出、场地条件、图书资料等对于学生完成课程设计教学环节的支撑。过程管理主要评价从课程设计开始到课程设计答辩工作结束的整个过程中，学校、学院、系（教研室）对课程设计工作的常规管理，以及学生完成课程设计成果的归档管理。

对指导教师工作的评价，则侧重于课程设计任务书质量，计划进度和执行情况，评分的客观性、公正性，指导工作的到位情况，教师工作态度、方法、效果等，以及学生评价的情况等。另外，指导教师的资格和指导学生的人数也应作为评价的因素。

（2）课程设计成果质量评价　对课程设计成果的评价主要指应对学生选题、动手能力、综合应用基本知识与基本技能以及规范要求的评价。选题的正确性主要反映在题目是否紧扣专业的培养目标。在学生实际动手能力的评价中，主要考虑学生的计算能力和制图能力。在综合应用基本理论与基本技能的能力评价中主要考虑学生综合运用基本理论与基本技能的熟练程度，表述概念是否清楚、正确。在规范要求方面主要评价图纸是否符合国家现行的标准，计算书内容是否完整等。

　　另外，对学生工作的评价主要包括对学生独立工作能力以及学生纪律表现、工作态度、学风等，由教师评价。

第2章 混凝土单向板肋梁楼盖设计

【知识与技能点】

1. 掌握混凝土单向板楼盖结构布置和构件截面尺寸估算方法。
2. 掌握板、次梁、主梁荷载传递关系及荷载计算方法。
3. 掌握板、次梁按塑性理论内力的计算方法，主梁按弹性理论计算及内力包络图绘制方法。
4. 掌握板、次梁、主梁配筋的计算方法及配筋构造。
5. 掌握主梁材料图的绘制方法，并能根据材料图确定钢筋弯起、截断的位置。
6. 掌握混凝土单向板肋梁楼盖结构施工图的绘制方法。

2.1 设计解析

土木工程专业各方向均设置"混凝土结构构件课程设计"（1周），相应《混凝土结构设计原理》课程。其中建筑工程、地下工程方向为梁、板结构设计，道路和桥梁工程方向为混凝土板（梁）桥结构设计。本章主要解析混凝土单向板肋梁楼盖设计，并给出一个完整的设计实例。

2.1.1 结构布置

1. 单向板与双向板的界限

在图 2-1 所示的承受均布荷载 q 的四边简支矩形板中，l_{02}、l_{01} 分别为其长、短跨方向的计算跨度。取出跨度中点两个相互垂直的单位宽度的板带来分析。

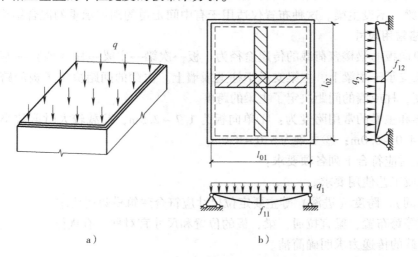

a)   b)

图 2-1 四边支承板的荷载传递

设沿短跨方向传递的荷载为 q_1，沿长跨方向传递的荷载为 q_2，则

$$q = q_1 + q_2 \tag{2-1}$$

当不计相邻板对它们的影响时，上述两个板带在交点处的挠度相等，即

$$\frac{5q_1 l_{01}^4}{384EI} = \frac{5q_2 l_{02}^4}{384EI} \tag{2-2}$$

即
$$\frac{q_1}{q_2} = \left(\frac{l_{02}}{l_{01}}\right)^4 \tag{2-2}$$

$$\frac{M_1}{M_2} = \frac{q_1 l_{01}^2 / 8}{q_2 l_{02}^2 / 8} = \frac{q_1}{q_2}\left(\frac{l_{01}}{l_{02}}\right)^2 = \left(\frac{l_{02}}{l_{01}}\right)^2 \tag{2-3}$$

由图 2-2 可见，当 $l_{02}/l_{01} \geq 2$ 时，$q_2 \leq q_1/16$，$M_2 \leq M_1/4$；当 $l_{02}/l_{01} = 3$ 时，$q_2 \leq q_1/27$，$M_2 \leq M_1/9$。这表明，当 $l_{02}/l_{01} > 2$ 时，此时可仅考虑沿短跨方向的支承，即荷载主要沿短跨方向传递，可忽略长跨支承的作用，称这种情况的板为单向板。当 $l_{02}/l_{01} \leq 2$ 时，必须同时考虑沿长、短跨方向的支承，称这种情况的板为双向板。

现行国家标准《混凝土结构设计规范》GB 50010 将 $l_{02}/l_{01} > 3$ 作为单向板的界限，第 9.1.1 条规定，四边支承的板应按下列规定计算：

1）当长边与短边长度之比 $l_{02}/l_{01} \leq 2$ 时，应按双向板计算。

2）当长边与短边长度之比 $2 < l_{02}/l_{01} < 3$ 时，宜按双向板计算。

3）当长边与短边长度之比 $l_{02}/l_{01} \geq 3$ 时，宜按沿短边方向受力的单向板计算，并应沿长边方向布置构造钢筋。

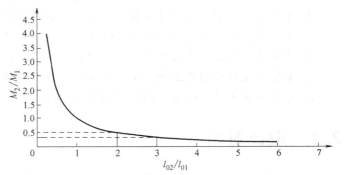

图 2-2　$\dfrac{M_2}{M_1} \sim \dfrac{l_{02}}{l_{01}}$ 关系曲线

2. 柱网和梁格布置

单向板肋形梁板结构一般由板、次梁和主梁组成。单向板肋形梁板结构平面布置方案有三种形式：

1）主梁沿横向布置，次梁沿纵向布置。这种布置，主梁与柱形成横向框架，横向抗侧刚度大，各榀横向框架由纵向的次梁相连，结构的整体性好。

2）主梁沿纵向布置，次梁沿横向布置。这种布置适用于横向柱距比纵向柱距大得多的情况。

3）只布置次梁，不设主梁。这种布置仅适用于有中间走道的砌体承重的混合结构房屋。

3. 柱网和梁格常用尺寸

一般说来，单向板肋梁楼盖荷载的传递途径为：板→次梁→主梁→柱（墙）→基础→地基，板支承于次梁上，次梁支承于主梁上，主梁支承于柱上或墙上。次梁的间距决定了板的跨度；主梁的间距决定了次梁的跨度；柱或墙的间距决定了主梁的跨度。

单向板、次梁和主梁的常用跨度为：①单向板为 1.7 ~ 2.5m，荷载较大时取较小值，一般不宜超过 3m；②次梁为 4.0 ~ 6.0m；③主梁为 5.0 ~ 8.0m。

结构平面布置时应符合下列各项要求：

1）满足建筑或工艺使用要求。

2）柱距（开间）、跨度（进深）等主要定位尺寸应符合建筑模数的要求。

3）梁、板宜等跨布置，梁宜拉通，梁、板的位置和尺寸宜对称、有规律。

4）梁、板荷载的传递力求明确简洁。

5）梁、板的计算跨度、截面尺寸应合理、经济。

2.1.2　梁、板截面尺寸的估选

梁、板截面尺寸一般取决于梁、板的跨度大小、承受荷载大小等因素，一般根据刚度条件确定梁、板截面尺寸。在实际工程设计中，一般均按经验以高跨比来初步确定梁、板截面尺寸。常用的高跨比见表 2-1。满足刚度条件的梁、板，一般可只进行承载力计算，无须进行构件的挠度与裂缝宽度的验算。

表 2-1　常用梁、板截面参考尺寸

构件种类		高跨比（h/l）	备注
单向板	简支板	1/30	最小板厚（h） 屋面板：$h \geqslant 60\text{mm}$ 民用建筑楼板：$h \geqslant 60\text{mm}$
	连续板	1/40	工业建筑楼板：$h \geqslant 70\text{mm}$ 行车道下的楼板：$h \geqslant 80\text{mm}$
	悬臂板（根部）	1/12	悬挑长度 $\leqslant 500\text{mm}$ 时，h（根部）$\geqslant 60\text{mm}$ 悬挑长度 $\geqslant 1200\text{mm}$ 时，h（根部）$\geqslant 100\text{mm}$ 现浇板以 10mm 为模数
梁	连续次梁	1/18 ~ 1/12	矩形截面高宽比（h/b）：2 ~ 3
	连续主梁	1/12 ~ 1/8	其中高度以 50mm 为模数，大于 800mm，则以
	悬臂梁	1/10 ~ 1/8	100mm 为模数

2.1.3　梁、板内力计算中应注意的问题

1. 计算理论的选取

梁、板的内力计算常用弹性理论和塑性理论两种分析方法。弹性理论相对比较简单，并具有较高的承载力储备；塑性理论使超静定结构受力及结构设计趋于合理，减少了钢材用量。一般来说，在楼盖设计中，板和次梁的内力计算常用塑性理论的分析方法，以获得较好的经济效果，对于支承板和次梁的主梁，常采用弹性理论的分析方法计算内力，使主梁具有足够的承载力储备。

2. 计算跨度的确定

计算跨度 l 的取值与支承条件有关，从理论上讲，某一跨的计算跨度应取为该跨两端支座转动点之间的距离，但计算跨度的选取根据内力计算理论的不同而又有所差异。按弹性理论计算时，梁、板的计算跨度为该跨梁、板两端支反力间的距离，中间各跨取支承中心线之间的距离，边跨由于端支座情况有所差别，应具体分析；按塑性理论计算时，梁、板的计算跨度为塑性铰间的距离，中间各跨取支座间净距，边跨的计算跨度则为边支座反力合力作用点到另一端塑性铰间的距离。

（1）按弹性理论计算

中跨：
$$l = l_n + b \tag{2-4a}$$

边跨：
$$l = l_n + \frac{b}{2} + \frac{a}{2} \leqslant l_n + \frac{b}{2} + \frac{h}{2} \quad （板） \tag{2-4b}$$

$$l = l_n + \frac{b}{2} + \frac{a}{2} \leqslant 1.025 l_n + \frac{b}{2} \quad （梁） \tag{2-4c}$$

（2）按塑性理论计算

中跨：
$$l = l_n \tag{2-5a}$$

边跨：
$$l = l_n + \frac{a}{2} \leqslant l_n + \frac{h}{2} \quad （板） \tag{2-5b}$$

$$l = l_n + \frac{a}{2} \leqslant 1.025 l_n \quad （梁） \tag{2-5c}$$

式中　l——梁、板的计算跨度；

　　　l_n——梁、板净跨度；

　　　h——板厚度；

　　　a——梁、板支承长度；

　　　b——中间支座宽度。

3. 跨度不等引起的误差问题

实际工程中，由于使用功能或者生产工艺的需要，跨度是不相等的。即使在柱网布置时，理论上梁、板间的跨度应相等，但实际中边跨和中跨的计算跨度也是不相等的，这样就使得按等跨连续梁、板计算的结果和实际有所差别。

设均布荷载 q 作用下的两跨不等跨连续梁、板，截面的 EI 相等，令 $l_1 = \alpha l_2$（$l_1 > l_2$），如图 2-3 所示。根据结构力学分析可得中间支座弯矩：

$$M'_{\text{支座1}} = \frac{1}{12}ql_1^2\left[\frac{(1-\alpha+\alpha^2)}{\alpha^2}\right] = \left[\frac{(1-\alpha+\alpha^2)}{\alpha^2}\right]M'_{\text{支座2}} \tag{2-6}$$

式中　$M'_{\text{支座2}}$——按两跨等跨（l_1）连续梁、板计算，中间支座弯矩，且 $M'_{\text{支座2}} = \frac{1}{12}ql_1^2$。

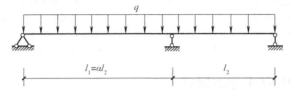

图 2-3　两跨不等跨连续梁计算简图

令 $\beta = \dfrac{M'_{\text{支座1}}}{M'_{\text{支座2}}}$，由式（2-6）可得，$\beta = \dfrac{1-\alpha+\alpha^2}{\alpha^2}$，$\beta \sim \alpha$ 的关系曲线如图 2-4 所示。由图 2-4 可见，当 $\alpha \leqslant 1.10$ 时，$\beta \geqslant 0.9174$，即误差小于 10%。

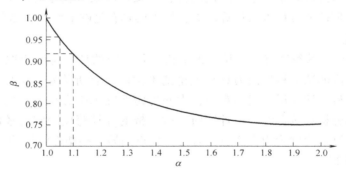

图 2-4　$\beta \sim \alpha$ 关系曲线

因此，当各跨计算跨度相差不超过 10% 时，连续梁、板内力按等跨连续梁的内力计算结果不超过 10%，能够满足工程要求。为了使计算结果更精确些，在求支座弯矩时，计算跨度取相邻两跨中的较大值；而求跨中弯矩时，则取该跨的计算跨度。

如果相邻各跨计算跨度相差超过 10%，则需要按结构力学方法来计算。

4. 连续梁、板计算跨数的选择

跨度数超过 5 跨的连续梁、板，中间各跨的内力与第 3 跨非常接近，为了减少计算工作量，所有中间跨的内力和配筋都可以按第 3 跨来处理。因此，跨数超过 5 跨的连续梁、板，当各跨荷载相同且跨度相差不超过 10% 时，可按 5 跨等跨连续梁、板计算。跨数少于 5 跨的连续梁、板按实际跨数考虑。

5. 支座简化

当梁、板支承在墙上（图 2-5a）时，可简化为铰接支座。为便于分析计算，通常取此合力作用点至墙内侧的距离，即

$$\text{板：} \frac{h}{2} \leqslant \frac{a}{2}; \quad \text{梁：} 0.025l_n \leqslant \frac{a}{2}$$

其中　a——梁、板构件支承长度；

l_n——构件净跨。

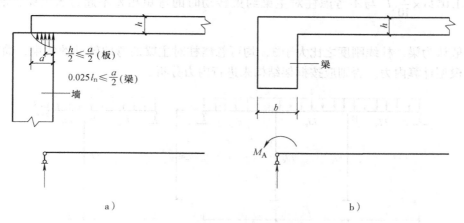

图 2-5   边支座的简化

（1）板与边梁整浇时的简化计算方法

1）先假定端支座为铰接，用内力系数法计算连续板的弯矩（图 2-6b）。

2）求得板端弹性固定弯矩 M_A 的近似值：

$$M_A = \frac{K_s}{K_s + K_b}\overline{M}_A \tag{2-7}$$

式中 $\overline{M}_A$——连续板的第一跨为两端固定单跨板时的固端弯矩（图 2-6c）；

   K_s——第一跨连续板的抗弯刚度，$K_s = 4EI_{s1}/l_{01}$，I_{s1} 为板单位宽度截面的惯性矩；

   K_b——连续板端梁的抗扭刚度，$K_b = 18EI_t/l_b$，I_t 为端梁截面的抗扭刚度，

   $I_t = \sum\left(1 - 0.63\dfrac{b}{h}\right)\left(\dfrac{b^3 h}{3}\right)$，其中 b 为矩形截面的短边边长；h 为矩形截面的长边边长；l_b 为边梁的跨度。

$\overline{M}_A$ 的正负号应按力矩分配法的规则确定。

3）假定 M_A 只影响板的端部两跨，即其传递状态如图 2-6d 所示，B 支座所产生的传递弯矩为 $M_B = 0.27M_A$。

4）将图 2-6b 的弯矩图和图 2-6d 的弯矩图叠加，即得端支座为弹性固定时连续板的近似弯矩图。

（2）主梁与柱节点的简化   实际工程中，主梁与柱整体浇筑在一起，这样梁、柱节点刚接成框架结构，应该按框架模型来计算梁的内力。

由结构力学知识，可得图 2-7a 所示结构 B 支座处弯矩：

$$M_B = \frac{5(1+\alpha)}{5\alpha+4}\left(\frac{1}{10}ql^2\right) = \left[\frac{5(1+\alpha)}{5\alpha+4}\right]M'_B \tag{2-8}$$

式中 α——梁、柱线刚度比，即 $\alpha = \dfrac{EI_b}{l}\Big/\dfrac{EI_c}{h}$；

   M'_B——按图 2-7b 计算简图计算的 B 支座弯矩，$M'_B = ql^2/10$。

由式（2-8）可知，当 $\alpha \to \infty$ 时，$M_B \to \dfrac{1}{10}ql^2$；当

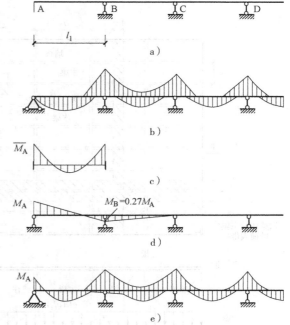

图 2-6   板与边梁整体浇筑时连续板的内力简化计算

$\alpha > 3$ 时，$M_B = 1.0526 \times \dfrac{1}{10}ql^2$ 与不考虑柱对主梁约束转动时的弯矩相差不超过 5.26%，能够满足工程要求。

因此，一般认为梁、柱线刚度之比大于 3，均可忽略柱对主梁的弯曲转动的约束，简化为铰支座，主梁按连续梁模型计算内力。否则应按框架结构来进行内力分析。

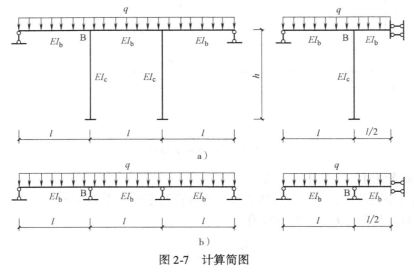

图 2-7   计算简图

6. 荷载的简化计算

在确定板传递给次梁荷载和次梁传递给主梁荷载时，可以忽略板、次梁的连续性，按简支构件计算支座反力。

计算主梁荷载时，由于主梁主要承受次梁传来的集中荷载和主梁自重。一般主梁自重较次梁传来的荷载小得多，为简化计算，通常将其折算成集中荷载一并计算，并且这样处理也偏于安全。

单向板可取 1m 宽度的板带作为其计算单元，板的从属面积如图 2-8 中的阴影线范围。次梁的

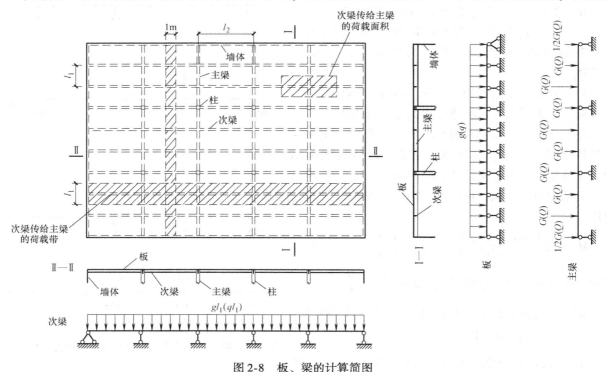

图 2-8   板、梁的计算简图

计算宽度取每侧与相邻梁中心距的一半，其从属面积如图 2-8 所示，次梁承受板传来的均布荷载。主梁的计算宽度取每侧与相邻梁中心距的一半，其从属面积如图 2-8 所示，主梁承受次梁传来的集中荷载。

7. 折算荷载

在确定肋形梁、板结构的计算简图时，忽略了次梁对板、主梁对次梁的转动约束的影响，在现浇混凝土楼盖中，梁、板是整浇在一起的，当板发生弯曲转动时，支承它的次梁将产生扭转，次梁的抗扭刚度将约束板的弯曲转动，使板在支座处的实际转角比理想铰支承时的转角小，如图 2-9 所示。同样的情况发生在次梁和主梁之间。为了考虑支座对被支承构件的转动约束，使计算结果更符合实际，采用增大永久荷载、相应减小可变荷载，保持总荷载不变的方法来计算内力，以考虑这种有利影响。

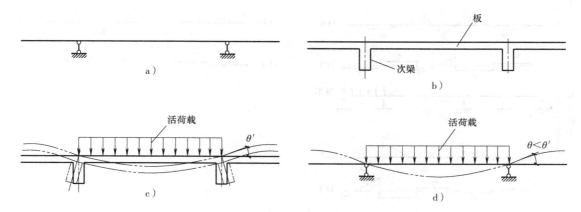

图 2-9　支座抗扭刚度的影响

折算荷载的取值如下

连续板：
$$g' = g + \frac{1}{2}q, \quad q' = \frac{1}{2}q \tag{2-9}$$

连续梁：
$$g' = g + \frac{1}{4}q, \quad q' = \frac{3}{4}q \tag{2-10}$$

式中　g、q——单位长度上永久荷载、可变荷载设计值；
　　　g'、q'——单位长度上折算永久荷载、折算可变荷载设计值。

8. 荷载的不利组合

作用于构件上的荷载一般有永久荷载和可变荷载两种。永久荷载总是作用于各跨构件上。而可变荷载是以一跨为单位来改变位置的，因此在设计连续梁、板时应考虑可变荷载的不利布置，以确定梁、板内某一截面的内力绝对值最大。以五跨连续梁为例来说明可变荷载的不利布置。图 2-10 为五跨连续梁分别在各跨作用可变荷载时的变形、弯矩和剪力图。从图 2-10 中可见，本跨支座为负弯矩，相邻跨支座为正弯矩，隔跨支座又为负弯矩；本跨的跨中为正弯矩，相邻跨的跨中为负弯矩，隔跨的跨中又为正弯矩。

从图 2-10 的弯矩和剪力分布规律以及不同组合后的效果，可以归纳出如下可变荷载最不利布置的规律：

1）求某跨的跨内最大正弯矩时，应在本跨布置可变荷载，然后隔跨布置。

2）求某跨的跨内最大负弯矩时，本跨不布置可变荷载，而在其左右相邻跨布置，然后隔跨布置。

3）求某支座绝对值最大的负弯矩时，或支座左、右截面最大剪力时，应在该支座左右两跨布置可变荷载，然后隔跨布置。

设计多跨连续单向板时，可变荷载的不利布置与多跨连续梁相同。

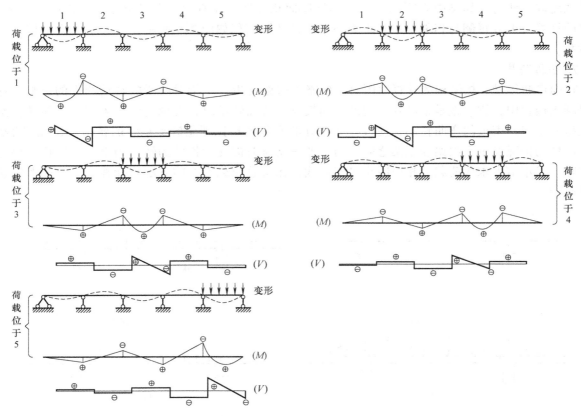

图 2-10　单跨荷载作用时连续梁的变形、弯矩和剪力图

9. 内力包络图

可变荷载不利布置确定后，即可计算连续梁、板的内力。某截面的最不利内力是永久荷载所引起的内力和不同最不利布置可变荷载所引起的内力叠加。将构件在永久荷载和不同不利布置可变荷载作用下的内力图在同一坐标图上，内力图的外包线所形成的图称为内力包络图，它反映构件相应截面在荷载不利组合下可能出现的内力上、下限值。图 2-11 为两跨连续梁在永久荷载和不同可变荷载组合作用下的内力图；图 2-12 为该两跨连续梁的弯矩包络图和剪力包络图。

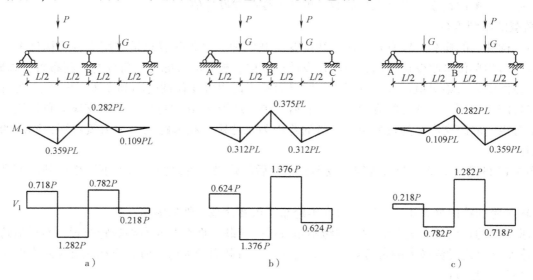

图 2-11　两跨连续梁在永久荷载和不同可变荷载组合作用下的内力图 $(P = G)$

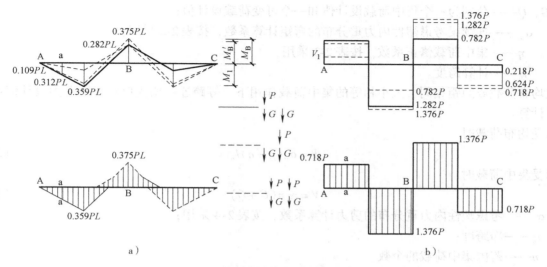

图 2-12　两跨连续梁内力包络图

a) 弯矩包络图　b) 剪力包络图

　　内力包络图是用来确定钢筋截断和弯起位置的依据。连续梁纵向钢筋的材料图形必须根据弯矩包络图来绘制。一般不必绘制剪力包络图，但当必须利用弯起钢筋抗剪时，剪力包络图是用来确定弯起钢筋需要的排数和排列位置的依据。

10. 支座宽度的影响——支座边缘的弯矩和剪力

　　按弹性理论计算连续梁、板内力时，中间跨的计算跨度取为支座中心线之间的距离，故所得的支座弯矩和剪力都是支座中心线上的值。而实际控制截面应在支座边缘，应按支座边缘的内力设计值进行配筋计算（图 2-13）。

　　支座边缘的内力按下列公式确定：

　　弯矩设计值

$$M_e = M - V_0 \frac{b}{2} \qquad (2\text{-}11)$$

　　剪力设计值

$$V_e = V - (g+q)\frac{b}{2} \quad（均布荷载） \qquad (2\text{-}12a)$$

$$V_e = V \quad（集中荷载） \qquad (2\text{-}12b)$$

式中　M、V——支座中心处的弯矩和剪力；

　　　　V_0——按简支梁计算的支座剪力设计值（取绝对值）；

　　　　b——支座宽度。

11. 用调幅法计算等跨连续梁、板的内力

　　在均布荷载或间距相同、大小相等的集中荷载作用下，等跨连续梁各跨跨中和支座截面的弯矩设计值可分别按下列公式计算：

　　承受均布荷载时

$$M = \alpha_m (g+q) l_0^2 \qquad (2\text{-}13a)$$

　　承受集中荷载时

$$M = \eta \alpha_m (G+Q) l_0 \qquad (2\text{-}13b)$$

式中　g、q——分别为沿梁单位长度上的永久荷载设计值和可变荷载设计值；

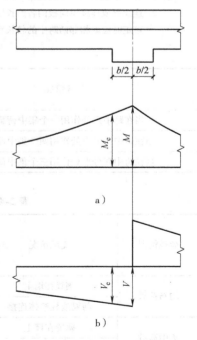

图 2-13　支座边缘的弯矩和剪力

G、Q——分别为一个集中荷载设计值和一个可变荷载设计值；

α_m——连续梁考虑塑性内力重分布的弯矩计算系数，按表2-2采用；

η——集中荷载修正系数，按表2-3采用；

l_0——计算跨度。

在均布荷载或间距相同、大小相等的集中荷载作用下，等跨连续梁支座边缘的剪力设计值可按下列公式计算：

承受均布荷载时

$$V = \alpha_v (g + q) l_n \qquad (2\text{-}14a)$$

承受集中荷载时

$$V = \alpha_v n (G + Q) \qquad (2\text{-}14b)$$

式中 α_v——考虑塑性内力重分布的剪力计算系数，按表2-4采用；

l_n——净跨度；

n——跨内集中荷载的个数。

表2-2 连续梁和连续单向板考虑塑性内力重分布的弯矩计算系数 α_m

支承情况		截面位置					
		端支座	边跨中	离端第二支座	离端第二跨跨中	中间支座	中间跨跨中
		A	I	B	II	C	III
梁、板搁置在墙上		0	1/11	二跨连续：−1/10	1/16	−1/14	1/16
板	与梁整浇连接	−1/16	1/14				
梁		−1/24		三跨以上连续：−1/11			
梁与柱整浇连接		−1/16	1/14				

注：1. 表中系数适用于荷载比 $q/g > 0.3$ 的等跨连续梁和连续单向板。

2. 连续梁或连续单向板的各跨长度不等，但相邻两跨的长跨与短跨之比值小于1.10时，仍可采用表中弯矩系数值。计算支座弯矩时应取相邻两跨中的较长跨度值，计算跨中弯矩时应取本跨长度。

表2-3 集中荷载修正系数 η

荷载情况	截面					
	A	I	B	II	C	III
当在跨中点处作用一个集中荷载时	1.5	2.2	1.5	2.7	1.6	2.7
当在跨中三分点处作用两个集中荷载时	2.7	3.0	2.7	3.0	2.9	3.0
当在跨中四分点处作用三个集中荷载时	3.8	4.1	3.8	4.5	4.0	4.8

表2-4 连续梁考虑塑性内力重分布的剪力计算系数 α_v

荷载情况	支承情况	截面位置				
		A支座右侧	第二支座B		中间支座C	
			左侧	右侧	左侧	右侧
均布荷载	搁置在墙上	0.45	0.60	0.55	0.55	0.55
	与梁或柱整体连接	0.50	0.55			
集中荷载	搁置在墙上	0.42	0.65	0.60	0.55	0.55
	与梁或柱整体连接	0.50	0.60			

以承受均布荷载的五跨连续梁为例，用弯矩调幅法来说明表2-2中弯矩系数的确定方法。设次梁的边支座为砖墙，取 $g/q = 3$，则

$$g + q = q/3 + q = 4q/3 \text{ 或 } g + q = g + 3g = 4g$$

于是
$$g = \frac{1}{4}(g+q) \text{ , } q = \frac{3}{4}(g+q)$$

次梁的折算荷载
$$g' = g + \frac{1}{4}q = \frac{1}{4}(g+q) + \frac{3}{16}(g+q) = \frac{7}{16}(g+q)$$

$$q' = \frac{3}{4}q = \frac{3}{4} \times \frac{3}{4}(g+q) = \frac{9}{16}(g+q)$$

按弹性方法,边跨支座 B 的弯矩最大值时(绝对值),活荷载应布置在 1、2、4 跨(图 2-14 中的曲线 1):
$$M_{\text{Bmax}} = -0.105g'l^2 - 0.119q'l^2 = -0.1129(g+q)l^2$$

考虑调幅 20%(梁支座边缘截面的负弯矩调幅幅度不宜大于 25%),则
$$M_{\text{B}} = 0.8M_{\text{Bmax}} = -0.09032(g+q)l^2$$

表 2-2 中,取 $M_{\text{B}} = -\frac{1}{11}(g+q)l^2 = -0.0909(g+q)l^2$,相当于支座调幅值 = 19.5%。

当 M_{Bmax} 下调后,根据第一跨力的平衡条件,相应的跨内最大弯矩出现在距端支座 $x = 9l/22 = 0.409l$ 处,其值为(图 2-14 中粗直线)
$$M_1 = (0.409l)^2 \times (g+q)l^2 - (0.409l)^2 \times 0.5(g+q)l^2 = 0.0836(g+q)l^2$$

按弹性方法,边跨内的最大正弯矩出现在活荷载布置在 1、3、5 跨(图 2-14 中曲线 2),
$$M_{1\text{max}} = 0.078g'l^2 + 0.1q'l^2 = 0.0903(g+q)l^2 > M_1$$

可知,第 1 跨跨内弯矩最大值仍应按 $M_{1\text{max}}$ 计算,为便于记忆,取 $M_{1\text{max}} = \frac{1}{11}(g+q)l^2$。

其余系数可按类似的方法确定。

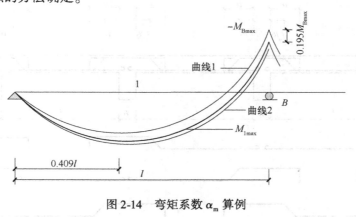

图 2-14　弯矩系数 α_m 算例

2.1.4　板配筋计算中应注意的问题

1. 受力钢筋的混凝土保护层厚度、有效截面高度

现行国家标准《混凝土结构设计规范》GB 50010 规定混凝土的保护层厚度是指从最外层钢筋(包括箍筋、构造筋、分布筋等)的外缘算起到混凝土表面的混凝土保护层最小厚度,其取值主要取决于构件的耐久性要求和保证钢筋黏结锚固性能的要求。耐久性所要求混凝土保护层的最小厚度是按照构件在设计使用年限内能够保护钢筋不发生危及结构安全的锈蚀来确定。鉴于对锚固长度的规定是以保护层相对厚度 c/d(c 为保护层厚度;d 为钢筋直径)不小于 1.0 为前提条件确定的,故保护层厚度除应满足上述耐久性要求所规定的最小厚度外,尚应不小于受力钢筋的直径(单筋的公称直径或并筋的等效直径)。

现行国家标准《混凝土结构设计规范》GB 50010 规定,室内环境(一类)中,混凝土为 C25 及以下

时为 20mm，C25 级以上时为 15mm。受力钢筋合力到受拉边缘的距离（a_s）和截面有效高度（h_0）：

$$a_s = 20mm + 10/2mm = 25mm \qquad h_0 = h - a_s = h - 25mm（混凝土强度等级 \leqslant C25）$$

$$a_s = 15mm + 10/2mm = 20mm \qquad h_0 = h - a_s = h - 20mm（混凝土强度等级 > C25）$$

板中分布钢筋的保护层厚度不应小于同等条件下受力钢筋的保护层厚度减 10mm，且不应小于 10mm。

由上所述，受力钢筋的混凝土保护层厚度（c）与受力钢筋合力到受拉边缘的距离（a_s）是两个不同概念，不能混淆。

2. 受力钢筋的选配

板按塑性理论的方法计算内力时，其支座截面配筋计算的相对受压区高度应满足 $0.1 \leqslant \xi \leqslant 0.35$，以保证支座截面在形成塑性铰后具有足够的转动能力，实现充分的内力重分布。

受力钢筋的直径一般为 $\phi 6 \sim \phi 10$。为了便于施工，选用钢筋直径的种类愈少愈好，且同一块板中的钢筋直径相差不小于 2mm，以免施工时互相混淆。

板中受力钢筋的间距要求：当采用绑扎钢筋网时，受力钢筋的间距不宜小于 70mm。同时，为了分散集中荷载，使板受力均匀，钢筋间距不宜过大。当板厚 $h \leqslant 150mm$ 时，不宜大于 200mm；当板厚 $h > 150mm$ 时，不宜大于 $1.5h$，且不宜大于 250mm。

板中受力钢筋的配筋率应满足纵向钢筋的最小配筋率 $\max（0.2\%，45f_t/f_y）$ 的要求；当板（不包括悬臂板）采用强度等级 400MPa、500MPa 的钢筋时，其最小配筋百分率应允许采用 $（0.15\%，45f_t/f_y）$ $\max$。板的经济配筋率 $0.3\% \sim 0.8\%$。

板中受力钢筋布置形式有弯起式和分离式两种（图 2-15），在实际工程设计中，分离式配筋方式因其施工方便而使用较多。

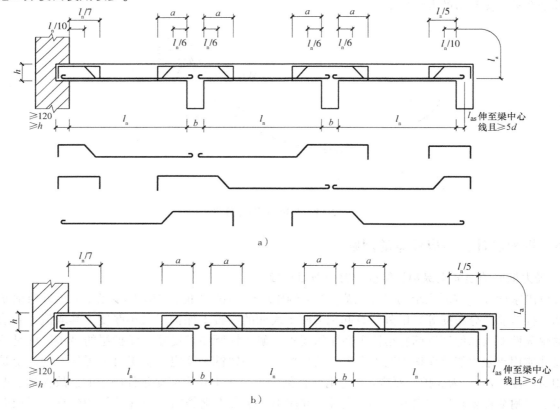

图 2-15　等跨连续单向板配筋图

a）弯起式　b）分离式

当 $q/g \leqslant 3$ 时，$a = l_n/4$；当 $q/g > 3$ 时，$a = l_n/3$

3. 分布钢筋和构造钢筋的选配

板的分布钢筋的作用是将板面上的集中荷载更均匀地传递给受力钢筋，并在施工时固定受力钢筋的位置，此外，分布钢筋还可承担由于混凝土的收缩和外界温度的变化在结构中引起的附加应力。单位长度上的分布钢筋的配筋不宜小于单位宽度上的受力钢筋的 15%，且配筋率不宜小于 0.15%；分布钢筋的直径不宜小于 6mm，间距不宜大于 250mm。当集中荷载较大时，分布钢筋的配筋面积尚应增加，其间距不宜大于 200mm。

其他构造钢筋如图 2-16 所示。

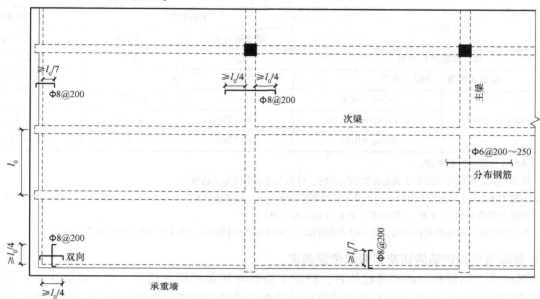

图 2-16 单向板的构造钢筋

2.1.5 次梁配筋计算中应注意的问题

1. 受力钢筋的混凝土保护层厚度、有效截面高度

现行国家标准《混凝土结构设计规范》GB 50010 规定，一类环境中，梁纵向受力钢筋混凝土保护层的最小厚度：当混凝土强度等级不超过 C25 时，为 25mm，当混凝土强度等级为 C25 ~ C80 时，为 20mm。

根据混凝土保护层厚度和钢筋净距的具体规定（图 2-17），并考虑了梁中最常用的钢筋直径，梁的截面有效高度 h_0 取值如下：

$$h_0 = h - a_s = h - 40\text{mm} \quad \text{（一排钢筋）}$$

$$h_0 = h - a_s = h - 65\text{mm} \quad \text{（两排钢筋）}$$

2. 配筋率的验算问题

次梁按塑性理论的方法计算内力时，其支座截面配筋计算的相对受压区高度应满足 $0.1 \leqslant \xi \leqslant 0.35$，以保证支座截面在形成塑性铰后具有足够的转动能力，实现充分的内力重分布。

次梁中纵向受力钢筋的最小配筋率 max（0.2%，$45 f_t / f_y$），最大配筋率 $\xi_b \alpha_1 f_c / f_y$，经济配筋率 0.6% ~ 1.5%（矩形截面梁）、0.9% ~ 1.8%（T 形截面梁）。

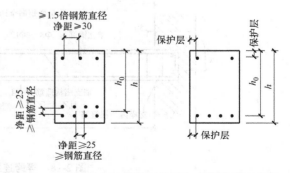

图 2-17 梁内纵向钢筋的保护层、净距及截面高度

3. 正截面承载力计算时截面形式

次梁正截面承载力计算的控制截面为梁的两边缘截面、跨中截面。当采用弹性理论的分析方法计算内力时，应考虑支座宽度的影响（图2-13）。

次梁、主梁在进行承载力计算时，应考虑楼板的影响，受压区的翼缘计算宽度 b'_f 应按表2-5各项中的最小值取用。各跨中截面承受正弯矩，板位于受压区，故应按T形截面计算承载力；各支座截面承受负弯矩作用，板位于截面受拉区，受拉开裂退出工作，应按矩形截面计算。

表2-5 T形及倒L形截面受弯构件位于受压区的翼缘计算宽度 b'_f

情况		T形截面		倒L形截面
		肋形梁（板）	独立梁	肋形梁（板）
按计算跨度 l_0 考虑		$l_0/3$	$l_0/3$	$l_0/6$
按梁（纵肋）净距 s_n 考虑		$b + s_n$	—	$b + s_n/2$
按翼缘高度 h'_f 考虑	$h'_f/h_0 \geq 0.1$	—	$b + 12h'_f$	—
	$0.1 > h'_f/h_0 \geq 0.05$	$b + 12h'_f$	$b + 6h'_f$	$b + 5h'_f$
	$h'_f/h_0 < 0.05$	$b + 12h'_f$	b	$b + 5h'_f$

注：1. 表中 b 为梁的腹板厚度。

2. 肋形梁在跨内设有间距小于纵肋间距的横肋时，可不考虑表中情况3的规定。

3. 加腋的T形、I形和倒L形截面，当受压区加腋的高度 $h_h \geq h'_f$ 且加腋的宽度 $b_h \leq 3h_h$ 时，其翼缘计算宽度可按表中情况3的规定分别增加 $2b_h$（T形、I形截面）和 b_h（倒L形截面）。

4. 独立梁受压区的翼缘板在荷载作用下经验算沿纵肋方向可能产生裂缝时，其计算宽度应取用腹板宽度 b。

4. 次梁纵向受力钢筋的切断和弯起位置确定

次梁纵向受力钢筋的切断和弯起位置，原则上应按弯矩包络图来确定。对于连续次梁，若其等跨或相邻跨跨度相差不超过20%且均布活荷载设计值与恒荷载设计值之比值 $q/g \leq 3$，则其纵向受力钢筋的切点和弯起位置，可参照图2-18来确定，而不必绘制弯矩包络图和材料图。

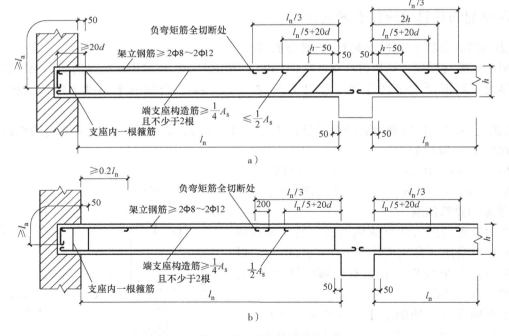

图2-18 等跨连续次梁配筋图（$q/g \leq 3$）

a）有弯起钢筋时 b）无弯起钢筋时

5. 斜截面受剪承载力的计算

由于次梁所受的荷载相对较小，一般箍筋按构造配置就能满足斜截面承载力的要求，即使在某些支座截面受到的剪力稍大，配置弯起钢筋施工上也不方便。但从教学的角度，为使学生得到更多的锻炼，可在课程设计中要求同时采用弯筋和箍筋，箍筋按构造配置，弯筋通过计算确定。梁中弯起钢筋的弯起角一般取 45°，当梁高 $h > 700\text{mm}$ 时，可以采用 60°。

当次梁采用塑性理论计算时，调幅后受剪承载力应加强，常见做法是将箍筋间距减小 20%，即调整后间距 $s' = 0.8s$。

配置箍筋应验算最小配箍率的要求。

箍筋的最小直径与梁的截面高度有关。当梁截面高度 $h > 800\text{mm}$ 时，箍筋直径不宜小于 8mm；当梁截面高度 $h \leqslant 800\text{mm}$ 时，箍筋直径不宜小于 6mm。

箍筋的肢数通常按下面的规定取用：

当梁宽 $b < 400\text{mm}$ 时，采用双肢。

当梁宽 $b \geqslant 400\text{mm}$ 且一层内的纵向受压钢筋多于 3 根时，或当梁的宽度 $< 400\text{mm}$ 但在一层内的纵向受压钢筋多于 4 根时，应设置复合箍筋。

6. 梁中其他构造钢筋

架立筋为构造钢筋，通常设置在梁的受压区，用来固定箍筋的正确位置。架立筋还可以用来承受温度应力、混凝土收缩应力以及构件吊装时可能发生的变号弯矩作用。

架立筋的直径与梁的跨度 l 有关。当梁的跨度 $< 4\text{m}$ 时，架立筋的直径不宜小于 8mm；当梁的跨度 $4\text{m} \leqslant l \leqslant 6\text{m}$ 时，直径不应小于 10mm；当梁的跨度 $l > 6\text{m}$ 时，直径不宜小于 12mm。

此外，当梁的腹板高度 h_w（对矩形截面 $h_w = h_0$；T 形截面 $h_w = h_0 - h'_f$）$\geqslant 450\text{mm}$ 时，在梁的两个侧面应沿高度配置纵向构造钢筋⑥，每侧纵向构造钢筋（不包括梁上、下部受力钢筋及架立筋）的截面面积不应小于腹板截面面积 bh_w 的 0.1%，且其间距不宜大于 200mm（图 2-19）。

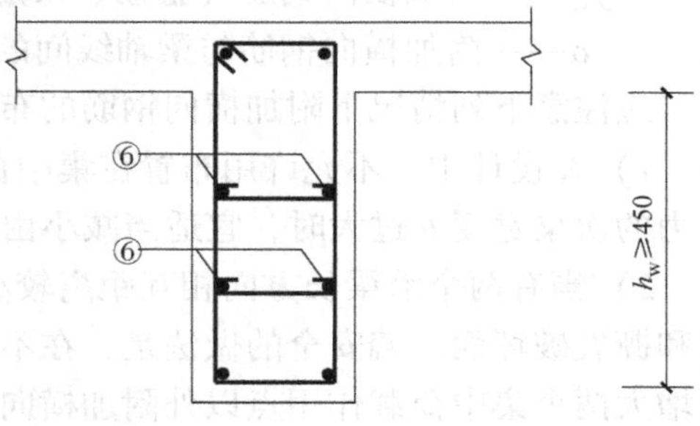

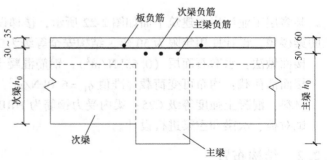

图 2-19　梁侧面构造钢筋

2.1.6　主梁配筋计算中应注意的问题

1. 主梁支座截面的有效高度 h_0（图 2-20）

在主梁支座处，主梁与次梁截面的上部钢筋相互交叉重叠，次梁钢筋在上部，导致主梁承受负弯矩的纵筋位置下移，梁的有效高度减少。在计算主梁负弯矩钢筋时，截面有效高度 h_0 应取：$h_0 = h - (50 \sim 60)\text{mm}$（一排钢筋），$h_0 = h - (70 \sim 80)\text{mm}$（两排钢筋）。

2. 主梁受力钢筋

主梁一般采用弹性理论方法设计，主梁受力钢筋的弯起和截断应根据其弯矩包络图确定，详见 2.2 节设计实例。

3. 主梁与次梁相交处附加横向钢筋

在主梁与次梁相交处，在主梁高度范围内受到次梁传来的集中荷载作用。为了防止次梁与主梁连接处主梁在次梁下面的混凝土脱落以及防止斜裂缝穿越次梁顶部造成斜截面破坏，应在集中荷载影响区 $s = 2h_1 + 3b$ 范围内加设附加横向钢筋。横向钢筋宜采用箍筋（图 2-21a），当采用吊筋时，弯起段应升至梁的上边

图 2-20　主梁支座截面的钢筋位置

缘，且末端水平段长度在受压区不应小于 $10d$（d 为附加吊筋直径），如图 2-21b 所示。

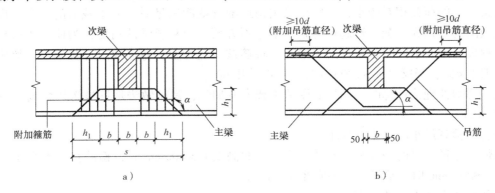

图 2-21 附加横向钢筋布置

a）附加箍筋 b）附加吊筋

附加横向钢筋所需的总截面面积应符合下式规定：

$$A_{sv} \geq \frac{F_l}{f_{yv}\sin\alpha} \tag{2-15}$$

式中 A_{sv}——承受集中荷载所需的附加横向钢筋总截面面积，当采用附加吊筋时，A_{sv} 应为左、右弯起段截面面积之和；

F_l——由次梁传递的集中荷载设计值；

f_{yv}——附加横向钢筋（箍筋、吊筋）的抗拉强度设计值；

α——附加横向钢筋与梁轴线间的夹角。

应注意下列情况下附加横向钢筋的布置：

1）在设计中，不允许用布置在集中荷载影响区内的受剪箍筋代替附加横向钢筋。此外，当传入集中力的次梁宽度 b 过大时，宜适当减小由 $2h_1+3b$ 所确定的附加横向钢筋的布置宽度。

2）当有两个沿梁长方向相互距离较小的集中荷载作用于梁高范围内时，可能形成一个总的撕裂效应和撕裂破坏面。偏安全的做法是，在不减少两个集中荷载之间应配置附加钢筋数量的同时，分别适当增大两个集中荷载作用点以外附加横向钢筋的数量。

2.2 设计实例

2.2.1 设计资料

某多层工业厂房的建筑平面如图 2-22 所示，楼梯设置在旁边的附属房屋内。拟采用现浇钢筋混凝土肋梁楼盖。设计使用年限为 50 年，结构安全等级为二级，环境类别为一类。

楼面做法：水磨石面层（0.65kN/m²）；钢筋混凝土现浇板；20mm 石灰砂浆抹底。

楼面活荷载：均布可变荷载标准值 $q_k=6.0$kN/m²，准永久值系数 $\psi_q=0.8$。

材料：混凝土强度等级 C25；梁内受力钢筋为 HRB400 级钢筋，其他钢筋为 HPB300 级钢筋。

试对板、次梁和主梁进行设计。

2.2.2 结构布置

1. 柱网尺寸

确定主梁的跨度为 6.9m，次梁的跨度为 6.6m，即柱距为 6.9m×6.6m。主梁每跨内布置两根次梁，板的跨度为 6.9m/3=2.3m。

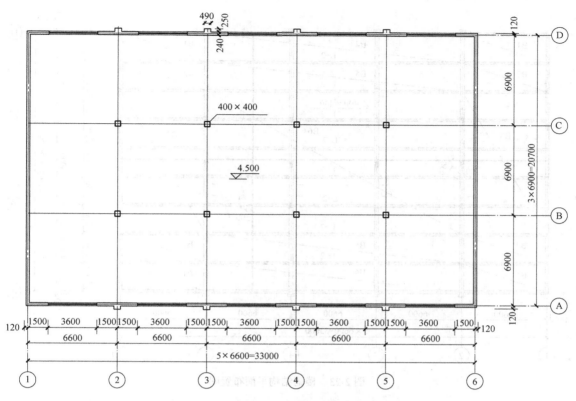

图 2-22　楼盖建筑平面

2. 板厚度（h）

根据跨高比条件，板厚 $h \geqslant l/40 = 2300\text{mm}/40 = 57.5\text{mm}$，对于工业厂房的楼板，要求 $h \geqslant 70\text{mm}$，考虑到楼面可变荷载比较大，取板厚 $h = 90\text{mm}$。

3. 次梁截面尺寸（$b \times h$）

根据刚度要求，$h = l/18 \sim l/12 = 6600/18 \sim 6600\text{mm}/12 = 367 \sim 550\text{mm}$，取 $h = 500\text{mm}$，截面宽度 $b = h/2 \sim h/3$，取 $b = 200\text{mm}$。

4. 主梁截面尺寸（$b \times h$）

根据刚度要求，$h = l/15 \sim l/10 = 6900/15 \sim 6900\text{mm}/10 = 460 \sim 690\text{mm}$，取 $h = 650\text{mm}$，截面宽度 $b = h/2 \sim h/3$，取 $b = 300\text{mm}$。

楼盖结构平面布置如图 2-23 所示。

2.2.3　板的设计

根据现行国家标准《混凝土结构设计规范》GB 50010 规定，本设计中板区格长边与短边之比为 $6600/2300 = 2.87$，介于 $2 \sim 3$ 之间，宜按双向板进行设计。但考虑到板区格长边与短边之比已接近 3.0，这里按单向板计算。

1. 板荷载计算

板的永久荷载标准值 g_k：

水磨石面层	0.65kN/m^2
90mm 钢筋混凝土板	$0.09\text{m} \times 25\text{kN/m}^3 = 2.25\text{kN/m}^2$
20mm 石灰砂浆抹面	$0.02\text{m} \times 17\text{kN/m}^3 = 0.34\text{kN/m}^2$
小计	3.24kN/m^2

板的可变荷载标准值 q_k：6.0kN/m^2

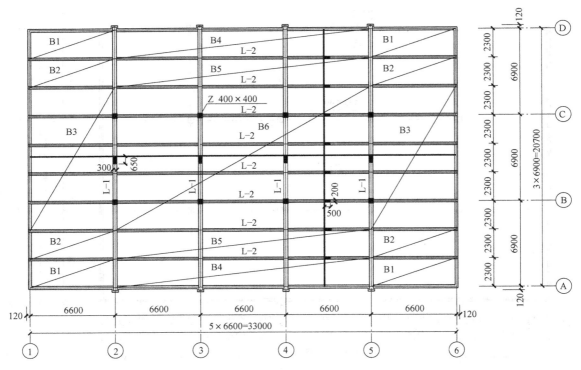

图 2-23　楼盖结构平面布置图

根据现行国家标准《建筑结构可靠性设计统一标准》GB 50068 规定，永久荷载分项系数 γ_G 取 1.3，可变荷载分项系数 γ_Q 取 1.5。于是板的荷载基本组合值：

$$p = \gamma_G g_k + \gamma_Q q_k = 1.3 \times 3.24 \text{kN/m}^2 + 1.5 \times 6.0 \text{kN/m}^2 = 13.212 \text{kN/m}^2$$

2. 板计算简图

次梁截面为 $200 \text{mm} \times 500 \text{mm}$，现浇板在墙上的支承长度不小于 100mm，取板在墙上的支承长度为 120mm。按塑性内力重分布设计，板的计算跨度：

边跨　　$l_{01} = l_{n1} + h/2 = (2300 \text{mm} - 120 \text{mm} - 200 \text{mm}/2) + 90 \text{mm}/2 = 2125 \text{mm} < l_{01}$
　　　　　$= l_{n1} + a/2 = (2300 \text{mm} - 120 \text{mm} - 200 \text{mm}/2) + 120 \text{mm}/2 = 2140 \text{mm}$

取　　　　　　　　　　　　　　$l_{01} = 2125 \text{mm}$
中间跨　　　　　　　　$l_{02} = l_{n2} = 2300 \text{mm} - 200 \text{mm} = 2100 \text{mm}$

因跨度相差小于 10%，可按等跨连续板计算，取五跨。以 1m 宽板作为计算单元，计算简图如图 2-24 所示。

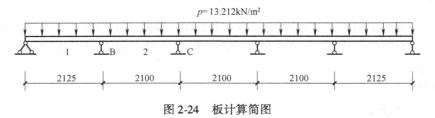

图 2-24　板计算简图

3. 板弯矩设计值

由表 2-2 可查得，板弯矩系数 α_m 分别为：边跨中 $1/11$；离端第二支座 $-1/11$；中间跨跨中 $1/16$；中间支座 $-1/14$。故

$$M_1 = -M_B = \frac{1}{11} p l_{01}^2 = \frac{1}{11} \times 13.212 \times 2.125^2 \text{kN} \cdot \text{m} = 5.42 \text{kN} \cdot \text{m}$$

$$M_C = \frac{1}{14}pl_{02}^2 = -\frac{1}{14} \times 13.212 \times 2.10^2 \text{kN} \cdot \text{m} = -4.16 \text{kN} \cdot \text{m}$$

$$M_2 = \frac{1}{16}pl_{02}^2 = \frac{1}{16} \times 13.212 \times 2.10^2 \text{kN} \cdot \text{m} = 3.64 \text{kN} \cdot \text{m}$$

4. 板正截面受弯承载力计算

对于一类环境，C25 混凝土，保护层厚度为 15mm，板厚 90mm，$h_0 = h - a_s = 90\text{mm} - 20\text{mm} = 70\text{mm}$；$\alpha_1 = 1.0$，$f_c = 11.9 \text{N/mm}^2$，$f_t = 1.27 \text{N/mm}^2$；HPB300 级钢筋，$f_y = 270 \text{N/mm}^2$。

板配筋的计算过程见表 2-6。

表 2-6　板的配筋计算

截面		1	B	2	C
弯矩设计值/(kN·m)		5.42	-5.42	3.64	-4.16
$\alpha_s = M/(\alpha_1 f_c bh_0^2)$		0.0930	0.0930	0.0624	0.0713
$\xi = 1 - \sqrt{1 - 2\alpha_s}$		0.0978	0.0978 < 0.35	0.0645	0.0740 < 0.35
轴线 ①~② ④~⑤	计算配筋/mm² $A_s = \xi bh_0 f_c/f_y$	301.73	301.73	198.99	228.30
	实际配筋/mm²	Φ8@160 $A_s = 314.0$	Φ8@160 $A_s = 314.0$	Φ6/8@160 $A_s = 246.0$	Φ6/8@160 $A_s = 246.0$
轴线 ②~④	计算配筋/mm² $A_s = \xi bh_0 f_c/f_y$	238.79	238.79	157.96 < $A_{s,\min}$ 取 190.8	181.41 < $A_{s,\min}$ 取 190.8
	实际配筋/mm²	Φ8@200 $A_s = 251.0$	Φ8@200 $A_s = 251.0$	Φ6/8@200 $A_s = 196.0$	Φ6/8@200 $A_s = 196.0$

注：对轴线②~④间的板带，跨中截面 2、3 和支座截面的配筋按设计弯矩折减 20% 计算确定。

支座截面的受压区高度系数 ξ 均小于 0.35，满足弯矩调幅的要求。

$$\rho_{\min} = (0.2\%, \ 45f_t/f_y)_{\max} = 45f_t/f_y = 45 \times 1.27/270 = 0.212\%$$

所以，$A_{s,\min} = \rho_{\min}bh = 0.212\% \times 1000 \times 90 \text{mm}^2 = 190.8 \text{mm}^2$。

5. 板裂缝宽度验算

裂缝宽度验算属于正常使用极限状态，采用荷载的标准组合。按弹性方法计算截面弯矩，考虑可变荷载的最不利布置，有

$$M_k = \alpha_g g'_k l_0^2 + \alpha_q q_k l_0^2 \tag{2-16}$$

式中　g'_k——折算永久荷载标准值，$g'_k = g_k + q_k/2 = 3.24 \text{kN/m} + 6.0 \text{kN/m}/2 = 6.24 \text{kN/m}$；

　　　q'_k——折算可变荷载标准值，$q'_k = q_k/2 = 6.0 \text{kN/m}/2 = 3.0 \text{kN/m}$；

　　　α_g——五跨连续板满布荷载下相应截面的弯矩系数，按有关表格查得；

　　　α_q——五跨连续板最不利荷载布置下相应截面的弯矩系数，按有关表格查得。

由荷载标准组合产生的跨中和支座弯矩：

$$M_{1k} = (0.078 \times 6.24 + 0.1 \times 3) \times 2.125^2 \text{kN} \cdot \text{m} = 3.55 \text{kN} \cdot \text{m}$$

$$M_{Bk} = -(0.105 \times 6.24 + 0.119 \times 3) \times 2.125^2 \text{kN} \cdot \text{m} = -4.57 \text{kN} \cdot \text{m}$$

$$M_{2k} = (0.033 \times 6.24 + 0.079 \times 3) \times 2.10^2 \text{kN} \cdot \text{m} = 1.95 \text{kN} \cdot \text{m}$$

$$M_{Ck} = -(0.079 \times 6.24 + 0.111 \times 3) \times 2.10^2 \text{kN} \cdot \text{m} = -3.64 \text{kN} \cdot \text{m}$$

$$M_{3k} = (0.046 \times 6.24 + 0.085 \times 3) \times 2.10^2 \text{kN} \cdot \text{m} = 2.39 \text{kN} \cdot \text{m}$$

受弯构件的受力特征系数 $\alpha_{cr} = 1.9$，光圆钢筋的相对黏结特征系数 $\nu = 0.7$，C25 混凝土抗拉强度标准值 $f_{tk} = 1.78 \text{N/mm}^2$；保护层厚度 $c = 15\text{mm} < 20\text{mm}$，取 $c = 20\text{mm}$。计算过程见表 2-7，裂缝宽度均小于一类环境规范允许值 0.3mm。

表 2-7　板的裂缝宽度验算

截面	1	B	2	C	3
$M_k = (\alpha_g g'_k + \alpha_q q_k) l_0^2 / (kN \cdot m)$	3.55	-4.57	1.95	-3.64	2.39
A_s / mm^2	314.0	314.0	246.0	246.0	246.0
$\sigma_{sk} = M_k / (0.87 A_s h_0) / (N/mm^2)$	185.64	238.98	130.16	242.97	159.53
$\rho_{te} = A_s / A_{te}$	0.01	0.01	0.01	0.01	0.01
$\psi = 1.1 - 0.65 f_{tk} / (\rho_{te} \sigma_{sk})$	0.477	0.616	0.211	0.624	0.375
$d_{eq} = \sum n_i d_i^2 / (\sum n_i \nu_i d_i) / mm$	11.43	11.43	10.2	10.2	10.2
$l_m = 1.9c + 0.08 d_{eq} / \rho_{te} / mm$	129.44	129.44	118.00	118.00	118.00
$w_{max} = \alpha_{cr} \psi l_m \sigma_{sk} / E_s / mm$	0.104	0.172	0.029	0.162	0.064

注：$\rho_{te} < 0.01$ 时，取 $\rho_{te} = 0.01$；$\psi < 0.2$ 时，取 $\psi = 0.2$。

6. 板挠度验算

截面的短期刚度由下式确定：

$$B_s = \frac{E_s A_s h_0^2}{1.15\psi + 0.2 + \dfrac{6\alpha_E \rho}{1 + 3.5\gamma'_f}} \tag{2-17}$$

式中，$\alpha_E = E_s / E_c = 2.1 \times 10^5 / 2.8 \times 10^4 = 7.5$，矩形截面 $\gamma'_f = 0$。各截面的短期刚度见表 2-8。

表 2-8　板的截面刚度计算

截面	1	B	2	C	3
A_s / mm^2	314.0	314.0	246.0	246.0	246.0
ψ	0.477	0.616	0.211	0.624	0.375
$\rho = A_s / bh_0$	0.0045	0.0045	0.0035	0.0035	0.0035
$B_s / (N \cdot mm)$	3.3974×10^{11}	2.9085×10^{11}	4.2178×10^{11}	2.3545×10^{11}	3.2093×10^{11}

由表 2-8 可见，B_B 与 B_1 很接近，满足 $0.5B_1 < B_B < 2B_1$，按现行国家标准《混凝土结构设计规范》GB 50010 可取整跨刚度 B_1 为计算挠度，这样的简化使挠度计算大为方便。

长期刚度按下式确定：

$$B = \frac{M_k}{M_q(\theta - 1) + M_k} B_s$$
$$= \frac{3.55}{3.070 \times (2-1) + 3.55} \times 3.3974 \times 10^{11} N \cdot mm = 1.8219 \times 10^{11} N \cdot mm$$

其中，$M_{1q} = (0.078 g'_k + 0.1 q'_k) l_{01}^2 = (0.078 \times 5.64 + 0.1 \times 2.4) \times 2.125^2 kN \cdot m = 3.070 kN \cdot m$

$$g'_k = g_k + \frac{1}{2}(\psi_q q_k) = 3.24 kN/m + \frac{1}{2} \times 0.8 \times 6.0 kN/m = 5.64 kN/m$$

$$q'_q = \frac{1}{2}(\psi_q q_k) = \frac{1}{2} \times 0.8 \times 6.0 kN/m = 2.4 kN/m$$

第一跨挠度最大，对于等跨连续板可只验算该跨挠度。永久荷载 g_k 满布，可变荷载 q_k 在 1、3、5 跨布置，由相应表格查得相应挠度系数分别为 0.644×10^{-2} 和 0.973×10^{-2}，于是挠度：

$$f = \frac{0.644 \times 10^{-2} g_k l^4}{B} + \frac{0.973 \times 10^{-2} q_k l^4}{B}$$
$$= \frac{0.644 \times 10^{-2} \times 3.24 \times 2125^4}{1.8219 \times 10^{11}} mm + \frac{0.973 \times 10^{-2} \times 6.0 \times 2125^4}{1.8219 \times 10^{11}} mm$$
$$= 8.869 mm < \frac{l}{200} = \frac{2125}{200} mm = 10.63 mm \text{（符合要求）}$$

7. 绘制板施工图

板采用弯起式配筋。$q/g = 1.3 \times 6/(1.2 \times 3.24) = 2.01 < 3$，支座钢筋弯起点离支座边距离 $l_n/6 = 353\text{mm}$，取 400mm。弯起钢筋延伸长度 $a = l_n/4 = 530\text{mm}$，取 550mm。分布钢筋采用 φ8@200（$A_s = 201\text{mm}^2$），大于受力钢筋的 15%；与主梁垂直的附加负筋采用 φ8@200，伸入板中的长度为 $l_0/4 = 525\text{mm}$，取 550mm。板角配置 5φ8，双向附加构造钢筋，伸出墙边 $l_0/4 = 530\text{mm}$，取 550mm。长跨方向的墙边配置 φ8@200，伸出墙边长度应满足不小于 $l_0/7 = 303\text{mm}$，取 350mm。短跨方向的墙边除了利用一部分跨内弯起钢筋外，中间板带另配置 φ8@400，边板带另配 φ8@320，伸出墙边 350mm。

板的配筋如图 2-25 所示。

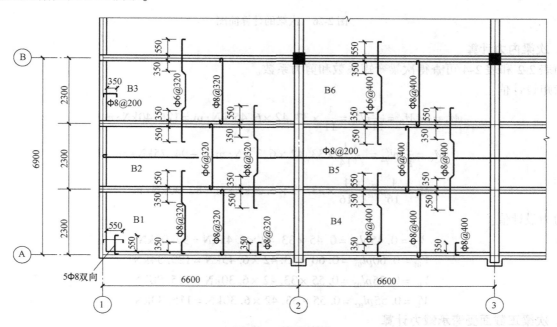

图 2-25　板配筋图

2.2.4　次梁设计

次梁的计算单元宽度为 2.3m，按塑性内力重分布设计。根据本楼盖的实际使用情况，楼盖次梁和主梁的可变荷载不考虑梁从属面积的荷载折减。

1. 次梁荷载计算

永久荷载标准值：

板传来的永久荷载	$3.24\text{kN/m} \times 2.3 = 7.452\text{kN/m}$
次梁自重	$0.2 \times (0.5 - 0.09) \times 25\text{kN/m} = 2.05\text{kN/m}$
次梁粉饰	$0.02 \times (0.5 - 0.09) \times 2 \times 17\text{kN/m} = 0.2788\text{kN/m}$
小计	$g_k = 9.781\text{kN/m}$

可变荷载标准值：

板传来的可变荷载　　　　　$6.0\text{kN/m} \times 2.3 = 13.80\text{kN/m}$

荷载基本组合值：

$$p = \gamma_G g_k + \gamma_Q q_k = 1.3 \times 9.781\text{kN/m} + 1.5 \times 13.8\text{kN/m} = 33.42\text{kN/m}$$

2. 次梁计算简图

次梁在砖墙上的支承长度为 240mm，主梁截面尺寸为 300mm×650mm。计算跨度：

边跨　　$l_{01} = l_{n1} + a/2 = (6600\text{mm} - 120\text{mm} - 300\text{mm}/2) + 240\text{mm}/2 = 6450\text{mm} < 1.025 l_{n1}$

$$= 1.025 \times (6600\text{mm} - 120\text{mm} - 300\text{mm}/2) = 6488.25\text{mm}$$

取　　　　　　　　　　　　　$l_{01} = 6450\text{mm}$

中间跨　　　　　　　$l_{02} = l_{n2} = 6600\text{mm} - 300\text{mm} = 6300\text{mm}$

因跨度相差小于 10%，可按等跨连续梁计算。次梁的计算简图如图 2-26 所示。

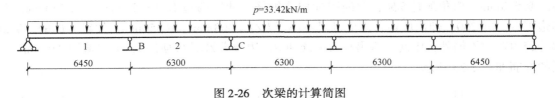

图 2-26　次梁的计算简图

3. 次梁内力计算

由表 2-2 和表 2-4 可查得次梁弯矩系数和剪力系数。

弯矩设计值：

$$M_1 = -M_B = \frac{1}{11}pl_{01}^2 = \frac{1}{11} \times 33.42 \times 6.45^2\text{kN} \cdot \text{m} = 126.40\text{kN} \cdot \text{m}$$

$$M_C = \frac{1}{11}pl_{02}^2 = -\frac{1}{14} \times 33.42 \times 6.3^2\text{kN} \cdot \text{m} = -94.75\text{kN} \cdot \text{m}$$

$$M_2 = \frac{1}{16}pl_{02}^2 = \frac{1}{16} \times 33.42 \times 6.3^2\text{kN} \cdot \text{m} = 82.90\text{kN} \cdot \text{m}$$

剪力设计值：

$$V_A = 0.45pl_{01} = 0.45 \times 33.42 \times 6.45\text{kN} = 97.00\text{kN}$$

$$V_{Bl} = 0.60pl_{01} = 0.60 \times 33.42 \times 6.45\text{kN} = 129.34\text{kN}$$

$$V_{Br} = 0.55pl_{02} = 0.55 \times 33.42 \times 6.30\text{kN} = 115.80\text{kN}$$

$$V_C = 0.55pl_{02} = 0.55 \times 33.42 \times 6.30\text{kN} = 115.80\text{kN}$$

4. 次梁正截面受弯承载力计算

正截面承载力计算时，支座按矩形截面计算，跨中按 T 形截面计算，翼缘宽度取 $b'_f = l/3 = 6600/3\text{mm} = 2200\text{mm}$，又 $b'_f = b + s_n = 200\text{mm} + 2100\text{mm} = 2300\text{mm}$，故取 $b'_f = 2200\text{mm}$。

一类环境，梁的混凝土保护层厚度要求为 25mm，单排钢筋截面有效高度取 $h_0 = 465\text{mm}$，两排钢筋取 $h_0 = 440\text{mm}$。纵向钢筋采用 HRB400 级钢筋，$f_y = 360\text{N}/\text{mm}^2$，箍筋采用 HPB300 级钢筋，$f_{yv} = 270\text{N}/\text{mm}^2$。

正截面承载力计算过程见表 2-9。

表 2-9　次梁正截面受弯承载力计算

截面	1	B	2	C
$M/(\text{kN} \cdot \text{m})$	126.40	−126.40	82.90	−94.75
$\alpha_1 f_c b'_f h'_f (h_0 - h'_f/2)/(\text{kN} \cdot \text{m})$	930.70 > M 第一类	—	930.70 > M 第一类	—
$\alpha_s = M/(\alpha_1 f_c b h_0^2)$	0.0249	0.2743	0.0164	0.2056
$\xi = 1 - \sqrt{1 - 2\alpha_s}$	0.0252	0.3281 < 0.35	0.0165	0.2327 < 0.35
$A_s = \xi b h_0 f_c/f_y$	806.34	954.41	527.96	676.90
选配钢筋/mm²	5Φ16 (弯2) $A_s = 1005.0$	5Φ16 (弯1) $A_s = 1005.0$	3Φ16 (弯1) $A_s = 603.0$	4Φ16 (弯1) $A_s = 804.0$

支座截面受压区高度系数 ξ 均小于 0.35，满足弯矩调幅的要求。

$A_s/(bh) = 603.0/(200 \times 500) = 0.60\% > \rho_{\min} = (0.2\%, 45f_t/f_y)_{\max} = 0.2\%$，满足最小配筋率的要求。

5. 次梁斜截面受剪承载力计算

计算内容包括：截面尺寸的复核、腹筋计算和最小配箍率验算。

（1）验算截面尺寸

$h_w = h_0 - h'_f = 440\text{mm} - 90\text{mm} = 350\text{mm}$，$h_w/b = 350/200 = 1.75 < 4$，截面尺寸按下式验算：

$0.25\beta_c f_c bh_0 = 0.25 \times 1.0 \times 11.9 \times 200 \times 440\text{N} = 261800\text{N} = 261.80\text{kN} > V_{\max} = 129.34\text{kN}$

截面尺寸满足要求。

（2）计算所需腹筋　采用 ϕ8 双肢箍，计算支座 B 左侧截面，$V_{Bl} = 129.34\text{kN}$。由斜截面受剪承载力计算式确定箍筋间距 s：

$$s = \frac{1.0 f_{yv} A_{sv} h_0}{V_{cs} - 0.7 f_t bh_0} = \frac{1.0 \times 270 \times (2 \times 50.3) \times 440}{129340 - 0.7 \times 1.27 \times 200 \times 440}\text{mm} = 233.84\text{mm}$$

调幅后受剪承载力应加强，梁局部范围内将计算的箍筋面积增加 20%。先调整箍筋间距，$s = 0.8 \times 233.84\text{mm} = 187.07\text{mm}$，小于箍筋最大间距 200mm，最后取 $s = 180\text{mm}$。为方便施工，沿梁长箍筋间距不变。

（3）验算最小配箍率　弯矩调幅时要求的配箍率下限为 $0.3 f_t/f_{yv} = 0.3 \times 1.27/270 = 1.41 \times 10^{-3}$，实际配箍率 $\rho_{sv} = A_{sv}/(bs) = 2 \times 50.3/(200 \times 180) = 2.79 \times 10^{-3}$，满足最小配箍率要求。

6. 次梁裂缝宽度验算

次梁的折算永久荷载 $g'_k = 9.781\text{kN/m} + 13.8\text{kN/m}/4 = 13.231\text{kN/m}$；折算可变荷载 $q'_k = 13.8\text{kN/m} \times 3/4 = 10.35\text{kN/m}$。变形钢筋的相对黏结特征系数 $\nu = 1.0$，C25 混凝土抗拉强度标准值 $f_{tk} = 1.78\text{N/mm}^2$，混凝土保护层厚度 $c = 25\text{mm}$。

荷载标准值下弹性分析的荷载弯矩系数同板（α_g、α_q），裂缝宽度的计算过程见表 2-10，各截面的裂缝宽度均满足要求。

表 2-10　次梁的裂缝宽度验算

截面	1	B	2	C	3
$M_k = (\alpha_g g'_k + \alpha_q q_k) l_0^2/(\text{kN}\cdot\text{m})$	85.99	−109.04	49.78	−87.08	59.07
A_s/mm^2	1005.0	1005.0	603.0	804.0	804.0
$\sigma_{sk} = M_k/(0.87 A_s h_0)/(\text{N/mm}^2)$	223.52	283.43	215.66	282.94	191.93
$\rho_{te} = A_s/A_{te}$	0.0201	0.0201	0.0121	0.0161	0.0161
$\psi = 1.1 - 0.65 f_{tk}/(\rho_{te}\sigma_{sk})$	0.843	0.897	0.657	0.846	0.726
$d_{eq} = \sum n_i d_i^2/(\sum n_i \nu_i d_i)/\text{mm}$	16.0	16.0	16.0	16.0	16.0
$l_m = 1.9c + 0.08 d_{eq}/\rho_{te}/\text{mm}$	111.18	111.18	153.29	127.00	127.00
$w_{\max} = \alpha_{cr}\psi l_m \sigma_{sk}/E_s/\text{mm}$	0.199 < 0.3	0.269 < 0.3	0.206 < 0.3	0.289 < 0.3	0.168 < 0.3

在表 2-10 中，由荷载标准组合产生的跨中和支座弯矩：

$$M_{1k} = (0.078 \times 13.231 + 0.1 \times 10.35) \times 6.45^2\text{kN}\cdot\text{m} = 85.99\text{kN}\cdot\text{m}$$

$$M_{Bk} = -(0.105 \times 13.231 + 0.119 \times 10.35) \times 6.45^2\text{kN}\cdot\text{m} = -109.04\text{kN}\cdot\text{m}$$

$$M_{2k} = (0.033 \times 13.231 + 0.079 \times 10.35) \times 6.3^2\text{kN}\cdot\text{m} = 49.78\text{kN}\cdot\text{m}$$

$$M_{Ck} = -(0.079 \times 13.231 + 0.111 \times 10.35) \times 6.3^2\text{kN}\cdot\text{m} = -87.08\text{kN}\cdot\text{m}$$

$$M_{3k} = (0.046 \times 13.231 + 0.085 \times 10.35) \times 6.3^2\text{kN}\cdot\text{m} = 59.07\text{kN}\cdot\text{m}$$

7. 次梁挠度验算

按等刚度连续梁计算边跨跨中挠度。短期刚度：

$$B_s = \frac{E_s A_s h_0^2}{1.15\psi + 0.2 + \frac{6\alpha_E \rho}{1+3.5\gamma_f'}} = \frac{2\times10^5 \times 1005 \times 440^2}{1.15\times0.916+0.2+\frac{6\times7.14\times0.0114}{1+3.5\times2.046}}\text{N}\cdot\text{mm}^2$$

$$= 2.963\times10^{13}\text{N}\cdot\text{mm}^2$$

其中：$\rho = A_s/bh_0 = 1005/(200\times440) = 0.0114$

$\alpha_E = E_s/E_c = 2.0\times10^5/2.8\times10^4 = 7.14$

$\gamma_f' = \dfrac{(b_f'-b)\ h_f'}{bh_0} = \dfrac{(2200-200)\times90}{200\times440} = 2.046$

长期刚度：

$$B = \frac{M_k}{M_q(\theta-1)+M_k}B_s$$

$$= \frac{85.99}{75.14\times(2-1)+85.99}\times2.963\times10^{13}\text{N}\cdot\text{mm}^2 = 1.5813\times10^{13}\text{N}\cdot\text{mm}^2$$

其中：$M_{1q} = (0.078\times12.541+0.1\times8.28)\times6.45^2\text{kN}\cdot\text{m} = 75.14\text{kN}\cdot\text{m}$

$g_k' = g_k + \dfrac{1}{4}\psi_q q_k = 9.781\text{kN/m} + \dfrac{1}{4}\times0.8\times13.80\text{kN/m} = 12.541\text{kN/m}$

$q_q' = \dfrac{3}{4}\psi_q q_k = \dfrac{3}{4}\times0.8\times13.8\text{kN/m} = 8.28\text{kN/m}$

挠度系数与板相同，挠度

$$f = \frac{0.644\times10^{-2}g_k l^4}{B} + \frac{0.973\times10^{-2}q_k l^4}{B}$$

$$= \frac{0.644\times10^{-2}\times9.781\times6450^4}{1.5813\times10^{13}}\text{mm} + \frac{0.973\times10^{-2}\times13.8\times6450^4}{1.5813\times10^{13}}\text{mm}$$

$$= 21.59\text{mm} < \frac{l}{200}\text{mm} = \frac{6450}{200}\text{mm} = 32.25\text{mm}（符合要求）$$

8. 绘制次梁施工图

支座截面第一批钢筋切断点离支座边 $l_n/5 + 20d = 1610\text{mm}$，取 1650mm；第二批钢筋截断点离支座边为 $l_n/3 = 2150\text{mm}$，取 2200mm。支座截面的 2Φ16 通常兼作架立筋，伸入支座的长度 $l_a = (0.14\times300/1.27)d = 33d$；下部纵向受力钢筋在中间支座的锚固长度 $l_{as} \geqslant 12d = 192\text{mm}$。因腹板高度 $h_w = h_0 - h_f' = 420\text{mm} < 450\text{mm}$，可不配纵向构造钢筋。次梁配筋图如图2-27所示。

2.2.5　主梁设计

主梁的计算单元宽度为6.6m，按弹性方法设计。

1. 主梁荷载计算

为简化计算，将主梁自重等效为集中荷载。

次梁传来的永久荷载　　　　$9.781\times6.6\text{kN} = 64.56\text{kN}$

主梁自重（含粉刷）

　$(0.65-0.09)\times0.3\times2.3\times25\text{kN} + 2\times(0.65-0.09)\times0.02\times2.3\times17\text{kN} = 10.54\text{kN}$

永久荷载标准值：　　　　$G_k = 64.56\text{kN} + 10.54\text{kN} = 75.10\text{kN}$

可变荷载标准值：　　　　$Q_k = 13.8\times6.6\text{kN} = 91.08\text{kN}$

2. 主梁计算简图

主梁端部支承在砌体墙上，支承长度370mm；中间支承在400mm×400mm的混凝土柱上。主梁的计算跨度：

边跨净跨 $l_{n1} = 6900\text{mm} - 400\text{mm}/2 - 120\text{mm} = 6580\text{mm}$，$0.025l_{n1} = 164.5\text{mm} < a/2 = 185\text{mm}$，取边跨 $l_{01} = 1.025l_{n1} + b/2 = 1.025\times6580\text{mm} + 400\text{mm}/2 = 6944.5\text{mm}$，近似取 $l_{01} = 6945\text{mm}$。

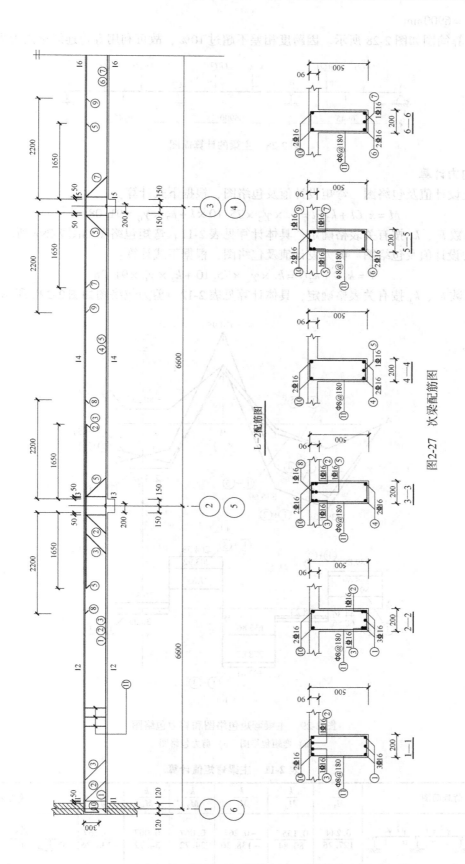

图2-27 次梁配筋图

中跨：$l_{02} = 6900\text{mm}$

主梁的计算简图如图 2-28 所示。因跨度相差不超过 10%，故可利用等跨连续梁内力表计算内力。

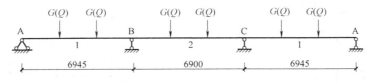

图 2-28　主梁的计算简图

3. 主梁内力计算

（1）弯矩设计值及包络图　弯矩设计值及包络图，根据下式计算：

$$M = k_1 Gl + k_2 Ql = k_1 \times \gamma_G \times 75.10 \times l + k_2 \times \gamma_Q \times 91.08 \times l \qquad (2\text{-}18)$$

式中，弯矩系数 k_1、k_2 按有关表格确定，具体计算见表 2-11，弯矩包络图如图 2-29a 所示。

（2）剪力设计值及包络图　剪力设计值及包络图，根据下式计算：

$$V = k_1 G + k_2 Q = k_1 \times \gamma_G \times 75.10 + k_2 \times \gamma_Q \times 91.08 \qquad (2\text{-}19)$$

式中，剪力系数 k_1、k_2 按有关表格确定，具体计算见表 2-12，剪力包络图如图 2-29b 所示。

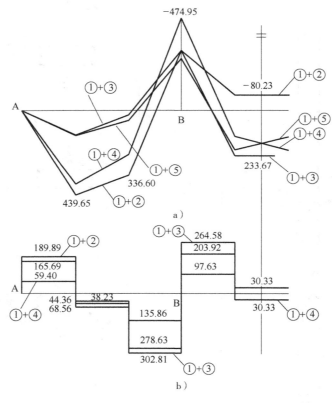

图 2-29　主梁弯矩包络图和剪力包络图
a）弯矩包络图　b）剪力包络图

表 2-11　主梁弯矩值计算

序号	荷载简图	$\dfrac{k}{M_1}$	$\dfrac{k}{M_a}$	$\dfrac{k}{M_B}$	$\dfrac{k}{M_2}$	$\dfrac{k}{M_b}$	$\dfrac{k}{M_C}$	弯矩示意图
①		$\dfrac{0.244}{127.26}$	$\dfrac{0.155^*}{80.84}$	$\dfrac{-0.267}{-138.36}$	$\dfrac{0.067}{34.72}$	$\dfrac{0.067}{34.72}$	$\dfrac{-0.267}{-138.36}$	

（续）

序号	荷载简图	$\dfrac{k}{M_1}$	$\dfrac{k}{M_a}$	$\dfrac{k}{M_B}$	$\dfrac{k}{M_2}$	$\dfrac{k}{M_b}$	$\dfrac{k}{M_C}$	弯矩示意图
②		$\dfrac{0.289}{182.81}$	$\dfrac{0.244^*}{154.34}$	$\dfrac{-0.133}{-84.13}$	$\dfrac{-0.133}{-83.58}$	$\dfrac{-0.133}{-83.58}$	$\dfrac{-0.133}{-84.13}$	
③		$\dfrac{-0.044^*}{-27.83}$	$\dfrac{-0.089^*}{-56.30}$	$\dfrac{-0.133}{-84.13}$	$\dfrac{0.200}{125.69}$	$\dfrac{0.200}{125.69}$	$\dfrac{-0.133}{-84.13}$	
④		$\dfrac{0.229}{144.85}$	$\dfrac{0.126^*}{79.70}$	$\dfrac{-0.311}{-196.72}$	$\dfrac{0.096^*}{60.33}$	$\dfrac{0.170}{106.84}$	$\dfrac{-0.089}{-56.30}$	
⑤		$\dfrac{-0.089/3}{-26.06}$	$\dfrac{-0.059^*}{-37.32}$	$\dfrac{-0.089}{-56.30}$	$\dfrac{0.17}{106.84}$	$\dfrac{0.096^*}{60.33}$	$\dfrac{-0.311}{-196.72}$	
内力基本组合	$1.3① + 1.5②$	439.65	336.60	-306.06	-80.23	-80.23	-306.06	
	$1.3① + 1.5③$	123.69	20.64	-306.06	233.67	233.67	-306.06	* 此处的弯矩可通过隔离体，由平衡条件确定，如图所示：
	$1.3① + 1.5④$	382.71	224.64	-474.95	135.63	205.40	-264.32	
	$1.3① + 1.5⑤$	126.35	49.11	-264.32	205.40	135.63	-474.95	
最不利内力	组合项次	①+③	①+③	①+④	①+②	①+②	①+⑤	
	$M_{min}/(\mathrm{kN \cdot m})$	123.69	20.64	-474.95	-80.23	-80.23	-474.95	
	组合项次	①+②	①+②	①+⑤	①+③	①+③	①+④	
	$M_{max}/(\mathrm{kN \cdot m})$	439.65	336.60	-264.32	233.67	233.67	-264.32	

表 2-12　主梁剪力值计算

序号	荷载简图	$\dfrac{k}{V_A}$	$\dfrac{k}{V_{Bl}}$	$\dfrac{k}{V_{Br}}$	弯矩示意图
①		$\dfrac{0.733}{55.05}$	$\dfrac{-1.267}{-95.15}$	$\dfrac{1.000}{75.10}$	
②		$\dfrac{0.866}{78.88}$	$\dfrac{-1.134}{-103.29}$	$\dfrac{0}{0}$	
③		$\dfrac{0.689}{62.75}$	$\dfrac{-1.311}{-119.41}$	$\dfrac{1.222}{111.30}$	
④		$\dfrac{-0.089}{-8.11}$	$\dfrac{-0.089}{-8.11}$	$\dfrac{0.778}{70.86}$	
内力组合	$1.3① + 1.5②$	189.89	-278.63	97.63	
	$1.3① + 1.5③$	165.69	-302.81	264.58	
	$1.3① + 1.5④$	59.40	-135.86	203.92	注：跨中剪力值由静力平衡确定
最不利内力	组合项次	①+②	①+③	①+③	
	$\lvert V \rvert_{max}/\mathrm{kN}$	189.89	-302.81	264.58	

4. 主梁正截面受弯承载力计算

跨内按 T 形截面计算，翼缘计算宽度按 $l_0/3 = 6900/3\,\mathrm{mm} = 2300\,\mathrm{mm}$、$b + s_n = 300\,\mathrm{mm} + 6000\,\mathrm{mm} = 6300\,\mathrm{mm}$ 和 $b + 12h_f' = 300\,\mathrm{mm} + 12 \times 90\,\mathrm{mm} = 1380\,\mathrm{mm}$ 中取较小值确定，取 $b_f' = 1380\,\mathrm{mm}$。

B 支座边的设计弯矩：

$$M_B = M_{Bmax} - V_0 b/2 = -474.95 \text{kN} \cdot \text{m} + 234.25 \times 0.40/2 \text{kN} \cdot \text{m} = -428.10 \text{kN} \cdot \text{m}$$

V_0 为边跨简支梁右端剪力（①＋④），$V_0 = G + Q = 1.3 \times 75.10 \text{kN} + 1.5 \times 91.08 \text{kN} = 234.25 \text{kN}$

纵向受力钢筋除 B 支座截面为两排外，其余均为一排。跨内截面经判别都属于第一类 T 形截面，正截面受弯承载力的计算过程见表 2-13。

主梁弯起钢筋的弯起和切断按弯矩包络图确定。

表 2-13　主梁正截面承载力计算

截面	1	B	2	
弯矩设计值/(kN·m)	439.65	−474.95	233.67	−80.23
$\alpha_1 f_c b'_f h'_f (h_0 - h'_f/2)/(\text{kN} \cdot \text{m})$	835.06 > M 第一类 T 形截面	—	835.06 > M 第一类 T 形截面	—
$\alpha_s = M/(\alpha_1 f_c b h_0^2)$	0.072 *	0.389	0.038 *	0.060
$\gamma_s = \frac{1}{2}(1 + \sqrt{1 - 2\alpha_s})$	0.9626	0.7356	0.9806	0.9690
$A_s = (M/\gamma_s f_y h_0)/\text{mm}^2$	2079.84	3065.83	1085.12	377.03
选配钢筋/mm²	2⌀22 + 3⌀25（弯 3） 2233.0	6⌀25（弯 3） 2945.0	2⌀22 + 1⌀25（弯 1） 1250.9	2⌀22 760

注：* 为第一类 T 形截面，取 $b = b'_f$。

5. 主梁斜截面受剪承载力计算

（1）验算截面尺寸

$h_w = h_0 - h'_f = 585 \text{mm} - 90 \text{mm} = 495 \text{mm}$，$h_w/b = 495/300 = 1.65 < 4$，截面尺寸按下式验算：

$$0.25\beta_c f_c b h_0 = 0.25 \times 1.0 \times 11.9 \times 300 \times 585 \text{N} = 522112.5 \text{N} = 522.113 \text{kN} > V_{max} = 302.81 \text{kN}$$

截面尺寸满足要求。

（2）计算所需腹筋

采用⌀8@200 双肢箍：

$$V_{cs} = 0.7 f_t b h_0 + 1.0 f_{yv} h_0 A_{sv}/s$$
$$= 0.7 \times 1.27 \times 300 \times 585 \text{N} + 1.0 \times 270 \times 585 \times 100.6/200 \text{N} = 235468.4 \text{N} = 235.47 \text{kN}$$

$V_A = 189.89 \text{kN} < V_{cs}$，$V_{Bl} = -302.81 \text{kN} > V_{cs}$，$V_{Br} = 264.58 \text{kN} > V_{cs}$，可知支座 B 截面左侧尚需配置弯起钢筋，弯起钢筋所需截面面积（弯起角取 45°）：

$$A_{sb} = (V_{Bl} - V_{cs})/(0.8 f_y \sin \alpha_s)$$
$$= (302810 - 235468.4)/(0.8 \times 360 \times 0.707) \text{mm}^2 = 330.73 \text{mm}^2$$

主梁剪力图呈矩形，在 B 截面左边 2.3m 范围内需布置三排弯起钢筋才能覆盖此最大剪力区段，现先后弯起第一跨内的 3⌀25，$A_{sb} = 490.9 \text{mm}^2 > 330.73 \text{mm}^2$。

（3）验算最小配箍率

$$\rho_{sv} = A_{sv}/(bs) = 2 \times 50.3/(300 \times 200) = 1.68 \times 10^{-3} > 0.24 f_t/f_{yv} = 0.24 \times 1.27/270 = 1.129 \times 10^{-3}$$

满足要求。

6. 主梁裂缝宽度验算

受弯构件的受力特征系数 $\alpha_{cr} = 1.9$，变形钢筋的相对黏结特征系数 $\nu = 1.0$，C25 混凝土抗拉强度标准值 $f_{tk} = 1.78 \text{N/mm}^2$；保护层厚度 $c = 25 \text{mm}$。主梁各截面的裂缝宽度验算过程见表 2-14，除 2 跨截面外，其余各截面的裂缝宽度均满足要求。

将 2 跨截面配筋 2⌀22 + 1⌀25 改为 3⌀25（1473.0mm²），重新验算该截面的最大裂缝宽度，$w_{max} = 0.255 \text{mm} < 0.30 \text{mm}$，满足要求。

表中 B 支座边缘弯矩标准值：

$$M_{Bk} = M_{Bkmax} - V_{0k}b/2 = -335.08\text{kN} \cdot \text{m} + 166.18 \times 0.40/2\text{kN} \cdot \text{m} = -301.84\text{kN} \cdot \text{m}$$

其中，V_{0k} 为边跨简支梁右端剪力（①＋④），$V_{0k} = G_k + Q_k = 75.10\text{kN} + 91.08\text{kN} = 166.18\text{kN}$

$M_{Bkmax} = -138.36\text{kN} \cdot \text{m} - 196.72\text{kN} \cdot \text{m} = -335.08\text{kN} \cdot \text{m}$（①＋④）。

表 2-14　主梁的裂缝宽度验算

截面	1	B	2	
$M_k = (k_g G_k + k_q Q_k)l_0 / (\text{kN} \cdot \text{m})$	310.07	-301.84	160.41	-44.86
A_s/mm^2	2233.0	2945.0	1250.9（1473.0）	760.0
$\sigma_{sk} = M_k/(0.87 A_s h_0)/(\text{N/mm}^2)$	261.65	201.38	241.64（205.20）	111.22
$\rho_{te} = A_s/A_{te}$	0.0229	0.0302	0.0128（0.0151）	0.01*
$\psi = 1.1 - 0.65 f_{tk}/(\rho_{te}\sigma_{sk})$	0.9069	0.9098	0.7259（0.7266）	0.2*
$d_{eq} = \sum n_i d_i^2/(\sum n_i \nu_i d_i)/\text{mm}$	23.89	25.0	23.09（25.0）	22.0
$l_m = 1.9c + 0.08 d_{eq}/\rho_{te}/\text{mm}$	130.96	113.73	191.81（179.95）	223.50
$w_{max} = \alpha_{cr}\psi l_m \sigma_{sk}/E_s/\text{mm}$	0.295 < 0.3	0.198 < 0.3	0.320 > 0.3（0.255 < 0.3）	0.047 < 0.3

注：* $\rho_{te} < 0.01$ 时，取 $\rho_{te} = 0.01$；* $\psi < 0.2$ 时，取 $\psi = 0.2$。

7. 主梁挠度验算

按等刚度连续梁计算边跨跨中挠度。短期刚度：

$$B_s = \frac{E_s A_s h_0^2}{1.15\psi + 0.2 + \frac{6\alpha_E \rho}{1 + 3.5\gamma_f'}} = \frac{2 \times 10^5 \times 2233.0 \times 585^2}{1.15 \times 0.9069 + 0.2 + \frac{6 \times 7.14 \times 0.0127}{1 + 3.5 \times 0.831}}\text{N} \cdot \text{mm}^2$$

$$= 1.106 \times 10^{14}\text{N} \cdot \text{mm}^2$$

其中，$\rho = A_s/bh_0 = 2233.0/(300 \times 585) = 0.0127$；

$\alpha_E = E_s/E_c = 2.0 \times 10^5/2.8 \times 10^4 = 7.14$；

$\gamma_f' = \dfrac{(b_f' - b)\ h_f'}{bh_0} = \dfrac{(1380 - 300) \times 90}{200 \times 585} = 0.831$。

长期刚度：

$$B = \frac{M_k}{M_q(\theta - 1) + M_k}B_s$$

$$= \frac{310.07}{273.51 \times (2 - 1) + 310.07} \times 1.106 \times 10^{14}\text{N} \cdot \text{mm}^2 = 5.876 \times 10^{13}\text{N} \cdot \text{mm}^2$$

其中，$M_{1q} = 127.26\text{kN} \cdot \text{m} + 0.8 \times 182.81\text{kN} \cdot \text{m} = 273.51\text{kN} \cdot \text{m}$

挠度系数与板相同，挠度：

$$f = \frac{0.644 \times 10^{-2} G_k l^3}{B} + \frac{0.973 \times 10^{-2} Q_k l^3}{B}$$

$$= \frac{1.883 \times 10^{-2} \times 75.10 \times 10^3 \times 6945^3}{5.876 \times 10^{13}}\text{mm} + \frac{2.716 \times 10^{-2} \times (91.08 \times 10^3) \times 6945^3}{5.876 \times 10^{13}}\text{mm}$$

$$= 22.164\text{mm} < \frac{l}{200} = \frac{6945}{200}\text{mm} = 34.725\text{mm}\ （符合要求）$$

8. 绘制主梁施工图

主梁的配筋图如图 2-30 所示，图 2-30 中弯矩包络图和材料图是为了确定纵向钢筋的弯起点和截断点，实际工程的施工图中并不出现。为了保证斜截面的抗弯承载力，钢筋的弯起点必须位于该钢筋充

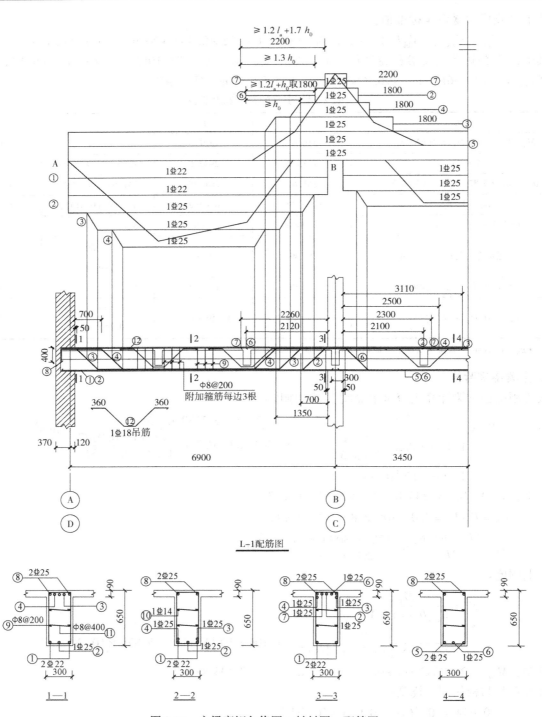

图 2-30　主梁弯矩包络图、材料图、配筋图

分利用点以外 $h_0/2$。对于尚需要承担剪力的 B 支座左侧弯起钢筋，前一排的弯起点至后一排弯终点的距离应小于箍筋最大间距。现三排弯起钢筋分别离柱边 50mm、700mm 和 1350mm，弯起点距离为 120mm，小于箍筋最大间距 250mm。

当纵向钢筋在受拉区截断时，截断点离该钢筋充分利用点的距离应大于 $1.2l_a + 1.7h_0 = 2185mm$（取 2200mm），截断点离该钢筋不需要点的距离应大于 $1.3h_0$ 和 $20d$；当纵向钢筋在受压区截断时，截断点离该钢筋充分利用点的距离应大于 $1.2l_a + h_0 = 1775.6mm$（取 1800mm），截断点离该钢筋不需要点的距离应大于 h_0 和 $20d$。

次梁两侧附加横向钢筋的计算：

次梁传来的集中力 $F_l = 1.3 \times 64.65\text{kN} + 1.5 \times 91.08\text{kN} = 220.67\text{kN}$。$h_1 = 650\text{mm} - 500\text{mm} = 150\text{mm}$，附加箍筋的加密范围 $s = 3b + 2h_1 = 3 \times 200\text{mm} + 2 \times 150\text{mm} = 900\text{mm}$，取附加箍筋 $\phi 8@200$，双肢，在长度 s 范围内可布置附加箍筋的排数 $m = 900/200 + 1 = 6$（排），次梁两侧各布置 3 排，另布置吊筋 1Φ18（$A_{sb} = 254.5\text{mm}^2$）：

$2f_y A_{sb}\sin\alpha + mnf_{yv}A_{sv1} = (2 \times 360 \times 254.5 \times 0.707 + 6 \times 2 \times 270 \times 50.3)\text{kN} = 292.52\text{kN} > F_l = 220.67\text{kN}$，满足要求。

因主梁的腹板高度 $h_w = h_0 - h'_f = 580\text{mm} - 80\text{mm} = 500\text{mm} > 450\text{mm}$，需在梁的两侧配置纵向构造钢筋。每侧配置 2$\Phi$14，配筋率 $308/(300 \times 580) = 0.18\% > 0.1\%$，满足要求。

纵向钢筋伸入边支座的要求同次梁。

思 考 题

[2-1] 现行国家标准《混凝土结构设计规范》GB 50010 针对单向板、双向板是如何划分的？试判别下列情况哪些属于单向板？哪些属于双向板？

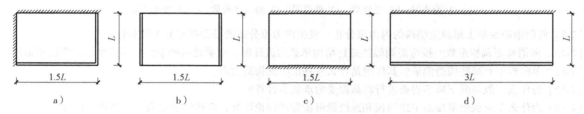

图 2-31　思考题 [2-1] 图

[2-2] 试回答单向板肋形楼盖结构布置有关的问题：
（1）板、次梁和主梁的常用跨度为多少？
（2）板、次梁和主梁的计算跨度是根据什么原则确定的？
（3）板、次梁和主梁的荷载是根据什么原则确定的？
（4）板、次梁和主梁的支承条件是根据什么原则确定的？
（5）板、次梁和主梁的截面尺寸是根据什么原则确定的？

[2-3] 什么条件下可以将主梁按连续梁进行内力分析？

[2-4] 为什么可变荷载要进行不利布置？下列五种类型的梁有没有荷载的不利布置问题？

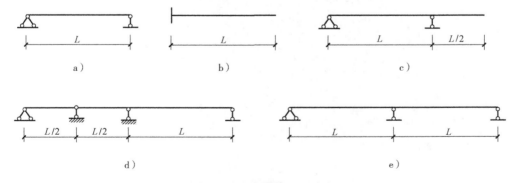

图 2-32　思考题 [2-4] 图
a）简支梁　b）悬臂梁　c）伸臂梁　d）静定多跨梁　e）两跨连续梁

[2-5] 为什么连续梁、板弹性内力计算时应采用折算荷载？为什么连续板和连续梁的折算荷载取值不同？

[2-6] 次梁与主梁相交处为什么主梁应设吊筋或附加箍筋？如果不设将会产生怎样的破坏形式？

[2-7] 什么是弯矩包络图？什么是钢筋材料图？如何正确处理梁中钢筋的弯起和截断？

[2-8] 什么叫钢筋混凝土塑性铰？塑性铰与理想铰有何异同？下列五种梁的截面极限弯矩都相同，在均布荷载作用下，哪个截面会发生塑性铰？发生塑性铰后有什么结果？

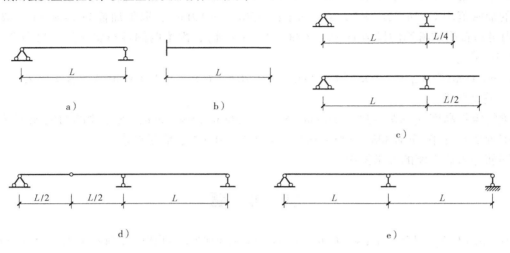

图 2-33　思考题 [2-8] 图

a) 简支梁　b) 悬臂梁　c) 伸臂梁　d) 静定多跨梁　e) 两跨连续梁

[2-9] 何谓钢筋混凝土超静定结构的内力重分布？发生内力重分布的必要和充分条件是什么？

[2-10] 何谓弯矩调幅系数？按弯矩调幅法进行结构承载力设计时，应满足哪些条件？哪些情况调幅法不适用？

[2-11] 单向板中有哪些构造钢筋？其作用是什么？并说明其构造要求。

[2-12] 为什么一般情况下板不需要进行斜截面受剪承载力计算？

[2-13] 为什么单向板肋梁楼盖中连续板和连续梁可按塑性理论计算，而连续主梁应按弹性理论计算？

[2-14] 板和次梁按塑性理论计算采用的弯矩系数和剪力系数是根据什么原则推导而得到的？

第3章 混凝土双向板肋梁楼盖设计

【知识与技能点】

1. 掌握混凝土双向板楼盖结构布置和构件截面尺寸估算方法。
2. 掌握双向板、梁荷载传递关系及荷载计算方法。
3. 掌握双向板弹、塑性理论内力计算方法，梁按弹性理论计算及内力包络图的绘制方法。
4. 掌握双向板、梁配筋的计算方法和构造要求。
5. 掌握混凝土双向板肋梁楼盖结构施工图的绘制方法。

3.1 设计解析

3.1.1 结构布置和梁、板截面尺寸估选

1. 柱网尺寸和梁格布置

现行国家标准《混凝土结构设计规范》GB 50010 第9.1.1条规定，四边支承的板，当长边与短边长度之比 $l_{02}/l_{01} \leqslant 2$ 时，应按双向板计算；当长边与短边长度之比 $2 < l_{02}/l_{01} < 3$ 时，宜按双向板计算；当长边与短边长度之比 $l_{02}/l_{01} \geqslant 3$ 时，宜按沿短边方向受力的单向板计算，并应沿长边方向布置构造钢筋。

由双向板组成的楼盖称为双向板肋梁楼盖。在双向板肋梁楼盖中，由梁划分的区格尺寸不宜过小，板区格过小，梁的数量增多，施工复杂，板受力小，材料得不到充分利用。板区格也不宜过大，板区格过大时，板区格的厚度增加，材料用量增大，同样不经济。双向板肋梁楼盖中，双向板区格一般以 $3.0 \sim 5.0 m$ 比较合适，当柱网尺寸较大时，可以增设梁，使板区格尺寸控制在较为合适的范围内。

2. 梁、板截面尺寸的估选

双向板的厚度不应小于80mm，双向板的板厚与短跨跨长之比 h/l_{01} 应满足刚度要求：

简支板 $h/l_{01} \geqslant 1/40$

连续板 $h/l_{01} \geqslant 1/50$

双向板肋梁楼盖中的梁高跨比 $h/l = 1/12 \sim 1/8$，矩形截面高宽比 $h/b = 2 \sim 3$，其中高度 h 以 50mm 为模数，大于 800mm，则以 100mm 为模数。

3.1.2 梁、板内力计算中应注意的问题

1. 单区格双向板的弹性内力计算

单区格双向板的内力可采用根据弹性薄板理论计算的内力系数表来进行计算，内力系数可依据有关手册，根据荷载条件、支承情况、短跨和长跨的比值直接查得。常用单区格双向板有四边简支，一边固定、三边简支，两邻边固定、两邻边简支，对边固定、对边简支，三边固定、一边简支，四边固定六种支承情况（图3-1）。

计算时，只需根据实际支承情况及短跨和长跨的比值 l_{01}/l_{02}，直接查出弯矩系数，即可算得有关弯矩：

$$m = 表中弯矩系数 \times q l_{01}^2 \tag{3-1}$$

式中　m——跨中或支座单位板宽内的弯矩设计值（kN·m/m）；

　　　　q——均布荷载设计值（kN/m²）；

　　　　l_{01}——短跨方向的计算跨度（m）。

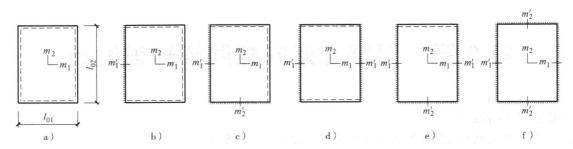

图 3-1 不同支承情况双向板
a) 四边简支 b) 一边固定，三边简支 c) 两邻边固定，两邻边简支
d) 对边固定，对边简支 e) 三边固定，一边简支 f) 四边固定

需要说明，在双向板的内力系数表是根据材料泊松比 $\nu = 0$ 制定的情况下，当 $\nu \neq 0$ 时，双向板跨中单位板宽内的弯矩可按式（3-2）计算：

$$m_1^{\nu} = m_1 + \nu m_2 \tag{3-2a}$$

$$m_2^{\nu} = m_2 + \nu m_1 \tag{3-2b}$$

在用弹性力学方法计算钢筋混凝土双向板的内力时，常需用到混凝土的泊松比。试验表明，混凝土的泊松比是一个比较稳定的物理参数，一般在 $0.15 \sim 0.20$ 之间变化，现行国家标准《混凝土结构设计规范》GB 50010 取混凝土泊松比 $\nu_c = 1/5$，但在不少设计手册中则采用 $\nu_c = 1/6$。分析表明，采用上述不同泊松比值计算内力所得结果相差甚微，因此，在利用已有的手册进行内力计算时，也可采用 $\nu_c = 1/6$。

2. 多区格连续双向板的弹性内力计算

多区格连续双向板的计算采用以单区格板计算为基础的实用计算方法。此法假定支承梁不产生垂直位移且不扭转；同时，双向板沿同一方向相邻跨度的比值 $l_{min}/l_{max} \geqslant 0.75$，以免计算误差过大。

（1）跨中最大正弯矩 计算连续双向板跨中最大正弯矩时，永久荷载 g 满布，可变荷载 q 按棋盘式布置。对这种荷载分布情况可以分解为满布荷载 $g + q/2$（也称为正对称荷载）（图 3-2c、f）及间隔布置荷载 $+q/2$ 和 $-q/2$（也称为反对称荷载）（图 3-2d、g）两种情况。

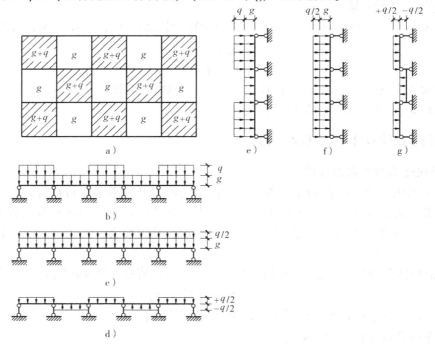

图 3-2 连续双向板的计算图式

对正对称荷载情况，可以近似认为各区格板都固定支承在中间支承上；对于反对称荷载情况，可近似认为各区格板在中间支承处都是简支的。沿楼盖周边则根据实际支承情况确定，当楼盖支承在墙上时，可以简化为简支；当楼盖与周边梁整体浇筑时，在正对称荷载作用下可以简化为固定，反对称荷载作用下可以简化为简支。

利用相关表格分别求出单区格板的跨中弯矩，然后叠加，得到各区格板的跨中最大弯矩。

（2）支座最大负弯矩　计算连续双向板支座最大负弯矩时，永久荷载 g 和可变荷载 q 均满布。此时，相当于 $g+q$ 正对称荷载情况，可认为各区格板都固定在中间支承上，楼盖周边仍按实际支承情况确

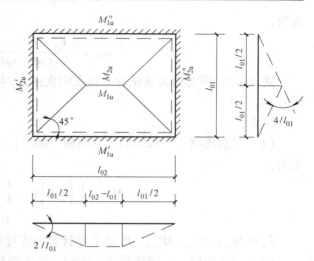

图 3-3　四边固定双向板的计算模式

定，然后按单区格板计算出各支座的负弯矩。由相邻区格板分别求得的同一支座负弯矩不相等时，取绝对值中的较大值作为该支座最大负弯矩。

（3）双向板的塑性内力计算方法　根据虚功原理或平衡分析法可得到连续双向板按塑性铰线法计算的基本公式：

$$2M_{1u} + 2M_{2u} + M'_{1u} + M''_{1u} + M'_{2u} + M''_{2u} = \frac{p_u l_{01}^2}{12}(3l_{02} - l_{01}) \tag{3-3}$$

式中　M_{1u}、M'_{1u}、M''_{1u}——短跨方向双向板跨中、支座截面的极限受弯承载力；

　　　M_{2u}、M'_{2u}、M''_{2u}——长跨方向双向板跨中、支座截面的极限受弯承载力；

　　　l_{01}、l_{02}——双向板的短边、长边计算跨度；

　　　p_u——板的极限承载力。

令 $n = \dfrac{l_{02}}{l_{01}}$，$\alpha = \dfrac{m_2}{m_1}$，$\beta = \dfrac{m'_1}{m_1} = \dfrac{m''_1}{m_1} = \dfrac{m'_2}{m_2} = \dfrac{m''_2}{m_2}$

则

$$M_{1u} = m_{1u}l_{02} = nm_{1u}l_{01}$$
$$M_{2u} = m_{2u}l_{01} = \alpha m_{1u}l_{01}$$
$$M'_{1u} = M''_{1u} = m'_{1u}l_{02} = n\beta m_{1u}l_{01}$$
$$M'_{2u} = M''_{2u} = m'_{2u}l_{01} = \alpha\beta m_{1u}l_{01}$$

代入式（3-3），整理得：

$$m_{1u} = \frac{p_u l_{01}^2}{8} \frac{(n - 1/3)}{(n\beta + \alpha\beta + n + \alpha)} \tag{3-4}$$

设计双向板时，令荷载设计值 $p = p_u$，考虑到应尽量使塑性铰线法得到的两个方向跨中正弯矩的比值与弹性理论得出的比值相接近，以期在使用阶段两个方向的截面应力接近，宜取 $\alpha = 1/n^2$，同时考虑到节约钢材及配筋方便，根据经验，宜取 $\beta = 1.5 \sim 2.5$，通常取 $\beta = 2$。

为了合理配筋，通常将两个方向的跨中正弯矩钢筋在距支座 $l_{01}/4$ 处弯起 50%，弯起钢筋可以承担部分支座负弯矩。此时，在距支座 $l_{01}/4$ 以内的正塑性铰线上单位板宽的极限弯矩值分别为 $m_1/2$ 和 $m_2/2$，这时两个方向的跨中总弯矩分别为：

$$M_{1u} = m_{1u}\left(l_{02} - \frac{l_{01}}{2}\right) + \frac{m_{1u}}{2}\frac{l_{01}}{2} = m_{1u}\left(n - \frac{1}{4}\right)l_{01}$$

$$M_{2u} = m_{2u}\frac{l_{01}}{2} + \frac{m_{2u}}{2}\frac{l_{01}}{2} = \frac{3}{4}\alpha m_{1u}l_{01}$$

支座负弯矩钢筋沿全长布置，也即各负塑性铰线上的总弯矩值没有变化，将上式代入（3-3）整

理得：

$$m_{1u} = \frac{p_u l_{01}^2}{8} \cdot \frac{(n-1/3)}{[n\beta + \alpha\beta + (n-1/4) + 3\alpha/4]} \tag{3-5}$$

式（3-5）即为四边连续双向板在距支座 $l_{01}/4$ 处弯起 50% 时短跨方向每米正截面承载力设计值的计算式。

讨论：

（1）三边连续、一长边简支双向板　此时，短跨因简支边不需要弯起部分跨中钢筋，因此跨中弯矩为：

$$M_{1u} = \frac{1}{2}\left[n + \left(n - \frac{1}{4}\right)\right]m_{1u}l_{01} = \left(n - \frac{1}{8}\right)m_{1u}l_{01}$$

$$M'_{2u} = 0$$

其中 M_{2u}、M'_{1u}、M''_{1u}、M''_{2u} 由上页计算公式可得。

（2）三边连续、一短边简支　此时，长跨因简支边不需要弯起部分跨中钢筋，因此跨中弯矩为：

$$M_{2u} = \frac{1}{2}\left(\alpha + \frac{3}{4}\alpha\right)m_{1u}l_{01} = \frac{7}{8}\alpha m_{1u}l_{01}$$

$$M'_{1u} = 0$$

其中 M_{1u}、M''_{1u}、M'_{2u}、M''_{2u} 由上页计算公式可得。

（3）两邻边连续，另两相邻边简支　此时两个方向的跨中弯矩分别取 1、2 两种情况的弯矩值，即

$$M_{1u} = \frac{1}{2}\left[n + \left(n - \frac{1}{4}\right)\right]m_{1u}l_{01} = \left(n - \frac{1}{8}\right)m_{1u}l_{01}$$

$$M_{2u} = \frac{1}{2}\left(\alpha + \frac{3}{4}\alpha\right)m_{1u}l_{01} = \frac{7}{8}\alpha m_{1u}l_{01}$$

$$M'_{1u} = 0$$

$$M'_{2u} = 0$$

其中 M''_{1u}、M''_{2u} 由上页计算公式可得。

3.1.3　双向板设计中应注意的问题

1. 受力钢筋的保护层厚度、有效截面高度

考虑到短跨方向的弯矩比长跨方向的大，故应将短跨方向的跨中受拉钢筋放在长跨方向的外侧，以期具有较大的截面有效高度。

现行国家标准《混凝土结构设计规范》GB 50010 规定，室内环境中，混凝土为 C25 及以下时钢筋混凝土保护层厚度为 20mm，C25 级以上时为 15mm。因此，短跨方向的截面有效高度（h_{01}）取：

$$h_0 = h - a_s = h - 25\text{mm}（混凝土强度等级 \leqslant \text{C25}）$$

$$h_0 = h - a_s = h - 20\text{mm}（混凝土强度等级 > \text{C25}）$$

长跨方向的截面有效高度（h_{02}）取：

$$h_0 = h - a_s = h - 35\text{mm}（混凝土强度等级 \leqslant \text{C25}）$$

$$h_0 = h - a_s = h - 30\text{mm}（混凝土强度等级 > \text{C25}）$$

2. 周边与梁整体连接的双向板弯矩设计值的折减

由于周边与梁整体连接的双向板在两个方向受到支承构件的变形约束，整块板内存在穹顶作用，使板内弯矩大大减小。鉴于这一有利因素，对周边与梁整体连接的双向板的弯矩设计值按下列情况进行折减：

1）中间跨的跨中截面及中间支座截面，减小 20%。

2）边跨的跨中截面及楼板边缘算起的第二个支座截面，当 $l_b/l_o < 1.5$ 时减小 20%；当 $1.5 \leqslant l_b/l_o \leqslant 2.0$

时减小 10%，其中 l_a 为垂直于楼板边缘方向板的计算跨度，l_b 为沿楼板边缘方向板的计算跨度。

3）楼板的角区格不折减。

3. 受力钢筋的选配

受力钢筋的直径、间距及弯起点和切断点的位置等规定与单向板的有关规定相同。

按弹性理论方法设计时，由于所求得的跨中正弯矩钢筋数量是指板中央处的数量，靠近板的两边，其数量可逐渐减少。考虑到施工方便，可按下述方法配置：将板在 l_{01} 和 l_{02} 方向各分为三个板带（图 3-4），两个方向的边缘板带宽度均为 $l_{01}/4$，其余则为中间板带。在中间板带上，按跨中最大正弯矩求得的单位板宽内的钢筋数量均匀布置，在边缘板带上，按中间板带单

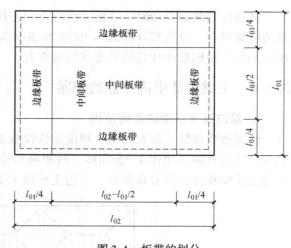

图 3-4　板带的划分

位宽度内的钢筋数量一半均匀布置，但每米宽度内不宜少于四根钢筋且钢筋间距不应超过允许的最大值。

支座处板的负弯矩钢筋则按实际计算值沿支座均匀布置，不进行折减。

连续双向板的配筋形式有弯起式和分离式两种，如图 3-5 所示。

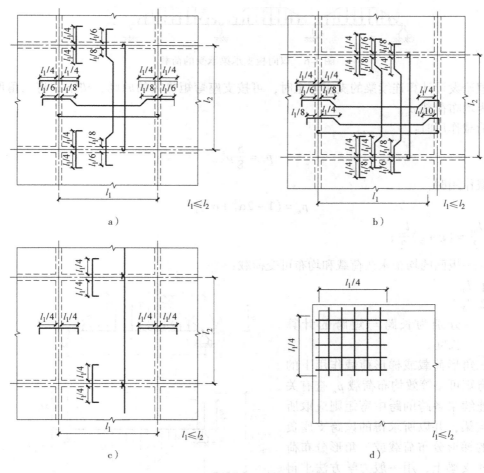

图 3-5　连续双向板配筋图
a) 弯起式 1　b) 弯起式 2　c) 分离式　d) 角筋

按塑性铰线法设计时，其配筋应符合内力计算的假定，跨中钢筋或全板均匀布置，或划分成中间及边缘板带后，分别按计算值的 100% 和 50% 均匀布置，跨中钢筋的全部或一部分伸入支座下部。支座上的负弯矩钢筋按计算值沿支座均匀布置。

3.1.4　主梁设计中应注意的问题

1. 双向板支承梁的负荷范围

假定塑性铰线上没有剪力，则由塑性铰线划分的板块范围就是双向板支承梁的负荷范围，可近似认为从矩形板格四角作 45° 分角线，将板格划分为四个部分，每个部分就近传给最近的支承梁。因此，长边支承梁承受梯形分布荷载，短边支承梁承受三角形分布荷载，如图 3-6 所示。

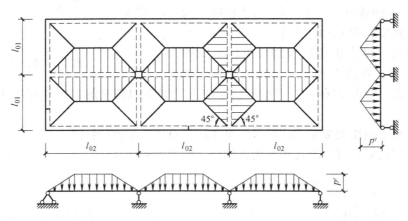

图 3-6　双向板支承梁承受的荷载

按弹性理论设计计算连续梁的支座弯矩时，可按支座弯矩等效的原则，按下式将三角形荷载或梯形荷载等效为均布荷载 p_e。

三角形荷载作用时：

$$p_e = \frac{5}{8}p' \tag{3-6}$$

梯形荷载作用时：

$$p_e = (1 - 2\alpha_1^2 + \alpha_1^3)p' \tag{3-7}$$

式中　$p' = p\dfrac{l_{01}}{2} = (g + q)\dfrac{l_{01}}{2}$；

　　　　g、q——板面的均布永久荷载和均布可变荷载；

　　　　$\alpha_1 = \dfrac{1}{2}\dfrac{l_{01}}{l_{02}}$；

　　　　l_{01}、l_{02}——分别为长跨与短跨的计算长度。

这样，三角形荷载或梯形荷载作用下的连续梁支座弯矩可按等效均布荷载 p_e 查有关表格计算。连续梁各跨的跨中弯矩则应取所计算跨的简支梁，并以所求得的该跨支座负弯矩和实际的梯形分布荷载或三角形分布荷载作用在该简支梁上，用一般力学方法求得跨中任一截面的弯矩和剪力（包括支座剪力）。图 3-7 中表示出了跨中点弯矩的计算

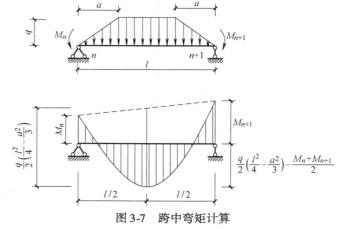

图 3-7　跨中弯矩计算

式。跨中最大正弯矩应位于剪力为零的截面处，其位置和弯矩值一般较难求得，但对一般中间跨，可近似地取跨中弯矩作为跨中最大弯矩的近似值。

2. 双向板支承梁的截面配筋计算与构造要求

双向板支承梁的截面配筋计算与构造要求，与单向板肋形梁板结构相同。

3.2　设计实例

3.2.1　设计资料

某厂房的建筑平面尺寸为 12.0m × 18.0m（图 3-8），楼梯设置在旁边的附属房屋内。拟采用现浇钢筋混凝土肋梁楼盖。设计使用年限 50 年，结构安全等级为二级，环境类别为一类。

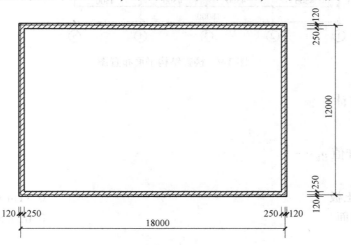

图 3-8　楼盖建筑平面（单位：mm）

楼面做法：水磨石面层（0.65kN/m²）；钢筋混凝土现浇板；20mm 石灰砂浆抹底。

楼面活荷载：均布可变荷载标准值 $q_k = 6.0$kN/m²，准永久值系数 $\psi_q = 0.5$。

材料：混凝土强度等级 C25；梁内受力钢筋为 HRB400 级，其他钢筋采用 HPB300 级。

试设计该楼盖结构，要求分别用塑性理论和弹性理论设计板。

3.2.2　结构布置

1. 柱网尺寸

双向板肋梁楼盖中，双向板区格一般以 3.0 ~ 5.0m 比较合适，因此确定两个方向梁的跨度分别为 4.0m 和 4.5m。

根据支承条件和板跨，共有四种区格的板块，分别用 B_A、B_B、B_C 和 B_D 表示。

2. 板厚度（h）

根据跨高比条件，连续双向板板厚 $h \geq l/50 = 4000\text{mm}/50 = 80\text{mm}$，双向板的厚度不宜小于 80mm，初步选定板厚 $h = 110\text{mm}$。

3. 双向板支承梁截面尺寸（$b \times h$）

根据刚度要求，$h = l/15 \sim l/10 = (4500/15 \sim 4500/10)\text{mm} = 300 \sim 450\text{mm}$，取 $h = 500\text{mm}$，截面宽度 $b = h/2 \sim h/3$，取 $b = 250\text{mm}$。

柱截面尺寸选定为 400mm × 400mm。

楼盖结构平面布置如图 3-9 所示。

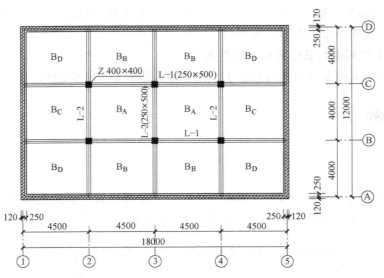

图 3-9　楼盖结构平面布置图

3.2.3　板的塑性设计

1. 板的荷载计算

板的永久荷载标准值 g_k：

水磨石面层	0.65kN/m^2
110mm 钢筋混凝土板	$0.11\text{m} \times 25\text{kN/m}^3 = 2.75\text{kN/m}^2$
20mm 石灰砂浆抹面	$0.02\text{m} \times 17\text{kN/m}^3 = 0.34\text{kN/m}^2$
小计	3.74kN/m^2
板的可变荷载标准值 q_k：	6.0kN/m^2

根据现行国家标准《建筑结构可靠性设计统一标准》GB 50068 规定，永久荷载分项系数 γ_G 取 1.3，可变荷载分项系数 γ_Q 取 1.5。于是板的荷载基本组合值：

$$p = \gamma_G g_k + \gamma_Q q_k = 1.3 \times 3.74\text{kN/m}^2 + 1.5 \times 6.0\text{kN/m}^2 = 13.862\text{kN/m}^2$$

2. 弯矩计算

按塑性理论计算板弯矩时，内跨跨度取：

$$l_{01} = l_{c1} - b = 4.0\text{m} - 0.25\text{m} = 3.75\text{m}$$

$$l_{02} = l_{c2} - b = 4.5\text{m} - 0.25\text{m} = 4.25\text{m}$$

边跨跨度取：

$$l_{01} = l_{c1} - b = 4.0\text{m} - 0.25\text{m} - 0.25\text{m}/2 + 0.11\text{m}/2 = 3.68\text{m}$$

$$l_{02} = l_{c2} - b = 4.5\text{m} - 0.25\text{m} - 0.25\text{m}/2 + 0.11\text{m}/2 = 4.18\text{m}$$

首先假定边缘板带内配筋与中间板带相同，支座截面配筋不随板带而变，取同一数值；跨内钢筋在离支座 $l_{01}/4$ 处间各弯起 50%。令

$$n = \frac{l_{02}}{l_{01}}, \quad \alpha = \frac{m_2}{m_1} = \frac{1}{n^2}, \quad \beta = \frac{m'_1}{m_1} = \frac{m''_1}{m_1} = \frac{m'_2}{m_2} = \frac{m''_2}{m_2} = 2.0$$

（1）B_A 区格板　B_A 区格板属于四边连续板，$l_{01} = 3.75\text{m}$，$l_{02} = 4.25\text{m}$，$n = l_{02}/l_{01} = 4.25/3.75 = 1.13$，$\alpha = 1/n^2 = 0.78$，取 $\beta = 2.0$。

$$M_1 = m_1\left(n - \frac{1}{4}\right)l_{01} = m_1 \times (1.13 - 1/4) \times 3.75 = 3.3m_1$$

$$M_2 = \frac{3}{4}\alpha m_1 l_{01} = \frac{3}{4} \times 0.78 \times m_1 \times 3.75 = 2.19 m_1$$

$$M_1' = M_1'' = n\beta m_1 l_{01} = -1.13 \times 2.0 \times m_1 \times 3.75 = -8.48 m_1$$

$$M_2' = M_2'' = \alpha\beta m_1 l_{01} = -0.78 \times 2.0 \times m_1 \times 3.75 = -5.85 m_1$$

将上述各式代入连续双向板按塑性铰线法计算的基本公式：

$$2M_1 + 2M_2 + M_1' + M_1'' + M_2' + M_2'' = \frac{p_u l_{01}^2}{12}(3l_{02} - l_{01})$$

$$2 \times 3.3 m_1 + 2 \times 2.19 m_1 + 2 \times 8.48 m_1 + 2 \times 5.85 m_1 = \frac{13.862 \times 3.75^2}{12} \times (3 \times 4.25 - 3.75) \mathrm{kN \cdot m}$$

$$m_1 = 3.69 \mathrm{kN \cdot m}$$

$$m_2 = \alpha m_1 = 0.78 \times 3.69 \mathrm{kN \cdot m} = 2.88 \mathrm{kN \cdot m}$$

$$m_1' = m_1'' = \beta m_1 = 2.0 \times 3.69 \mathrm{kN \cdot m} = -7.38 \mathrm{kN \cdot m}$$

$$m_2' = m_2'' = \beta m_2 = \beta\alpha m_1 = 2.0 \times 0.78 \times 3.69 \mathrm{kN \cdot m} = -5.76 \mathrm{kN \cdot m}$$

（2）B_B 区格板　B_B 区格板属于三边连续板、一长边简支板，$l_{01} = 3.68\mathrm{m}$，$l_{02} = 4.25\mathrm{m}$，$n = l_{02}/l_{01} = 4.25/3.68 = 1.155$，$\alpha = 1/n^2 = 0.75$，取 $\beta = 2.0$。将 B_A 区格板的 $m_1' = -7.38\mathrm{kN \cdot m}$ 作为 B_B 区格板 m_1' 的已知值，并取 $m_1'' = 0$，则

$$M_1 = \left(n - \frac{1}{8}\right) m_1 l_{01} = (1.155 - 1/8) \times m_1 \times 3.68 = 3.79 m_1$$

$$M_2 = \alpha m_1 l_{01} = 0.75 \times m_1 \times 3.68 = 2.76 m_1$$

$$M_1'' = 0$$

$$M_1' = m_1' l_{02} = -7.38 \times 4.25 \mathrm{kN \cdot m} = -31.37 \mathrm{kN \cdot m}$$

$$M_2' = M_2'' = \alpha\beta m_1 l_{01} = -0.75 \times 2.0 \times m_1 \times 3.68 = -5.52 m_1$$

将上述各式代入连续双向板按塑性铰线法计算的基本公式：

$$2M_1 + 2M_2 + M_1' + M_1'' + M_2' + M_2'' = \frac{p_u l_{01}^2}{12}(3l_{02} - l_{01})$$

$$2 \times 3.79 m_1 + 2 \times 2.76 m_1 + 31.37 + 0 + 2 \times 5.52 m_1 = \frac{13.862 \times 3.68^2}{12} \times (3 \times 4.25 - 3.68) \mathrm{kN \cdot m}$$

$$m_1 = 4.58 \mathrm{kN \cdot m}$$

$$m_2 = \alpha m_1 = 0.75 \times 4.58 \mathrm{kN \cdot m} = 3.44 \mathrm{kN \cdot m}$$

$$m_1' = -7.38 \mathrm{kN \cdot m}$$

$$m_1'' = 0$$

$$m_2' = m_2'' = \beta m_2 = \beta\alpha m_1 = 2.0 \times 0.75 \times 4.58 \mathrm{kN \cdot m} = -6.87 \mathrm{kN \cdot m}$$

（3）B_C 区格板　B_C 区格板属于三边连续板、一短边简支板，$l_{01} = 3.75\mathrm{m}$，$l_{02} = 4.18\mathrm{m}$，$n = l_{02}/l_{01} = 4.18/3.75 = 1.115$，$\alpha = 1/n^2 = 0.80$，取 $\beta = 2.0$。将 B_A 区格板的 $m_2' = -5.76\mathrm{kN \cdot m}$ 作为 B_C 区格板 m_2' 的已知值，并取 $m_2'' = 0$，则

$$M_1 = n m_1 l_{01} = 1.115 \times m_1 \times 3.75 = 4.18 m_1$$

$$M_2 = \frac{7}{8}\alpha m_1 l_{01} = \frac{7}{8} \times 0.80 \times m_1 \times 3.75 = 2.63 m_1$$

$$M_1' = M_1'' = n\beta m_1 l_{01} = 1.115 \times 2.0 \times m_1 \times 3.75 = 8.36 m_1$$

$$M_2' = m_2' l_{01} = -5.76 \times 3.75 \mathrm{kN \cdot m} = -21.60 \mathrm{kN \cdot m}$$

$$M_2'' = 0$$

将上述各式代入连续双向板按塑性铰线法计算的基本公式：

$$2M_1 + 2M_2 + M_1' + M_1'' + M_2' + M_2'' = \frac{p_u l_{01}^2}{12}(3l_{02} - l_{01})$$

$$2 \times 4.18 m_1 + 2 \times 2.63 m_1 + 2 \times 8.36 m_1 + 21.60 + 0 = \frac{13.862 \times 3.75^2}{12} \times (3 \times 4.18 - 3.75) \mathrm{kN \cdot m}$$

$$m_1 = 3.99 \mathrm{kN \cdot m}$$

$$m_2 = \alpha m_1 = 0.80 \times 3.99 \mathrm{kN \cdot m} = 3.19 \mathrm{kN \cdot m}$$

$$m_1' = m_1'' = \beta m_1 = 2.0 \times 3.99 \mathrm{kN \cdot m} = -7.98 \mathrm{kN \cdot m}$$

$$m_2' = -5.76 \mathrm{kN \cdot m}$$

$$m_2'' = 0$$

（4）B_D 区格板　B_D 区格板属于两相邻边连续、两相邻变简支板，$l_{01} = 3.68 \mathrm{m}$，$l_{02} = 4.18 \mathrm{m}$，$n = l_{02}/l_{01} = 4.18/3.68 = 1.136$，$\alpha = 1/n^2 = 0.775$，取 $\beta = 2.0$。将 B_B 区格板的 $m_2' = -6.87 \mathrm{kN \cdot m}$ 作为 B_D 区格板 m_2'，将 B_C 区格的 $m_1' = -7.98 \mathrm{kN \cdot m}$ 作为 B_D 区格的 m_1' 的已知值，并取 $m_2'' = m_1'' = 0$，则

$$M_1 = \left(n - \frac{1}{8}\right) m_1 l_{01} = \left(1.136 - \frac{1}{8}\right) \times m_1 \times 3.68 = 3.72 m_1$$

$$M_2 = \frac{7}{8} \alpha m_1 l_{01} = \frac{7}{8} \times 0.775 \times m_1 \times 3.68 = 2.50 m_1$$

$$M_1' = 0$$

$$M_2' = 0$$

$$M_1'' = m_1' l_{02} = 7.98 \times 4.18 \mathrm{kN \cdot m} = 33.36 \mathrm{kN \cdot m}$$

$$M_2'' = m_2' l_{01} = 6.87 \times 3.68 \mathrm{kN \cdot m} = 25.28 \mathrm{kN \cdot m}$$

将上述各式代入连续双向板按塑性铰线法计算的基本公式：

$$2M_1 + 2M_2 + M_1' + M_1'' + M_2' + M_2'' = \frac{p_u l_{01}^2}{12} (3 l_{02} - l_{01})$$

$$2 \times 3.72 m_1 + 2 \times 2.50 m_1 + 33.36 + 25.28 = \frac{13.862 \times 3.68^2}{12} \times (3 \times 4.18 - 3.68) \mathrm{kN \cdot m}$$

$$m_1 = 6.43 \mathrm{kN \cdot m}$$

$$m_2 = \alpha m_1 = 0.775 \times 6.43 \mathrm{kN \cdot m} = 4.98 \mathrm{kN \cdot m}$$

$$m_1' = -7.98 \mathrm{kN \cdot m}$$

$$m_1'' = 0$$

$$m_2' = -6.87 \mathrm{kN \cdot m}$$

$$m_2'' = 0$$

3. 截面配筋计算

各区格板的截面配筋计算列于表 3-1，其计算式如下：

$$\alpha_s = \frac{M}{\alpha_1 f_c b h_0^2}, \quad \xi = 1 - \sqrt{1 - 2\alpha_s}, \quad A_s = \frac{\alpha_1 f_c b h_0 \xi}{f_y}$$

表 3-1　双向板按塑性理论的截面配筋

截面		项目 h_0 /mm	$m/(\mathrm{kN \cdot m/m})$	α_s	ξ	A_s/mm^2	配筋/mm^2
跨中	B_A 区格	l_{01}方向 85	$3.69 \times 0.8^* = 2.95$	0.0343	0.0349	$130.75 < A_{s,min}$	$\phi 6@160/177.0$
		l_{02}方向 75	$2.88 \times 0.8^* = 2.30$	0.0344	0.0350	$115.69 < A_{s,min}$	$\phi 6/8@200/196.0$
	B_B 区格	l_{01}方向 85	4.58	0.0533	0.0548	205.3	$\phi 6/8@160/240.0$
		l_{02}方向 75	3.44	0.0514	0.0528	174.53	$\phi 6/8@200/196.0$
	B_C 区格	l_{01}方向 85	3.99	0.0464	0.0475	177.95	$\phi 6@160/177.0$
		l_{02}方向 75	3.19	0.0477	0.0489	$161.64 < A_{s,min}$	$\phi 6/8@200/196.0$
	B_D 区格	l_{01}方向 85	6.43	0.0748	0.0778	291.46	$\phi 8@160/314.0$
		l_{02}方向 75	4.98	0.0744	0.0774	255.85	$\phi 8@200/251.0$

（续）

截面 / 项目		h_0 /mm	$m/(\mathrm{kN\cdot m/m})$	α_s	ξ	A_s/mm^2	配筋/mm²
支座	A—A	85	$-5.76\times0.8^* = -4.61$	0.0536	0.0551	206.42	ϕ6@100/283.0
	A—B	85	-7.38	0.0858	0.0898	336.42	ϕ6@80/354.0
	A—C	85	-5.76	0.0670	0.0694	259.99	ϕ6@100/283.0
	B—D	85	-6.87	0.0800	0.0835	312.82	ϕ6/8@200 + ϕ6@200/337.5.0
	C—D	85	-7.98	0.0928	0.076	365.64	ϕ6/8@160 + ϕ6@160/417

注：1. 区格内的"＊"代表板弯矩折减。

2. $\rho_{\min} = \left(0.2\%, \ 45\dfrac{f_t}{f_y}\%\right)_{\max} = 45\times\dfrac{1.27}{270}\% = 0.212\%$，则 $A_{s\min} = \rho_{\min}bh_0 = 0.212\%\times1000\times80\mathrm{mm}^2 = 169.6\mathrm{mm}^2$。

4. 施工图

图 3-10 是双向板按塑性铰线法设计时的配筋图。

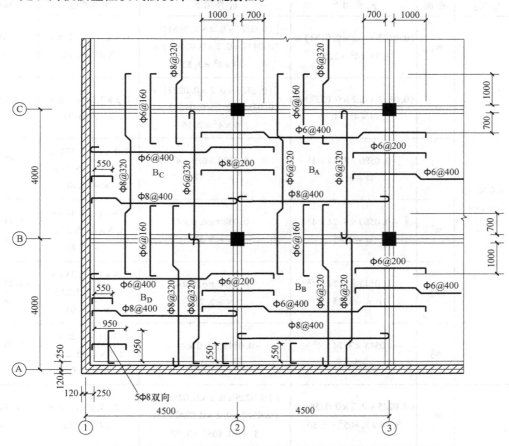

图 3-10　双向板按塑性铰线法设计时的配筋图

3.2.4　板的弹性设计

1. 弯矩计算

双向板按弹性理论设计时，内跨跨度取：

$$l_{01} = l_{c1} = 4.0\mathrm{m} \qquad l_{02} = l_{c2} = 4.5\mathrm{m}$$

边跨跨度取：

$$l_{01} = l_{c1} - 0.25\text{m} + h/2 = 4.0\text{m} - 0.25\text{m} + 0.11\text{m}/2 = 3.805\text{m}$$

$$l_{02} = l_{c2} - 0.25\text{m} + h/2 = 4.5\text{m} - 0.25\text{m} + 0.11\text{m}/2 = 4.305\text{m}$$

求跨内最大弯矩时考虑可变荷载的最不利布置。可变荷载按棋盘式布置，可分解为正对称荷载 $g + q/2$ 和反对称荷载 $\pm q/2$ 两种荷载状态，前者的内支座按固支考虑，后者的内支座按铰支考虑。

求支座最大负弯矩时，可变荷载近似满布考虑，即正对称荷载 $g + q$ 作用，内支座按固支考虑。

$$g_k = 3.74\text{kN/m}^2 \quad q_k = 6.0\text{kN/m}^2$$

$$g + q/2 = (1.3 \times 3.74 + 1.5 \times 6.0/2)\text{kN/m}^2 = 9.362\text{kN/m}^2$$

$$q/2 = 1.5 \times 6.0/2\text{kN/m}^2 = 4.5\text{kN/m}^2$$

$$g + q = 1.3 \times 3.74\text{kN/m}^2 + 1.5 \times 6.0\text{kN/m}^2 = 13.862\text{kN/m}^2$$

根据不同的支承情况，楼板可以分为 B_A、B_B、B_C 和 B_D 四种区格板（图3-9）。每种区格板根据其两个方向的跨度比和支承情况查相关表格确定弯矩系数。弯矩计算过程见表3-2。

表 3-2　按弹性理论计算的板弯矩

区格	l_{01}/l_{02}	截面	g_k 作用下	q_k 作用下	基本组合	标准组合
B_A	$4.0/4.5$ $=0.889$	m_1	$(0.0227 + 0.2 \times 0.0163) \times$ $3.74 \times 4^2 = 1.55$	$[(0.0227 + 0.2 \times 0.0163) +$ $(0.0467 + 0.2 \times 0.0356)] \times$ $3.0 \times 4^2 = 3.83$	$1.3 \times 1.55 + 1.5 \times$ $3.83 = 7.76$	$1.55 + 3.83$ $= 5.38$
		m_2	$(0.0163 + 0.2 \times 0.0227) \times$ $3.74 \times 4^2 = 1.25$	$[(0.0163 + 0.2 \times 0.0227) +$ $(0.0356 + 0.2 \times 0.0467)] \times$ $3.0 \times 4^2 = 3.16$	$1.3 \times 1.25 + 1.5 \times$ $3.16 = 6.37$	$1.25 + 3.16$ $= 4.41$
		m_1'	$-0.0580 \times 3.74 \times 4^2$ $= -3.47$	$-0.0580 \times 6.0 \times 4^2$ $= -5.57$	$1.3 \times (-3.47) +$ $1.5 \times (-5.57)$ $= -12.87$	$-3.47 + (-5.57)$ $= -9.04$
		m_1''	$-0.0580 \times 3.74 \times 4^2$ $= -3.47$	$-0.0580 \times 6.0 \times 4^2$ $= -5.57$	$1.3 \times (-3.47) +$ $1.5 \times (-5.57)$ $= -12.87$	$-3.74 + (-5.57)$ $= -9.04$
		m_2'	$-0.0543 \times 3.74 \times 4^2$ $= -3.25$	$-0.0543 \times 6.0 \times 4^2$ $= -5.21$	$1.3 \times (-3.25) +$ $1.5 \times (-5.21)$ $= -12.04$	$-3.25 + (-5.21)$ $= -8.46$
		m_2''	$-0.0543 \times 3.74 \times 4^2 =$ -3.25	$-0.0543 \times 6.0 \times 4^2 =$ -5.21	$1.3 \times (-3.25) +$ $1.5 \times (-5.21)$ $= -12.04$	$-3.25 + (-5.21)$ $= -8.46$
B_B	$3.805/4.5$ $=0.846$	m_1	$(0.0225 + 0.2 \times 0.0258) \times$ $3.74 \times 3.805^2 = 1.50$	$[(0.0225 + 0.2 \times 0.0258) +$ $(0.0510 + 0.2 \times 0.0347)] \times$ $3.0 \times 3.805^2 = 3.72$	$1.3 \times 1.50 + 1.5 \times$ $3.72 = 7.53$	$1.50 + 3.72$ $= 5.22$
		m_2	$(0.0258 + 0.2 \times 0.0225) \times$ $3.74 \times 3.805^2 = 1.64$	$[(0.0258 + 0.2 \times 0.0225) +$ $(0.0347 + 0.2 \times 0.0510)] \times$ $3.0 \times 3.805^2 = 3.27$	$1.3 \times 1.64 + 1.5 \times$ $3.27 = 7.04$	$1.64 + 3.27$ $= 4.91$
		m_1'	$-0.0685 \times 3.74 \times 3.805^2$ $= -3.71$	$-0.0685 \times 6.0 \times 3.805^2$ $= -5.95$	$1.3 \times (-3.71) +$ $1.5 \times (-5.95)$ $= -13.75$	$-3.71 + (-5.95)$ $= -9.66$

（续）

区格	l_{01}/l_{02}	截面	g_k 作用下	q_k 作用下	基本组合	标准组合
B_B	$3.805/4.5$ $=0.846$	m''_1	0	0	0	0
		m'_2	$-0.0716 \times 3.74 \times 3.805^2$ $= -3.88$	$-0.0716 \times 6.0 \times 3.805^2$ $= -6.22$	$1.3 \times (-3.88) +$ $1.35 \times (-6.22)$ $= -14.37$	$-3.88 + (-6.22)$ $= -10.10$
		m''_2	$-0.0716 \times 3.74 \times 3.805^2$ $= -3.88$	$-0.0716 \times 6.0 \times 3.805^2$ $= -6.22$	$1.3 \times (-3.88) +$ $1.5 \times (-6.22)$ $= -14.37$	$-3.88 + (-6.22)$ $= -10.10$
B_C	$4.0/4.305$ $=0.929$	m_1	$(0.0256 + 0.2 \times 0.0160) \times$ $3.74 \times 4^2 = 1.72$	$[(0.0256 + 0.2 \times 0.0160) +$ $(0.0429 + 0.2 \times 0.0362)] \times$ $3.0 \times 4^2 = 3.79$	$1.3 \times 1.72 + 1.5 \times$ $3.79 = 7.92$	$1.72 + 3.79$ $= 5.51$
		m_2	$(0.0160 + 0.2 \times 0.0256) \times$ $3.74 \times 4^2 = 1.26$	$[(0.0160 + 0.2 \times 0.0256) +$ $(0.0362 + 0.2 \times 0.0429)] \times$ $3.0 \times 4^2 = 3.16$	$1.3 \times 1.26 + 1.5 \times$ $3.16 = 6.38$	$1.26 + 3.16$ $= 4.42$
		m'_1	$-0.0644 \times 3.74 \times 4^2$ $= -3.85$	$-0.0644 \times 6.0 \times 4^2$ $= -6.18$	$1.3 \times (-3.85) +$ $1.5 \times (-6.18)$ $= -14.28$	$-3.85 + (-6.18)$ $= -10.03$
		m''_1	$-0.0644 \times 3.74 \times 4^2$ $= -3.85$	$-0.0644 \times 6.0 \times 4^2$ $= -6.18$	$1.3 \times (-3.85) +$ $1.5 \times (-6.18)$ $= -14.28$	$-3.85 + (-6.18)$ $= -10.03$
		m'_2	$-0.0560 \times 3.74 \times 4^2$ $= -3.35$	$-0.0560 \times 6.0 \times 4^2$ $= -5.38$	$1.3 \times (-3.35) +$ $1.5 \times (-5.38)$ $= -12.43$	$-3.35 + (-5.38)$ $= -8.73$
		m''_2	0	0	0	0
B_D	$3.805/4.305$ $=0.884$	m_1	$(0.0301 + 0.2 \times 0.0221) \times$ $3.74 \times 3.805^2 = 1.87$	$[(0.0301 + 0.2 \times 0.0221) +$ $(0.0472 + 0.2 \times 0.0355)] \times$ $3.0 \times 3.805^2 = 3.86$	$1.3 \times 1.87 + 1.5 \times$ $3.86 = 8.22$	$1.87 + 3.86$ $= 5.73$
		m_2	$(0.0221 + 0.2 \times 0.0301) \times$ $3.74 \times 3.805^2 = 1.52$	$[(0.0221 + 0.2 \times 0.0301) +$ $(0.0355 + 0.2 \times 0.0472)] \times$ $3.0 \times 3.805^2 = 3.17$	$1.3 \times 1.52 + 1.5 \times$ $3.17 = 6.73$	$1.52 + 3.17$ $= 4.69$
		m'_1	$-0.0793 \times 3.74 \times 3.805^2$ $= -4.29$	$-0.0793 \times 6.0 \times 3.805^2$ $= -6.89$	$1.3 \times (-4.29) +$ $1.5 \times (-6.89)$ $= -15.91$	$-4.29 + (-6.89)$ $= -11.18$
		m''_1	0	0	0	0
		m'_2	$-0.0721 \times 3.74 \times 3.805^2$ $= -3.90$	$-0.0721 \times 6.0 \times 3.805^2$ $= -6.26$	$1.3 \times (-3.90) +$ $1.5 \times (-6.26)$ $= -14.46$	$-3.90 + (-6.26)$ $= -10.16$
		m''_2	0	0	0	0

2. 截面配筋计算

一类环境类别，C25（$f_c = 11.9 \text{N/mm}^2$、$f_t = 1.27 \text{N/mm}^2$）混凝土，板受力钢筋的保护层厚度为 20mm，l_{01} 方向截面的有效高度 $h_{01} = 110\text{mm} - 25\text{mm} = 85\text{mm}$，$l_{02}$ 方向截面的有效高度 $h_{02} = 110\text{mm} - 20\text{mm} - 15\text{mm} = 75\text{mm}$，支座截面的有效高度 $h_0 = 110\text{mm} - 25\text{mm} = 85\text{mm}$。板钢筋采用 HPB300 级，$f_y = 270 \text{N/mm}^2$。

因楼盖周边未设圈梁，故只能将区格 A 的跨内弯矩及 A—A 支座弯矩减小 20%，其余均不折减。相邻区格板支座弯矩不等时取两者之间的较大值。截面配筋计算结果及实际配筋列于表 3-3。

表 3-3　双向板按弹性理论的截面配筋

截面		项目	h_0 /mm	m /(kN·m/m)	α_s	ξ	A_s /mm²	配筋/mm²
跨中	B_A 区格	l_{01} 方向	85	$7.76 \times 0.8 = 6.21$	0.0722	0.0750	280.97	⌀8@170/296.0
		l_{02} 方向	75	$6.37 \times 0.8 = 5.10$	0.0762	0.0793	262.13	⌀8@170/296
	B_B 区格	l_{01} 方向	85	7.53	0.0876	0.0918	343.91	⌀8/10@170/379.0
		l_{02} 方向	75	7.04	0.1052	0.1114	368.24	⌀8/10@170/379.0
	B_C 区格	l_{01} 方向	85	7.92	0.0921	0.0968	362.64	⌀8/10@170/379.0
		l_{02} 方向	75	6.38	0.0953	0.1003	331.55	⌀8/10@170/379.0
	B_D 区格	l_{01} 方向	85	8.22	0.0956	0.1007	377.25	⌀8/10@170/379.0
		l_{02} 方向	75	6.73	0.1001	0.1057	349.40	⌀8/10@170/379.0
支座	A—A		85	$-12.87 \times 0.8 = -10.30$	0.1198	0.1280	479.53	⌀8@85/592.0
	A—B		85	-13.75	0.1599	0.1753	656.73	⌀8@85/592.0
	A—C		85	-12.43	0.1446	0.1569	587.79	⌀8@85/592.0
	B—D		85	-14.46	0.1682	0.1854	694.56	⌀8/10@85/758.0
	C—D		85	-15.91	0.1851	0.2064	773.24	⌀8/10@85/758.0

3. 裂缝宽度验算

裂缝宽度验算时弯矩取标准组合，受弯构件的受力特征系数 $\alpha_{cr} = 1.9$，光面钢筋的相对黏结特征系数 $\nu = 0.7$，C25 混凝土抗拉强度标准值 $f_{tk} = 1.78 \text{N/mm}^2$。裂缝宽度的计算过程见表 3-4，均小于一类环境规范允许值 0.3mm。

表 3-4　双向板的裂缝宽度验算

截面	跨内								支座				
	B_A 区格		B_B 区格		B_C 区格		B_D 区格		A—A	A—B	A—C	B—D	C—D
	l_{01}	l_{02}	l_{01}	l_{02}	l_{01}	l_{02}	l_{01}	l_{02}					
M_k/(kN·m)	5.38	4.41	5.22	4.91	5.51	4.42	5.73	4.69	-8.46	-9.66	-8.73	-10.16	-11.18
A_s/mm²	296.0	296.0	379.0	379.0	379.0	379.0	379.0	379.0	462.0	592.0	592.0	758.0	758.0
σ_{sk}/(N/mm²)	245.78	228.33	186.25	198.55	196.6	178.73	204.45	189.65	247.62	220.66	199.41	181.25	199.45
$\rho_{te} = A_s/A_{te}$	0.01	0.01	0.01	0.01	0.01	0.01	0.01	0.01	0.01	0.0108	0.0108	0.0138	0.0138

（续）

截面	跨内								支座				
	B_A 区格		B_B 区格		B_C 区格		B_D 区格		A—A	A—B	A—C	B—D	C—D
	l_{01}	l_{02}	l_{01}	l_{02}	l_{01}	l_{02}	l_{01}	l_{02}					
ψ	0.629	0.593	0.479	0.517	0.512	0.453	0.534	0.49	0.633	0.615	0.563	0.637	0.68
d_{eq}/mm	11.43	11.43	13.02	13.02	13.02	13.02	13.02	13.02	14.29	11.43	11.43	14.29	14.29
l_m/mm	138.94	138.94	151.66	151.66	151.66	151.66	151.66	151.66	161.82	132.17	132.17	130.34	130.34
w_{max}/mm	0.194	0.170	0.122	0.141	0.138	0.111	0.15	0.128	0.23	0.162	0.134	0.136	0.16

注：$\rho_{te} < 0.01$ 时，取 $\rho_{te} = 0.01$。

4. 挠度验算

取跨内截面刚度。

短期刚度

$$B_s = \frac{E_s A_s h_0^2}{1.15\psi + 0.2 + \dfrac{6\alpha_E \rho}{1 + 3.5\gamma_f'}}$$

其中，$\alpha_E = E_s/E_c = 2.1 \times 10^5 / 2.8 \times 10^4 = 7.5$，矩形截面 $\gamma_f' = 0$。

长期刚度

$$B = \frac{M_k}{M_q(\theta - 1) + M_k} B_s$$

$$= \frac{9.74}{(3.74 + 0.5 \times 6) \times (2 - 1) + 9.74} \times B_s = 0.591 B_s$$

换算成单位宽度的刚度，并取泊松比 $\nu = 0.2$，则

$$B_c = \frac{B/1}{1 - 0.2^2}$$

正对称荷载（$g_k + q_k/2$）作用下内支座按四边固支考虑（f_1），反对称荷载（$\pm q_k/2$）作用下按四边铰支考虑（f_2）。跨内挠度：

$$f = \frac{l_{01}^4}{B_c}[(g_k + q_k/2)f_1 + (q_k/2)f_2]$$

其中，$g_k + q_k/2 = (3.74 + 6.0/2)\text{kN/m}^2 = 6.74\text{kN/m}^2$；$q_k/2 = (6.0/2)\text{kN/m}^2 = 3.0\text{kN/m}^2$。

B_A、B_B、B_C 和 B_D 四种板的挠度计算过程列于表3-5。

表3-5 双向板的挠度计算

区格	A_s /mm²	$\rho = A_s/bh_0$	ψ	B_s /(kN·m²)	B_c /(kN·m²/m)	挠度系数		l_{01} /m	f /m	$l_{01}/200$ /m
						f_1	f_2			
B_A 区格	296	0.0035	0.629	415.51	432.82	0.00156	0.00507	4.0	0.0152	0.020
B_B 区格	379	0.0045	0.479	603.18	628.31	0.00169	0.00551	3.8	0.0093	0.019
B_C 区格	379	0.0045	0.511	580.76	604.96	0.00145	0.00469	4.0	0.0101	0.020
B_D 区格	379	0.0045	0.534	565.65	589.22	0.00158	0.00512	3.8	0.0092	0.019

可见，各区格板跨内挠度均满足要求。

图 3-11 是双向板按弹性理论设计时的配筋图。

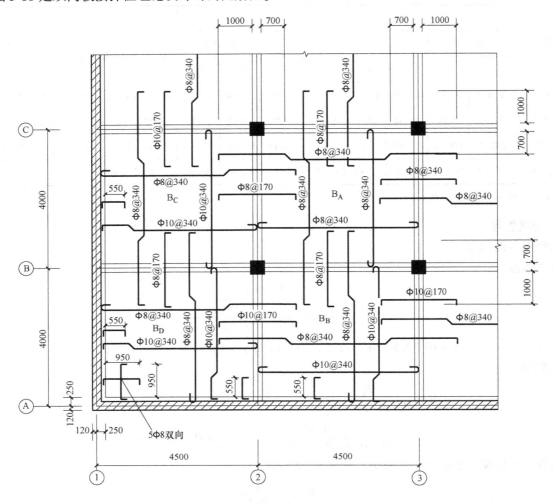

图 3-11　双向板按弹性理论设计时的配筋图

3.2.5　双向板支承梁的设计

双向板支承梁按弹性方法设计。

1. 荷载计算

沿短跨方向（l_{01}）的支承梁承受板面传来的三角形分布荷载，沿长跨方向（l_{02}）的支承梁承受板面传来的梯形分布荷载。

板传来永久荷载（三角形或梯形分布荷载）g_k　　　　　　　　　　　　　$3.74 \times 2.0 \text{kN/m} = 7.48 \text{kN/m}$

板传来可变荷载（三角形或梯形分布荷载）q_k　　　　　　　　　　　　　$6.0 \times 2.0 \text{kN/m} = 12.0 \text{kN/m}$

支承梁自重（均匀分布荷载）：

次梁自重　　　　　　　　　　　　　　　　　　　$0.2 \times (0.5 - 0.11) \times 25 \text{kN/m} = 1.95 \text{kN/m}$

次梁粉饰　　　　　　　　　　　　　　　　$0.02 \times (0.5 - 0.11) \times 2 \times 17 \text{kN/m} = 0.265 \text{kN/m}$

小计　　　　　　　　　　　　　　　　　　　　　　　　　　　　　　　$g_k = 2.22 \text{kN/m}$

2. 计算简图

支承梁在砖墙上的支承长度为 240mm，柱的截面尺寸 400mm × 400mm。

短跨方向（l_{01}）的支承梁的计算跨度：

边跨：$\quad l_1 = l_{n1} + a/2 + b/2 = (4000\text{mm} - 250\text{mm} - 400\text{mm}/2) + 240\text{mm}/2 + 400\text{mm}/2$

$\qquad\qquad = 3870\text{mm} > 1.025l_{n1} + b/2 = 1.025 \times (4000\text{mm} - 250\text{mm} - 400\text{mm}/2) + 400\text{mm}/2$

$\qquad\qquad = 3839\text{mm}$

取 $l_1 = 3839\text{mm}$

中间跨：$\qquad\qquad\qquad\qquad\qquad l_2 = l_{n2} + b = 4000\text{mm}$

短跨方向（l_{01}）的支承梁的计算简图如图 3-12 所示。

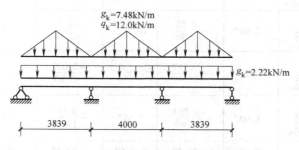

图 3-12　短跨方向支承梁的计算简图

长跨方向（l_{02}）的支承梁的计算跨度：

边跨：$\quad l_1 = l_{n1} + a/2 + b/2 = (4500\text{mm} - 250\text{mm} - 400\text{mm}/2) + 240\text{mm}/2 + 400\text{mm}/2$

$\qquad\qquad = 4370\text{mm} > 1.025l_{n1} + b/2 = 1.025 \times (4500\text{mm} - 250\text{mm} - 400\text{mm}/2) + 400\text{mm}/2$

$\qquad\qquad = 4351\text{mm}$

取 $l_1 = 4351\text{mm}$

中间跨：$\qquad\qquad\qquad\qquad\qquad l_2 = l_{n2} + b = 4500\text{mm}$

长跨方向（l_{02}）支承梁的计算简图如图 3-13 所示。

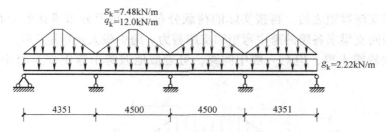

图 3-13　长跨方向支承梁的计算简图

3. 内力计算

（1）短跨方向（l_{01}）的支承梁（L-2）　弹性理论设计计算连续梁的支座弯矩时，可按支座弯矩等效的原则，将三角形分布荷载等效为均布荷载 p_e。因跨度相差小于 10%，可按等跨连续梁计算。

$$p_{e,k} = \frac{5}{8}g_k = \frac{5}{8} \times 7.48\text{kN/m} = 4.68\text{kN/m}$$

$$p_{e,k} = \frac{5}{8}q_k = \frac{5}{8} \times 12.0\text{kN/m} = 7.50\text{kN/m}$$

短跨梁上作用的荷载标准值：

$$g_k = 2.22\text{kN/m} + 4.68\text{kN/m} = 6.90\text{kN/m}$$

$$q_k = 7.50\text{kN/m}$$

短跨方向支承梁（L-2）弯矩和剪力的计算见表 3-6。

表 3-6　短跨方向支承梁（L-2）内力（弯矩、剪力）计算

序号	荷载简图	M_1	$\dfrac{k}{M_B}$	M_2	$\dfrac{k}{M_C}$	V_A	V_{Bl}	V_{Br}
①		7.98*	$\dfrac{-0.100}{-10.60}$	3.81*	$\dfrac{-0.100}{-10.60}$	8.68	−14.20	12.28
②		11.86*	$\dfrac{-0.05}{-5.76}$	−5.76*	$\dfrac{-0.05}{-5.76}$	10.02	−13.02	12.00
③		−2.88*	$\dfrac{-0.05}{-5.76}$	10.24*	$\dfrac{-0.05}{-5.76}$	−1.5	−1.5	12.00
④		8.00*	$\dfrac{-0.117}{-13.48}$	7.36*	$\dfrac{-0.033}{-3.80}$	8.01	−15.03	14.42
⑤		−1.90*	$\dfrac{-0.033}{-3.80}$	7.36*	$\dfrac{-0.117}{-13.48}$	−0.10	−0.10	9.58
内力基本组合	1.3①+1.5②	28.16	−22.42	−3.69	−22.42	26.31	−37.99	33.96
	1.3①+1.5③	6.05	−22.42	20.31	−22.42	9.03	−20.71	33.96
	1.3①+1.5④	22.37	−34.00	15.99	−19.48	23.30	−41.01	37.59
	1.3①+1.5⑤	7.52	−19.48	15.99	−34.00	11.13	−18.61	30.33
最不利内力	组合项次	①+③	①+④	①+②	①+⑤	①+③	①+④	①+⑤
	M_{min}/kN·m 或 V_{min}/kN	6.05	−34.00	−3.69	−34.00	9.03	−41.01	30.33
	组合项次	①+②	①+⑤	①+③	①+④	①+②	①+⑤	①+④
	M_{max}/kN·m 或 V_{max}/kN	28.16	−19.48	20.31	−19.48	26.31	−18.61	37.59

注：" * "表示跨中弯矩值以实际荷载分布，支座弯矩为端弯矩，按简支梁计算。

　　在求得连续梁的支座弯矩之后，再按实际的荷载分布（三角形分布或梯形分布），以支座弯矩作为梁端弯矩，按单跨简支梁求各跨的跨中弯矩和支座剪力。跨中最大正弯矩应位于剪力为零的截面处，其位置和弯矩值一般较难求得，但对一般中间跨，可近似地取跨中弯矩作为跨中最大弯矩的近似值（图 3-14）。

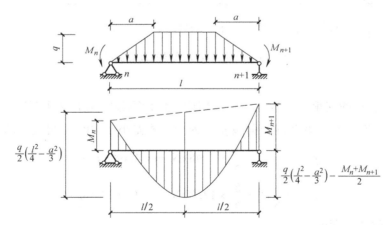

图 3-14　实际荷载分布下的单跨简支梁

$$M_{中} = \frac{q}{2}\left(\frac{l^2}{4} - \frac{a^2}{3}\right) - \frac{M_n + M_{n+1}}{2}$$

$$V_l = \frac{q}{2}(l - a) - \frac{M_{n+1} - M_n}{2}$$

$$V_r = \frac{q}{2}(l-a) + \frac{M_{n+1} - M_n}{2}$$

（2）长跨方向（l_{02}）的支承梁（L-1）　弹性理论设计计算连续梁的支座弯矩时，可按支座弯矩等效的原则，将梯形分布荷载等效为均布荷载 p_e。因跨度相差小于 10%，可按等跨连续梁计算。

$$\alpha_1 = \frac{1}{2}\frac{l_{01}}{l_{02}} = \frac{1}{2} \times \frac{4}{4.5} = \frac{4}{9}$$

$$p_{e,k} = (1 - 2\alpha_1^2 + \alpha_1^3)g_k = \left[1 - 2\times\left(\frac{4}{9}\right)^2 + \left(\frac{4}{9}\right)^3\right] \times 7.48\,\text{kN/m} = 5.18\,\text{kN/m}$$

$$p_{e,k} = (1 - 2\alpha_1^2 + \alpha_1^3)q_k = \left[1 - 2\times\left(\frac{4}{9}\right)^2 + \left(\frac{4}{9}\right)^3\right] \times 12.0\,\text{kN/m} = 8.31\,\text{kN/m}$$

长跨梁上作用的荷载标准值：

$$g_k = 2.22\,\text{kN/m} + 5.18\,\text{kN/m} = 7.40\,\text{kN/m}$$

$$q_k = 8.31\,\text{kN/m}$$

长跨方向支承梁（L-1）弯矩和剪力的计算见表 3-7。

表 3-7　长跨方向支承架（L-1）内力（弯矩、剪力）计算

序号	荷载简图	M_1	$\frac{k}{M_B}$	M_2	$\frac{k}{M_C}$	M_3	$\frac{k}{M_D}$	V_A	V_{Bl}	V_{Br}	V_{Cl}	V_{Cr}
①	g	10.08	$\begin{array}{c}-0.107\\-15.51\end{array}$	6.34	$\begin{array}{c}-0.071\\-10.64\end{array}$	6.34	$\begin{array}{c}-0.107\\-15.51\end{array}$	10.06	-17.19	15.43	-13.26	13.26
②	p	9.73	$\begin{array}{c}-0.054\\-8.79\end{array}$	-7.43	$\begin{array}{c}-0.036\\-6.06\end{array}$	8.07	$\begin{array}{c}-0.054\\-8.79\end{array}$	12.09	-16.13	0.61	-0.61	14.39
③	p	4.28	$\begin{array}{c}-0.121\\-19.69\end{array}$	4.14	$\begin{array}{c}-0.018\\-3.03\end{array}$	-6.40	$\begin{array}{c}-0.058\\-9.76\end{array}$	9.58	-18.63	18.70	-11.30	1.50
④	p	-2.93	$\begin{array}{c}-0.036\\-5.86\end{array}$	3.56	$\begin{array}{c}-0.107\\-18.01\end{array}$	3.56	$\begin{array}{c}-0.036\\-5.86\end{array}$	-1.35	1.35	12.30	-17.70	17.70
内力基本组合	1.3①+1.5②	27.70	-33.35	-2.90	-22.92	20.35	-33.35	31.21	-46.54	20.97	-18.15	38.82
	1.3①+1.5③	19.52	-49.70	14.45	-18.38	-1.36	-34.80	27.45	-50.29	48.11	-34.19	19.49
	1.3①+1.5④	8.71	-28.95	13.58	-40.85	13.58	-28.95	11.05	-20.32	38.51	-43.79	43.79
最不利内力	组合项次	①+④	①+③	①+②	①+④	①+③	①+③	①+④	①+③	①+②	①+④	①+③
	$M_{min}/(\text{kN·m})$ 或 V_{min}/kN	8.71	-49.70	-2.90	-40.85	-1.36	-34.80	11.05	-50.29	20.97	-43.79	19.49
	组合项次	①+②	①+④	①+③	①+③	①+④	①+④	①+②	①+④	①+③	①+③	①+④
	$M_{max}/(\text{kN·m})$ 或 V_{max}/kN	27.70	-29.95	14.45	-18.38	20.35	-28.95	31.21	-20.32	48.11	-18.15	43.79

4. 正截面受弯承载力计算

（1）短跨方向支承梁（L-2）正截面承载力计算　正截面承载力计算时，支座按矩形截面计算，跨中按 T 形截面计算，翼缘宽度取 $b_f' = l/3 = 4000/3 = 1333.3\,\text{mm}$，$b_f' = b + s_n = 250\,\text{mm} + 3750\,\text{mm} = 4000\,\text{mm}$，又 $b_f' = b + 12h_f' = 250\,\text{mm} + 12 \times 110\,\text{mm} = 1570\,\text{mm}$，故取 $b_f' = 1333.3\,\text{mm}$。

一类环境，梁纵向受力钢筋的混凝土保护层厚度 25mm，单排钢筋截面有效高度取 $h_0 = 465\,\text{mm}$，双排钢筋取 $h_0 = 440\,\text{mm}$。纵向钢筋采用 HRB400 级钢筋，$f_y = 360\,\text{N/mm}^2$，箍筋采用 HPB300 级，$f_{yv} = 270\,\text{N/mm}^2$。

1）跨中截面。跨中最大弯矩 $M_{max} = 28.16\,\text{kN·m} < \alpha_1 f_c b_f' h_f'\left(h_0 - \frac{h_f'}{2}\right) = 1.0 \times 11.9 \times 1333.3 \times 80 \times (465 - 80/2)\,\text{kN·m} = 539.45\,\text{kN·m}$

属于第一类 T 形截面。

$$\alpha_s = \frac{M}{\alpha_1 f_c b_f' h_0^2} = \frac{28.16 \times 10^6}{1.0 \times 11.9 \times 1333.3 \times 465^2} = 0.0082$$

$$\xi = 1 - \sqrt{1 - 2\alpha_s} = 0.0082 < \xi_b = 0.50$$

$$A_s = \frac{\xi b_f' h_0 f_c}{f_y} = \frac{0.0082 \times 1333.3 \times 465 \times 11.9}{360} \text{mm}^2 = 168.05 \text{mm}^2 < \rho_{min} bh = 250.0 \text{mm}^2$$

注：$\rho_{min} = (0.2\%, \ 45 f_t/f_y)_{max} = 0.2\%$

选配 2⌀14 （$A_s = 308 \text{mm}^2$）

2）支座截面。支座最大弯矩　　　　$M_{max} = -34.00 \text{kN} \cdot \text{m}$

$$\alpha_s = \frac{M}{\alpha_1 f_c b h_0^2} = \frac{34.00 \times 10^6}{1.0 \times 11.9 \times 250 \times 465^2} = 0.0529$$

$$\xi = 1 - \sqrt{1 - 2\alpha_s} = 0.054 < \xi_b = 0.50$$

$$A_s = \frac{\xi b h_0 f_c}{f_y} = \frac{0.054 \times 250 \times 465 \times 11.9}{360} \text{mm}^2 = 207.51 \text{mm}^2 < \rho_{min} bh = 250.0 \text{mm}^2$$

注：$\rho_{min} = (0.2\%, \ 45 f_t/f_y)_{max} = 0.2\%$

选配 3⌀12 （$A_s = 339 \text{mm}^2$）

（2）长跨方向支承梁（L-1）正截面承载力计算　正截面承载力计算时，支座按矩形截面计算，跨中按 T 形截面计算，翼缘宽度取 $b_f' = l/3 = 4500 \text{mm}/3 = 1500 \text{mm}$，$b_f' = b + s_n = 250 \text{mm} + 4250 \text{mm} = 4500 \text{mm}$，又 $b_f' = b + 12 h_f' = 250 \text{mm} + 12 \times 110 \text{mm} = 1570 \text{mm}$，故取 $b_f' = 1500 \text{mm}$。

一类环境，梁纵向受力钢筋的混凝土保护层厚度 25mm，单排钢筋截面有效高度取 $h_0 = 465 \text{mm}$，双排钢筋取 $h_0 = 440 \text{mm}$。纵向钢筋采用 HRB400 级钢筋，$f_y = 360 \text{N/mm}^2$，箍筋采用 HPB300 级，$f_{yv} = 270 \text{N/mm}^2$。

1）跨中截面。跨中最大弯矩 $M_{max} = 27.70 \text{kN} \cdot \text{m} < \alpha_1 f_c b_f' h_f' \left(h_0 - \frac{h_f'}{2} \right) = 1.0 \times 11.9 \times 1500 \times 80 \times (465 - 80/2) \text{kN} \cdot \text{m} = 606.9 \text{kN} \cdot \text{m}$

属于第一类 T 形截面。

$$\alpha_s = \frac{M}{\alpha_1 f_c b_f' h_0^2} = \frac{27.70 \times 10^6}{1.0 \times 11.9 \times 1500 \times 465^2} = 0.0072$$

$$\xi = 1 - \sqrt{1 - 2\alpha_s} = 0.0072 < \xi_b = 0.50$$

$$A_s = \frac{\xi b_f' h_0 f_c}{f_y} = \frac{0.0072 \times 1500 \times 465 \times 11.9}{360} \text{mm}^2 = 166.00 \text{mm}^2 < \rho_{min} bh = 250.00 \text{mm}^2$$

注：$\rho_{min} = (0.2\%, \ 45 f_t/f_y)_{max} = 0.2\%$

选配 2⌀14 （$A_s = 308 \text{mm}^2$）

2）支座截面。支座最大弯矩　　　　$M_{max} = -49.70 \text{kN} \cdot \text{m}$

$$\alpha_s = \frac{M}{\alpha_1 f_c b h_0^2} = \frac{49.70 \times 10^6}{1.0 \times 11.9 \times 250 \times 465^2} = 0.077$$

$$\xi = 1 - \sqrt{1 - 2\alpha_s} = 0.077 < \xi_b = 0.50$$

$$A_s = \frac{\xi b h_0 f_c}{f_y} = \frac{0.077 \times 250 \times 465 \times 11.9}{360} \text{mm}^2 = 295.89 \text{mm}^2 > \rho_{min} bh = 250.00 \text{mm}^2$$

注：$\rho_{min} = (0.2\%, \ 45 f_t/f_y)_{max} = 0.2\%$

选配 3⌀12 （$A_s = 339 \text{mm}^2$）

5. 斜截面受剪承载力计算

最大剪力　$V_{max} = 41.01 \text{kN} < 0.7 f_t b h_0 = 0.7 \times 1.27 \times 250 \times 465 \times 10^{-3} \text{kN} = 103.35 \text{kN}$

按构造配置箍筋。

选配 $\phi 8@200$ ，$\rho_{sv} = A_{sv}/(bs) = 2 \times 50.3/(250 \times 200) = 0.2\% > 0.24 f_t/f_{yv} = 0.24 \times 1.27/270 = 0.113\%$ ，满足最小配箍率要求。

6. 裂缝宽度验算

变形钢筋的相对黏结特征系数 $\nu = 1.0$ ，混凝土保护层厚度 $c = 25\text{mm}$ 。裂缝宽度的计算过程见表3-8，各截面的裂缝宽度均满足 $w_{max} \leqslant w_{lim} = 0.3\text{mm}$ 要求。

表3-8 支承梁的裂缝宽度验算

截面	1	B	2	C	3	D
$M_k/(\text{kN}\cdot\text{m})$	19.81	-35.20	10.48	-28.65	14.41	-25.27
A_s/mm^2	308	339	308	339	308	339
$\sigma_{sk} = M_k/(0.87 A_s h_0)/(\text{N/mm}^2)$	158.99	256.67	84.11	208.91	115.65	184.26
$\rho_{te} = A_s/A_{te}$	0.01①	0.01①	0.01①	0.01①	0.01①	0.01①
$\psi = 1.1 - 0.65 f_{tk}/(\rho_{te}\sigma_{sk})$	0.581	0.778	0.20②	0.705	0.386	0.652
$d_{eq} = \sum n_i d_i^2/(\sum n_i \nu_i d_i)/\text{mm}$	14	12	14	12	14	12
$l_m = 1.9c + 0.08 d_{eq}/\rho_{te}/\text{mm}$	159.5	143.5	159.5	143.5	159.5	143.5
$w_{max} = \alpha_{cr}\psi l_m \sigma_{sk}/E_s/\text{mm}$	0.140	0.272	0.025	0.201	0.068	0.164

注：①$\rho_{te} < 0.01$，取 $\rho_{te} = 0.01$。

②$\psi < 0.2$，取 $\psi = 0.2$。

7. 挠度验算

按等刚度连续梁计算边跨跨中挠度。短期刚度：

$$B_s = \frac{E_s A_s h_0^2}{1.15\psi + 0.2 + \dfrac{6\alpha_E\rho}{1+3.5\gamma_f'}} = \frac{2 \times 10^5 \times 308 \times 465^2}{1.15 \times 0.581 + 0.2 + \dfrac{6 \times 7.14 \times 0.00256}{1+3.5 \times 1.183}}\text{N}\cdot\text{mm}^2$$

$$= 1.497 \times 10^{13}\text{N}\cdot\text{mm}^2$$

其中，

$$\rho = A_s/bh_0 = 308/(250 \times 465) = 0.00265$$

$$\alpha_E = E_s/E_c = (2.0 \times 10^5)/(2.8 \times 10^4) = 7.14$$

$$\gamma_f' = \frac{(b_f' - b)\ h_f'}{bh_0} = \frac{(1500 - 250) \times 110}{250 \times 465} = 1.183$$

长期刚度：

$$B = \frac{M_k}{M_q(\theta - 1) + M_k}B_s$$

$$= \frac{19.81}{14.95 \times (2-1) + 19.81} \times 1.479 \times 10^{13}\text{N}\cdot\text{mm}^2 = 0.84 \times 10^{13}\text{N}\cdot\text{mm}^2$$

其中，

$$M_{1q} = (10.08 + 0.5 \times 9.73)\text{kN}\cdot\text{m} = 14.95\text{kN}\cdot\text{m}$$

挠度

$$f = \frac{5M_k l^2}{384B} = \frac{5 \times 19.81 \times 10^6 \times 4500^2}{384 \times 0.84 \times 10^{13}}\text{mm}$$

$$= 0.622\text{mm} < \frac{l}{200} = \frac{4500}{200}\text{mm} = 22.5\text{mm}\ （满足要求）$$

8. 绘制支承梁施工图

支座截面第一批钢筋切断点离支座边 $l_n/5 + 20d$ ，长跨方向支承梁取 1100mm，短跨方向支承梁 1000mm。支座截面配置的 2ϕ12 通常兼作架立筋，伸入支座的长度 $l_a = (0.14 \times 300/1.27)d = 33d = 396\text{mm}$ ，取400mm；下部纵向受力钢筋在中间支座的锚固长度 $l_{as} \geqslant 12d = 168\text{mm}$ ，取200mm。因腹板高

度 $h_w = h_0 - h'_f = 420\text{mm} < 450\text{mm}$，可不配纵向构造钢筋。

短跨方向支承梁（L-2）配筋图如图 3-15 所示，长跨方向支承梁（L-1）的配筋图如图 3-16 所示。

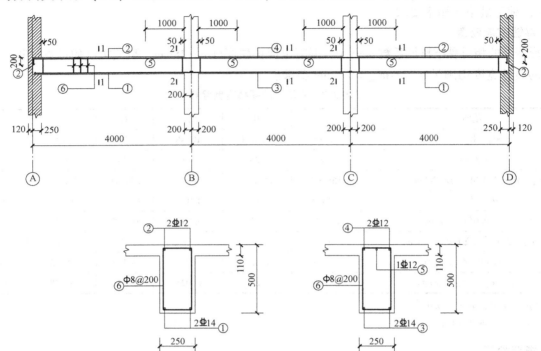

图 3-15 短跨方向支承梁（L-2）配筋图

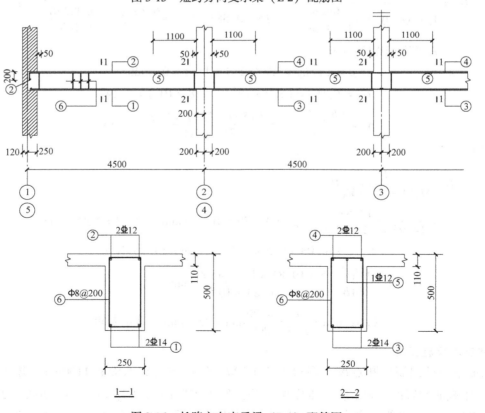

图 3-16 长跨方向支承梁（L-1）配筋图

思 考 题

[3-1] 试说明采用弹性方法计算图 3-17 所示连续双向板内力的步骤。

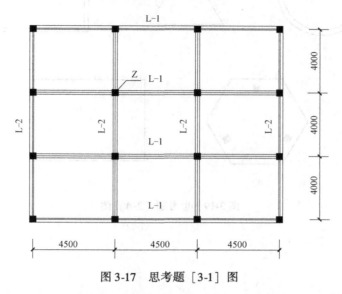

图 3-17　思考题 [3-1] 图

[3-2] 双向板在角区的角部，为什么要配置板角附加钢筋？它需要设置在什么部位？如不配这种钢筋，将会产生什么后果？

[3-3] 图 3-18 所示既有单向板，又有双向板的楼盖，应如何进行内力和配筋计算？（只需要做定性分析）

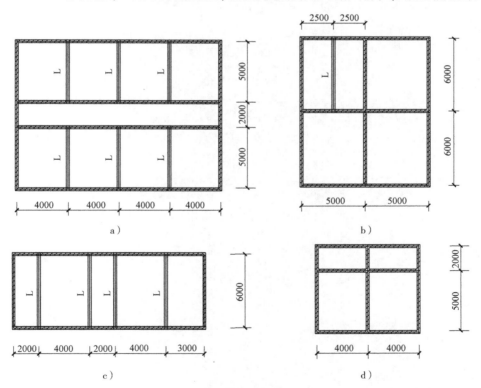

图 3-18　思考题 [3-3] 图

[3-4] 何谓塑性铰线？塑性铰线形成有什么规律？试绘出下列支承板的塑性铰线位置（图 3-19）。

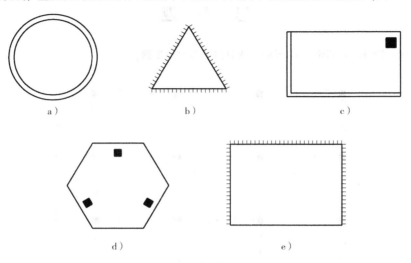

图 3-19　思考题 [3-4] 图

第4章 单层厂房排架结构设计

【知识与技能点】

1. 熟悉结构布置的原则、排架柱截面选择方法。
2. 掌握排架结构计算单元和计算简图的取用方法。
3. 掌握排架结构荷载、内力计算和组合方法。
4. 掌握排架柱控制截面的选择，控制截面内力组合方法。
5. 掌握排架柱、牛腿的截面计算及构造要求。
6. 掌握柱下独立基础设计与构造要求。
7. 掌握排架结构施工图的绘制方法。

4.1 设计解析

4.1.1 结构选型

1. 屋面板

屋面板（包括檐口板、开洞板）分为卷材防水的屋面板与非卷材防水的屋面板。用于卷材防水的 $1.5m \times 6.0m$ 预应力屋面板（代号 YWB）及檐口板（代号 YWBT），可按全国通用标准图集 04G410-1 选用。

屋面板选型及布置首先要考虑荷载级别、所在位置是否在厂房端头或温度缝处，同一个屋面在不同位置处也可能需要不同荷载级别的屋面板，例如：天沟附近可能积灰，荷载就大；屋面高差处可能局部大量积雪，荷载也大。其次，还要从使用上考虑，如有无悬挂吊点或通风排气开洞等。

一般屋面板　　　　　　　　　　　　　　Y—WB —— * *

厂房端部或伸缩缝处屋面板　　　　　　　Y—WB —— * * S

屋架长度为 30M 模数（3m 的倍数），是两块屋面板宽度的倍数，但由于天沟板宽度（宽度为 580mm、620mm、680mm、770mm 和 860mm）小于 1.5m，所以设置了天沟板（TGB）之后，内天沟屋面要配"嵌板"（KWB），在横向布置上一定要对照通用图集中屋架上弦预埋件布置图。

2. 天沟板

天沟板也分为卷材防水的天沟板与非卷材防水的天沟板，用于卷材防水的钢筋混凝土天沟板（代号 TGB）可按全国通用标准图集 04G410-2 选用。

天沟板一定要四点焊接固定于屋架上。

天沟板的截面是不对称的（两个肋一侧高，另一侧低），排水孔也不居中，距肋 290mm，当布置在厂房端头及温度缝柱间的时候，由于预埋件位置关系，与挑檐屋面板一样，也要用 a 或 b，不开洞的都不加。

一般天沟板　　　　　　　　　　　　　　TGB　＊＊

　　　　　　　　　　　　　　　　　　　｜　　｜天沟板宽度（cm）（58、62、68、77、86）

　　　　　　　　　　　　　　　钢筋混凝土天沟板

开洞天沟板

　　　　　　　　　　　TGB　＊＊ a （用于板的一端开洞）

　　　　　　　　　　　TGB　＊＊ b （用于板的另一端开洞）

厂房端部或伸缩缝处天沟板

　　　　　　　　　　　TGB　＊＊ Sa （用于板的一端有端壁）

　　　　　　　　　　　TGB　＊＊ Sb （用于板的另一端有端壁）

出山墙天沟板

　　　　　　　　　　　TGB　＊＊ Da （用于板的一端开洞及有端壁）

　　　　　　　　　　　TGB　＊＊ Db （用于板的另一端开洞及有端壁）

3. 屋架

（1）屋架的形状　图4-1a所示折线形屋架（跨度18m），在全跨均布荷载和半跨均布荷载作用下的各杆轴力系数见表4-1。

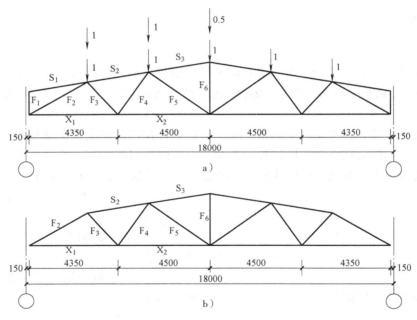

图4-1　屋架外形与杆轴力

a）折线形屋架　b）拱形屋架

图4-1b所示拱形屋架（跨度18m），在全跨均布荷载作用下，各节点弦杆（上弦或下弦）轴力接近相等，腹杆轴力接近零；半跨均布荷载作用下，腹杆轴力可能要改变符号。

表4-1　18m跨度折线形屋架杆轴力系数

荷载情况	N_{S1}	N_{S2}	N_{S3}	N_{X1}	N_{X2}	N_{F1}	N_{F2}	N_{F3}	N_{F4}	N_{F5}	N_{F6}
全跨	0	−4.11	−4.71	3.57	4.46	0	−4.38	0.87	−0.80	0.23	−0.37
半跨	0	−1.76	−2.36	2.52	2.80	0	−3.08	0.28	−0.26	−0.60	−0.17

由表4-1可见，$N_{S1}=0$，$N_{F1}=0$；$N_{F2}\approx N_{S2}\approx N_{S3}$；$N_{X1}\approx N_{X2}$；$N_{F3}\sim N_{F6}\approx 0$。与拱形桁架一致，其中$S_1$杆及$F_1$杆只是出于构造需要，如果由$F_2$—$S_2$—$S_3$构成上弦，由$X_1$—$X_2$构成下弦，其外轮廓尺寸近

似拱形桁架,杆件受力合理。

(2)折线形屋架的形状和尺寸 屋架跨度 L 为 18m、21m、24m、27m 及 30m,尽量少用 21m 及 27m,18m 以下采用梁,30m 屋架重约 140kN,宜改用钢屋架。

18m 和 21m 屋架配 6m 天窗,24~30m 屋架配 9m 天窗。

屋架上弦在中央 6~9m 范围内坡度 $i=1/10$,其余两侧坡度 $i=1/5$,如图 4-2 所示。

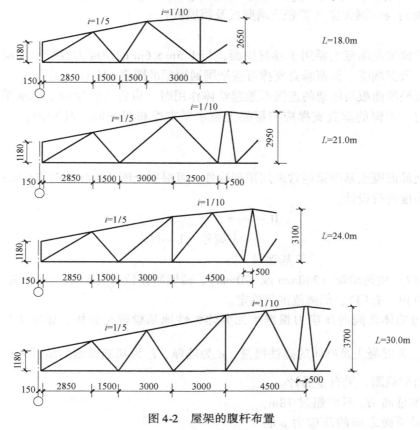

图 4-2 屋架的腹杆布置

屋架端高中至中一律为 1180mm,端高外至外一律为 1650mm,从而统一了不同跨度屋架的端部垂直支撑。

屋架端竖杆中线距离厂房轴线一律取 150mm,因此屋架的计算跨度 = 名义跨度 − 300mm,如图 4-1 所示。

屋架上弦、下弦、F_1 及 F_2 腹杆的截面宽度一律为 240mm;因为腹杆 F_3 ~ F_6 的轴力都很小,通用图集采用了 120mm × 120mm 截面,做成预制构件,两端露出纵筋,平卧状态下浇灌弦杆混凝土之前,腹杆两端插入节点固接,从而简化桁架模板制作。

为了使腹杆与弦杆的交角在 40°~60° 之间,桁架腹杆布置如图 4-2 所示。这样布置的下弦节间为 4350~5000mm,可以和下弦横向水平支撑相配合。

(3)屋架选型 屋架应根据屋面荷载的大小、有无天窗及天窗类别、檐口的类型等进行选用和布置,详见现行我国通用标准图集《预应力混凝土折线形屋架(预应力钢筋为钢绞线跨度 18~30m)》 04G415—1。

```
          ┃折线形        ┃承载能力等级(1、2、3)
  YWJ   A ── ** ── *** ── 天窗类别代号(a、b、c、d、e)
          ┃            ┃        ┃檐口形状代号(A、B、C、D、E)
 预应力混凝土屋架   跨度(18、21、24、27、30 等)
```

其中，承载能力等级（1、2、3）与屋面荷载、有无悬挂起重机等有关。

檐口形状代号（A、B、C、D、E），A—单跨或多跨的内跨时，两端内天沟；B—单跨时，两端外天沟；C—单跨时，两端外天沟；D—多跨时边跨，一端外天沟，一端内天沟；E—多跨时边跨，一端自由落水，一端内天沟。

天窗类别代号（a、b、c、d、e），a—无天窗；b—钢天窗架；c—钢天窗（带轻质端壁板）；d—钢天窗（带挡风板）；e—钢天窗（带轻质端壁板及挡风板）。

4. 天窗系统

钢筋混凝土天窗架及端壁主要用于卷材屋面，与 1.5m×6m 的预应力混凝土屋面板配合使用。钢筋混凝土天窗架、天窗端壁、天窗垂直支撑可按全国通用标准图集 04G316 选用。

当无檩体系大型屋面板与屋架的连接不能起整体作用时，应将天窗架的上弦水平支撑布置在天窗端壁的第一柱距内。天窗的垂直支撑应与屋架上弦水平支撑布置在同一柱距内，一般在天窗的两侧设置。

5. 基础梁

单层厂房中钢筋混凝土基础梁通常采用预制构件，可根据全国通用标准图集 04G320 选用，或按墙体荷载和基础梁跨度进行设计。

$$JL \text{——} *$$
$$| \quad | \text{编号（1～47）}$$
$$\text{基础梁}$$

其中，编号（1～47）由砖墙厚（240mm 或 370mm）、砖墙所在位置（凸出于柱外墙、两柱之间）、墙厚类型（整体、有窗、有门）、墙高范围等确定。

基础梁顶面与墙体之间的压应力根据半无穷体弹性地基梁理论分析，如图 4-3 所示。图中 $h_z = 2\sqrt[3]{\dfrac{E_c I_j}{E_m d}}$，$E_c$ 及 E_m 为混凝土及砌体的弹性模量，d 为墙厚，I_j 为基础梁截面惯性矩。该压力图作为计算基础梁内力时的荷载图，梁自重另计。

基础梁上墙体总高 H_0 不得超过 18m，超过之后砌体与梁顶面之间的压应力 p 将超过砌体的承载力。基础梁需要有充分的截面高度，截面高度小，则 h_z 小，p 值增大。

基础梁的支座反力是很大的，一砖墙的最大 p 值可达 500kN 以上，所以基础梁的支座支承长度 $a \geq 500$mm，如果梁下需要设置混凝土垫块时，垫块也有尺寸要求，

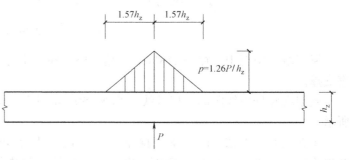

图 4-3　基础梁面上砌体压应力分布

设计基础时应注意到这个要求，一般来说，取基础杯口壁厚 $t \geq 250$mm 后，这个要求基本能满足。

基础梁顶面距室内地坪不得小于 50mm，不要轻易变动规定。通行汽车的大门下面不得设置基础梁。

基础梁的长度有 6m 及 4.5m 两种，常用 6m 基础梁，4.5m 的基础梁一般仅用在长度为 21m 跨或 27m 跨厂房的山墙下面基础梁。

6. 起重机梁系统

起重机梁系统包括起重机梁、轨道联结、行道板及爬梯等。

（1）起重机梁　起重机梁有普通钢筋混凝土起重机梁和预应力混凝土起重机梁，当起重量较大（$Q \geq 200$kN），跨度较大（$L \geq 6$m）时，宜优先采用预应力混凝土起重机梁。

当厂房柱距为 6m，屋架跨度 $L \leqslant 30m$，采用 2 台和 2 台以上的电动起重机或单梁起重机时，钢筋混凝土起重机梁可按全国通用标准图集 04G323-2 选用。

中间跨   DL—— * Z

| 中间跨
| 承载能力等级（1~12）
钢筋混凝土起重机梁

边跨   DL—— * B

| 边跨
| 承载能力等级（1~12）
钢筋混凝土起重机梁

伸缩缝跨   DL—— * S

| 伸缩缝跨
| 承载能力等级（1~12）
钢筋混凝土起重机梁

（2）轨道联结　起重机轨道联结可按全国通用标准图集 04G325 选用。

DGL—— *

| 顺序（1~26）
起重机轨道联结

其中，顺序（1~26）与起重机工作制（重级、中级、轻级）、起重机起重量（Q）、起重机跨度等有关。

4.1.2　结构布置

结构布置是单层厂房结构设计中最关键的环节，它的合理与否直接影响到单层厂房结构设计的安全可靠和经济合理。

1. 平面布置

（1）柱网　单层厂房结构的柱网尺寸应符合我国现行国家标准《厂房建筑模数协调标准》GB 50006 的规定，当厂房跨度 ≤18m 时，应采用 30M 模数（3m 的倍数），厂房跨度 >18m 时，应采用 60M 模数（6m 的倍数），M 表示 100mm 基本单位。

厂房的柱距一般采用 6m；厂房山墙处抗风柱的柱距宜采用 1.5m 的倍数。

（2）定位轴线　厂房的定位轴线有横向和纵向之分，与柱网尺寸、主要承重构件密切相关，同时应考虑厂房山墙和变形缝处的构造要求。

纵向定位轴线一般用编号Ⓐ、Ⓑ、Ⓒ……表示。对于无起重机或起重机起重量 ≤300kN 的厂房，采用封闭结合，即边柱外边缘、纵墙内缘、纵向定位轴线三者重合（图4-4）。纵向定位轴线之间的距离（L）与起重机轨距（L_k）之间的关系：

$$L = L_k + e = L_k + (B_1 + B_2 + B_3) \tag{4-1}$$

式中　e——起重机轨道中心线至纵向定位轴线间的距离，对边柱，当按计算 $e \leqslant 750mm$，取 $e = 750mm$，对中柱，当为多跨等高厂房时，按计算 $e \leqslant 750mm$，取 $e = 750mm$，纵向定位轴线与上柱中心线重合；

B_1——起重机轨道中心线至起重机桥架外边缘的距离；

B_2——起重机桥架外缘至上柱内边缘的净空宽度，$B_2 \geqslant 80mm$（起重机起重量 ≤500kN）、$B_2 \geqslant 100mm$（起重机起重量 >500kN）；

B_3——边柱的上柱截面高度或中柱边缘至其纵向定位轴线的距离。

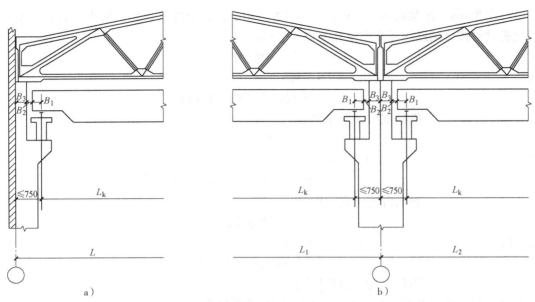

图 4-4　纵向定位轴线

a）边柱　b）中柱

中柱纵向定位轴线一般与柱中心线重合。

横向定位轴线用编号①、②、③……表示，一般通过柱截面的几何中心。在厂房伸缩缝处由于双屋架的原因，以及厂房山墙处为避免屋架与抗风柱的冲突，将其近处的第一排柱中心线内移 600mm。

单层厂房构件的平面布置除柱网外，还包括起重机梁、围护墙、屋架、屋面板、天沟板、基础和基础梁布置等。布置时应注意：

1）边列柱、抗风柱、墙体与定位轴线的关系。

2）起重机梁搁置在牛腿上，两端第一柱间的起重机梁与其他柱间的起重机梁有所不同。

3）屋架与边列柱的中心线重合，并应注意两端第一节间的屋面板、天沟板与周围构件的关系，以及其他柱间的相应板与周围构件的关系有所不同。

4）边列柱下柱的截面几何中心线和基础的平面中心线相重合，并应注意基础梁和基础柱的关系，尤其四角部基础梁与角部基础、角柱的关系（图 4-5）。

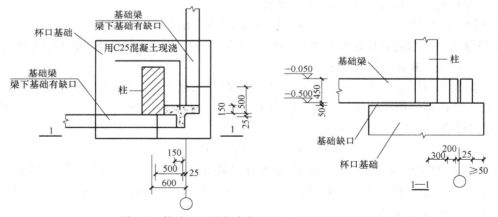

图 4-5　外墙基础梁与角部基础、角柱的关系示意

2. 剖面布置

厂房剖面布置主要由其工艺要求确定的，可根据起重机吨位、型号及轨顶标高来确定厂房的柱顶标高及上、下柱的长度。

柱顶标高 = 轨顶标高 + 起重机轨顶至小车顶面的净空尺寸 + 屋架下弦与起重小车之间考虑结构挠度及沉降影响的安全间隙（一般取 100 ~ 300mm）

厂房跨度 = 起重机跨度 L_k + 两倍的起重机轨道中心线至纵向定位轴线间的距离 e（一般取 2 × 750mm）

柱全高 H = 柱顶标高 + 基础顶至 ± 0.000 高度（一般取 500mm）

上柱高度 H_u = 柱顶标高 - 牛腿顶面标高 - 轨顶标高 + 起重机梁高度 + 轨道联结高度 ± 200mm

下柱高度 H_1 = 柱全高 H - 上柱高度 H_u

为使支承起重机梁的牛腿顶面标高能符合 300mm 的倍数，起重机轨顶的构造高度与标志高度之间允许有 ± 200mm 的差值。

3. 支撑布置

支撑体系是联系屋架、柱等主要构件使其构成整体的重要组成部分，对单层厂房抗震设计尤为重要。支撑体系包括屋盖支撑和柱间支撑两部分。

（1）屋盖支撑　屋盖支撑包括上、下弦横向水平支撑、纵向水平支撑、垂直支撑和纵向系杆等。

1）上弦横向水平支撑。为了固定支撑，屋架上弦杆在屋脊、天窗立柱处节点以及屋架端头节点等五处及屋架下弦的所有节点处设置预留孔。

每处预留孔都是成对设置，直径 22mm，以后穿 18mm 螺栓固定角钢连接件，如图 4-6 所示。在角钢连接件上面将搁置在水平面内与屋架弦杆相

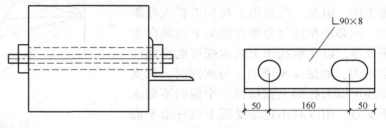

图 4-6　角钢联结件

垂直的杆件，如单杆支撑杆（图 4-7 中的 SC-2、SC-4、SC-7）、竖向垂直支撑的弦杆（图 4-7 中的 CC-1 ~ CC-4）及系杆（图 4-7 中的 GX-1、GX-2）等。

屋架上弦横向水平支撑用于有檩屋面方案，若能保证大型屋面板与屋架三点焊接时，一般可以不设；当有天窗时，在距厂房端头或温度缝的第二柱间内，在天窗下面要用上弦横向水平支撑补上，如图 4-7a 所示，因为距厂房端头或温度缝的第一柱间内，屋面板无法实现三点焊接，屋面在天窗下形成了缺口，所以一定要用支撑补上。

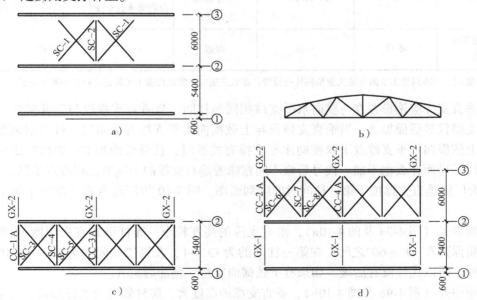

图 4-7　屋架的横向水平支撑

a）上弦的　b）屋架　c）下弦的，在第一柱间　d）下弦的，在第二柱间

2）下弦横向水平支撑。当厂房起重机吨位大，或其他振动设备对下弦产生水平力，或厂房高度较大风力由山墙柱传至下弦时，方需要设置下弦横向水平支撑。

下弦横向水平支撑可设在距厂房端头或温度缝的第一柱间内，如图4-7c所示，该柱间距为5400mm。当厂房温度缝区段长度大于66m时，需要在温度缝区段中央增加一道横向水平支撑。当厂房端头用山墙承重而省去一榀屋架时，下弦横向水平支撑应该设置在第二柱间内，如图4-7d所示，这时下弦横向水平支撑的柱距都是6m，可以用同一型号。

下弦横向水平支撑也是由单根支撑及交叉支撑杆组合而成的，做法和上弦的一样。但屋架间垂直支撑CC-1A～CC-4A的下弦杆，因为它也是与屋架下弦杆的角钢连接件直接相连的，当然也可以提供给下弦横向水平支撑共用。

3）纵向水平支撑。除非是起重机吨位特别大以及厂房特别高大，一般不设屋架纵向水平支撑，通用图集内也未给出它的施工图。但是，当采用了托架以扩大柱距时，则必须在托架旁侧设屋架下弦纵向水平支撑，以支承托架上弦承受可能出现的水平力，如图4-8所示。与此同时，该支撑还可以为托架上弦提供一个横向不动水平支点，用以减小托架受压上弦杆出平面失稳时的杆件长度。

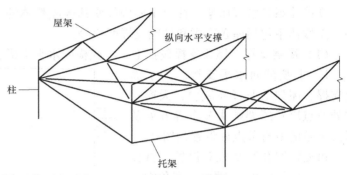

图4-8　屋架下弦纵向水平支撑

4）垂直支撑。屋架间垂直支撑一定要设置，是必不可少的。屋架的垂直支撑按下列要求设置：

①当屋架端部高度（外包尺寸）大于1.2m时，应在屋架两端各设置一道垂直支撑。

②屋架跨中的垂直支撑，可按表4-2的规定设置。

③天窗架的垂直支撑一般在两侧柱处设置，当天窗宽度大于12m时，还应在中央设置一道。

表4-2　屋架跨中的垂直支撑布置　　　　　　　　　　　　　　　（单位：m）

厂房跨度 L	L=12~18	18<L≤24	24<L≤30		30<L≤36	
			不设端部垂直支撑	设端部垂直支撑	不设端部垂直支撑	设端部垂直支撑
屋架跨中垂直支撑设置要求	不设	一道	两道	一道	三道	两道

注：布置两道时，宜在跨度1/3附近或天窗架侧柱处设置；布置三道时，宜在跨度1/4附近和跨度中间处设置。

屋架间垂直支撑应该设置在与横向水平支撑相同的柱间。当垂直支撑仅与下弦横向水平支撑有关系时，垂直支撑代号后面加A；当垂直支撑仅与上弦横向水平支撑有关系时，代号后面加B；当垂直支撑同时与上弦横向水平支撑及下弦横向水平支撑有关系时，代号后面加C；如果什么横向水平支撑也没有，则代号后面什么也不加。代号后缀不同意味着垂直支撑的个别节点板有点不同。

图4-9为厂房垂直支撑位于第一柱间时的纵剖面图。图4-10为厂房垂直支撑位于第二柱间时的纵剖面图。

在屋架端部处（图4-9a及图4-10a），垂直支撑的高度较小，腹杆形式宜采用倒W形，使得腹杆与弦杆的交角保持在40°～60°之间，在第一柱间的为CC—1，在第二柱间的为CC—2，因为没有下弦横向水平支撑，所以代号没有后缀，如果有下弦横向支撑，则加后缀A。

在屋架跨中处（图4-9b及图4-10b），垂直支撑的高度大，腹杆做成交叉杆形式，在第一柱间的为CC—3，在第二柱间的为CC—4，无后缀，如果有横向水平支撑与之发生关系，则加后缀A、B或C。

5）系杆。在屋架间垂直系统中，除了CC之外，尚应该把系杆GX（钢系杆）包括进去，它们虽

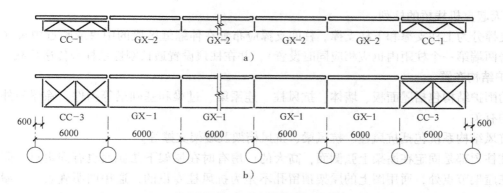

图 4-9　屋架间垂直支撑（方案 1）
a）屋架端头处　b）屋架跨中处（无天窗）

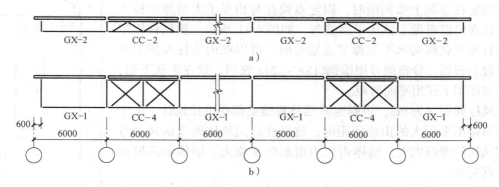

图 4-10　屋架间垂直支撑（方案 2）
a）屋架端头处　b）屋架跨中处（无天窗）

然只是单杆，但极为重要。

系杆可按下列规定设置：

①在屋架上弦平面内，大型屋面板的肋可以起到刚性系杆的作用。

②在屋架下弦平面内，一般应在跨中或跨中附近设置柔性系杆，此外，还要在两端设置刚性系杆。

③当设置屋架跨中部的垂直支撑时，一般沿每一垂直平面内设置通常的上下弦系杆，屋脊和上弦结点处需设置上弦受压系杆，下弦节点处可设置下弦受拉系杆；当设置屋架端部垂直支撑时，一般在该支撑沿垂直面内设置通长的刚性系杆。

④当设置下弦横向水平支撑或纵向水平支撑时，均应设置相应的下弦受压系杆，以形成水平桁架。

⑤天窗侧柱处应设置柔性系杆。

⑥当屋架横向水平支撑设置在端部第二柱间时，第一柱间所有系杆均应该是刚性系杆。

屋架端处纵剖面上的系杆可以保证柱列的各柱顶沿纵向协同工作，还可以将山墙风力传到位于柱列中间的柱间支撑上去；跨中纵剖面上的下弦系杆可以防止屋架下弦纵向水平振动；跨中纵剖面上在天窗下的系杆可以为屋脊提供一个出平面的纵向水平不动支点，减小屋架上弦受压时出平面失稳的计算长度。

（2）柱间支撑　当单层厂房属下列情况之一时，应设置柱间支撑，将各种纵向水平力有效地传递给基础。

1）设有重级工作制起重机，或中、轻工作制起重机起重量在 100kN 及 100kN 以上。

2）厂房跨度在 18m 及 18m 以上，或柱高大于 8m。

3）纵向柱的总数每排在 7 根以下。

4）设有 30kN 及 30kN 以上的悬挂起重机。

5）露天起重机栈桥的柱列。

柱间支撑分为上柱支撑和下柱支撑。柱间支撑应布置在伸缩缝区段的中央或临近中央（上部柱间支撑在厂房两端第一个柱距内也应相应同时设置），并在柱顶设置通长刚性系杆来传递荷载。

4. 围护结构布置

厂房的围护结构包括屋面板、墙体、抗风柱、连系梁、过梁和基础梁等构件，除屋架外都与厂房的墙体结构有关。

山墙抗风结构系统包括抗风柱、抗风梁、抗风桁架及墙架支撑等。

抗风柱柱顶都是固定在屋架上弦侧面，高大的厂房有时在屋架下弦侧面也有固定点。固定点多数情况下不在屋架节点处，通用图上的屋架预留孔不是为抗风柱专设的，通用图明确表示，屋架上弦连结山墙柱的预留孔，未在图中表示，需要时选用单位自定。因此，在施工图中，设计人员一定要交代清楚。

抗风柱固定在屋架上弦侧面时，固定点设在与相当于大型屋面板大肋的地方，这样可以避免上弦出平面受弯，如图 4-11 所示；抗风柱固定在屋架下弦且与下弦横向水平支撑节点错位时，可以在山墙柱与屋架下弦连接处设置分布梁。分布梁可用槽钢⊏18a ~ ⊏24a 充当，设在下弦下面，这样可以卸去屋架下弦出平面弯矩。

山墙抗风柱间距宜为 6m，否则连系梁及基础梁都要单独设计。由于工艺要求而不得不采用大的山墙间距时，抗风柱之间墙体所受的风力弯矩较大，抗风柱的弯矩也大，墙体由风力引起的变位大，墙体的高厚比验算也要认真对待。

跨度大且高的厂房，为了保证山墙出平面的刚度，同时也是为了减轻抗风柱的受弯负担，可在适当标高处设置山墙的水平抗风梁或水平抗风桁架，如图 4-12a 所示，它们一般设置在起重机梁标高处，抗风梁竖向虽是支在抗风柱上，如图 4-12b 所示，但抗风梁却是抗风柱的中间水平支座，抗风梁自身的水平支座为起重机梁，如图 4-12a 所示。这样，山墙墙面的风荷载先传给抗风柱，再传给抗风梁，抗风梁总的水平支反力则是通过起重机梁作用到位于柱列中央的柱间支撑上去。抗风梁可兼作起重机修理平台。

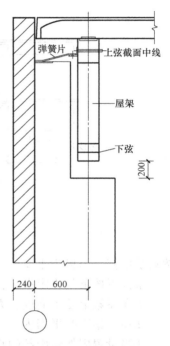

图 4-11 抗风柱与屋架连接示意

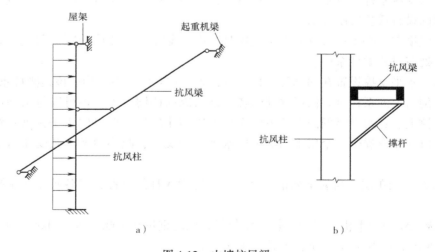

图 4-12 山墙抗风梁

a）计算简图 b）抗风梁的固定

当采用砖墙作为厂房围护墙时，一般设置圈梁、连系梁及基础梁。

连系梁要在柱上有牛腿作专门的支座。它主要用于：

1）为下面预留出一个没有墙的空间。

2）当墙高 >18m 后，超高部分要用连系梁托住传给柱，不让其传给基础梁。

圈梁是夹在墙中的梁体，它下面有窗间墙，圈梁与柱之间只有在水平方向有4Φ16的拉结筋，其上的墙体荷载依然传给基础。

基础梁及连系梁对墙体开门窗洞有专门的限制规定，在设计建筑立面时应注意这些规定。连系梁或圈梁都可以兼作门窗过梁，它们既承受竖向荷载，又承受水平荷载。连系梁的支座牛腿、圈梁的4Φ16拉结筋，在柱的施工图上要有所反映。

4.1.3　排架结构的计算简图

单层厂房是一个复杂的空间结构，实际工程中，将复杂的空间结构简化为平面结构来分析，而不考虑相邻排架间的影响。计算时可取排架柱两侧各1/2柱间距作为该排架结构的计算单元（图4-13a）。

确定排架结构计算简图时，为简化计算，假定排架柱上端与屋架铰接、下端与基础顶面固接；屋架没有轴向变形，即屋架两端处柱的水平位移相等；忽略排架和排架柱之间的相互联系，即不考虑排架的空间作用。排架结构的计算简图如图 4-13b 所示。

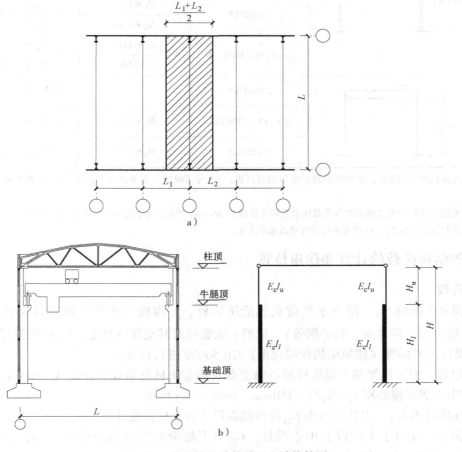

图 4-13　排架结构计算单元和计算简图
a）计算单元　b）计算简图

4.1.4　柱的截面形式和尺寸

柱的截面形式和尺寸取决于柱高和起重机额定起重量，可根据表4-3初步选定柱的截面尺寸。注意表4-3是对下柱截面的限制，对于上柱截面主要满足屋架的支承要求，一般不小于400mm×400mm即可。

表4-3　6m柱间单层厂房矩形、工字形截面柱截面尺寸限制

项目	简图	分项		截面高度 h/mm	截面宽度 b/mm
无起重机厂房		单跨		$\geqslant H/18$	$\geqslant H/30$ 且$\geqslant 300$mm
		多跨		$\geqslant H/20$	
有起重机厂房		$Q \leqslant 100$kN		$\geqslant H_k/14$	$\geqslant H_l/20$ 且$\geqslant 400$mm
		$Q = (150 \sim 200)$kN	$H_k \leqslant 10$m	$\geqslant H_k/11$	
			10m$< H_k \leqslant 12$m	$\geqslant H_k/12$	
		$Q = 300$kN	$H_k \leqslant 10$m	$\geqslant H_k/9$	
			$H_k > 12$m	$\geqslant H_k/10$	
		$Q = 500$kN	$H_k \leqslant 11$m	$\geqslant H_k/9$	
			$H_k \geqslant 13$m	$\geqslant H_k/11$	
		$Q = (750 \sim 1000)$kN	$H_k \leqslant 12$m	$\geqslant H_k/9$	
			$H_k \geqslant 14$m	$\geqslant H_k/8$	
露天栈桥		$Q \leqslant 100$kN		$\geqslant H_k/10$	$\geqslant H_l/25$ 且$\geqslant 500$mm
		$Q = (150 \sim 300)$kN	$H_k \leqslant 12$m	$\geqslant H_k/9$	
		$Q = 500$kN	$H_k \leqslant 12$m	$\geqslant H_k/8$	

注：1. Q 为起重机额定起重量；H 为基础顶至柱顶的总高度；H_k 为基础顶至起重机梁顶的高度；H_l 为基础顶至起重机梁底的高度。

2. 表中有起重机厂房的柱截面高度系数按起重机工作级别 A6～A8 考虑，如起重机工作制级别为 A1～A5，应乘以系数0.95。

3. 当厂房柱距为12m时，柱的截面尺寸宜乘以系数1.1。

4.1.5　排架结构荷载的计算和作用位置

1. 永久荷载

（1）屋面永久荷载 G_{1k}　屋面永久荷载包括屋面板、天沟板（或檐口板）以及其上的各构造层（如保温层、隔汽层、防水层、找平层等）、屋架、天窗架及其支撑等自重。G_{1k} 可根据屋面构造、构件标准图集及现行国家标准《建筑结构荷载规范》GB 50009 进行计算。

G_{1k} 作用位置：通过屋架端部竖腹杆形心线交点（通常离柱外边缘的距离为150mm）作用于柱顶，即 G_{1k} 对上柱中心线的偏心距 $e_1 = h_u/2 - 150$mm，如图4-14a所示。

（2）上柱段自重 G_{2k}　上柱段自重 G_{2k} 按柱截面尺寸和上柱高度计算。

G_{2k} 作用位置：作用于上柱段的中心线处。G_{2k} 对下柱中心线的偏心距 $e_2 = (h_1 - h_u)/2$（边柱）、$e_2 = 0$（中柱），如图4-14a所示。

（3）起重机梁及轨道等自重 G_{3k}　起重机梁及轨道等自重 G_{3k} 可按起重机梁及轨道构造的标准图集取用。

G_{3k} 作用位置：起重机梁中心线作用于牛腿顶面标高处。G_{3k} 对下柱段中心线的偏心距 $e_3 = 750$mm －

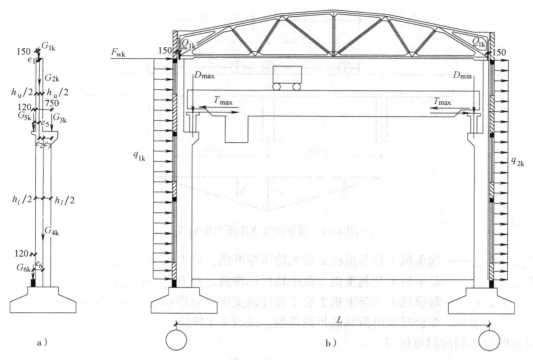

图 4-14　实际结构荷载分布图

a) 永久荷载　b) 可变荷载

$h_1/2$（边柱）、$e_3 = 750mm$（中柱），如图 4-14a 所示。

（4）下柱段自重 G_{4k}　下柱段自重 G_{4k} 按下柱截面尺寸和下柱高度计算，对工字形截面柱，考虑到沿柱高方向部分为矩形截面（如：柱的下端及牛腿部分），可近似考虑 1.2 的增大系数。

G_{4k} 作用位置：沿下柱段中心线作用于基础顶面标高处，如图 4-14a 所示。

（5）连系梁及其上墙体自重 G_{5k}　连系梁自重 G_{5k} 可根据标准图集确定，墙体自重按墙体构造、尺寸等进行计算。

G_{5k} 作用位置：沿墙体中心线作用于支承连系梁的牛腿顶面标高处，对上段柱中心线的偏心距 $e_5 = h_u/2 + 120mm$，如图 4-14a 所示。

（6）基础梁及其上墙体自重 G_{6k}　基础梁自重 G_{6k} 可根据标准图集确定，墙体自重按墙体构造、尺寸等进行计算。

G_{6k} 作用位置：沿墙体中心线作用于支承基础梁的基础顶面标高处，对下段柱中心线的偏心距 $e_6 = h_1/2 + 120mm$，如图 4-14a 所示。

2. 可变荷载

（1）屋面可变荷载 Q_{1k}　屋面可变荷载包括屋面均布可变荷载、雪荷载和积灰荷载。现行国家规范《建筑结构荷载规范》GB 50009 规定，积灰荷载应与雪荷载或不上人屋面均布活荷载两者中的较大值同时考虑，即屋面可变荷载 =（屋面均布可变荷载、雪荷载）$_{max}$ + 积灰荷载。

Q_{1k} 作用位置：与 G_{1k} 相同。

（2）起重机竖向荷载 $D_{max,k}$、$D_{min,k}$　起重机竖向荷载 $D_{max,k}$、$D_{min,k}$ 根据起重机每个轮子的最大轮压 P_{max} 和最小轮压 P_{min}、起重机宽度 B 和轮距 K，利用支座反力的影响线计算（图 4-15）。

当设有两台不同起重机时

$$D_{max,k} = \beta \left[P_{1max}(y_1 + y_2) + P_{2max}(y_3 + y_4) \right] \tag{4-2}$$

$$D_{min,k} = \beta \left[P_{1min}(y_1 + y_2) + P_{2min}(y_3 + y_4) \right] \tag{4-3}$$

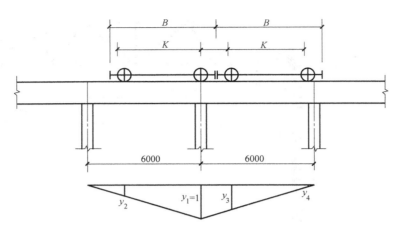

图 4-15 起重机梁支座反力影响线

式中　P_{1max}、P_{2max}——起重机 1 和起重机 2 最大轮压标准值，且 $P_{1max} > P_{2max}$；

　　　　P_{1min}、P_{2min}——起重机 1 和起重机 2 最小轮压标准值，且 $P_{1min} > P_{2min}$；

　y_1、y_2、y_3、y_4——起重机 1 和起重机 2 轮子相应的支座反力影响线上的竖向坐标；

　　　　　　β——多台起重机荷载的折减系数，按表 4-4 确定。

当设有两台相同的起重机时

$$D_{max,k} = \beta P_{max} \sum y_i \tag{4-4}$$

$$D_{min,k} = \frac{P_{min}}{P_{max}} D_{max,k} \tag{4-5}$$

式中　$\sum y_i$——各轮子下影响线竖向坐标之和，即 $\sum y_i = y_1 + y_2 + y_3 + y_4$。

$D_{max,k}$、$D_{min,k}$ 作用位置：与 G_{3k} 相同。

应注意：计算排架考虑多台起重机竖向荷载时，对单层起重机的单跨厂房的每个排架，参与组合的起重机台数不宜多于 2 台；对单层起重机的多跨厂房的每个排架，不宜多于 4 台；对双层起重机的单跨厂房宜按上层和下层起重机分别不多于 2 台进行组合；对双层起重机的多跨厂房宜按上层和下层起重机分别不多于 4 台进行组合，且当下层起重机满载时，上层起重机应按空载计算；上层起重机满载时，下层起重机不应计入。

（3）起重机水平荷载

1）起重机横向水平荷载 $T_{max,k}$。起重机横向水平荷载由桥式起重机的小车制动时引起，当两台起重机不同时，其小车横向刹车的水平制动力：

$$T_{max,k} = \beta [T_1(y_1 + y_2) + T_2(y_3 + y_4)] \tag{4-6}$$

当两台起重机相同时

$$T_{max,k} = \frac{T}{P_{max}} D_{max,k} \tag{4-7}$$

式中　T——每个轮子水平制动力标准值，$T = \alpha(Q + G)/4$，Q 为起重机额定起重量，G 为小车自重标准值；

　　　α——小车制动系数，硬钩起重机 $\alpha = 0.2$；软钩起重机 $\alpha = 0.12(Q \leqslant 100kN)$，$\alpha = 0.10(150kN < Q < 500kN)$ 以及 $\alpha = 0.08(Q \geqslant 750kN)$。

$T_{max,k}$ 作用位置：起重机轨道顶面标高处，也可近似作用于起重机梁顶面标高处。

2）起重机纵向水平荷载 T_k。起重机纵向水平荷载由大车的运行机构在刹车时引起的纵向水平制动力。起重机纵向水平荷载标准值 T_k：

$$T_k = mn\alpha' P_{max} \tag{4-8}$$

式中 m——起重量相同的起重机台数；

  n——起重机每侧制动轮数，一般对四轮起重机 $n=1$；

  α'——刹车轮与轨道间的滑动摩擦系数，取 $\alpha'=0.1$。

T_k 作用位置：刹车轮与轨道的接触点，方向与轨道一致。

应注意：当纵向柱列少于 7 根时，应计算纵向水平制动力。计算起重机纵向制动力时，对单跨或多跨厂房每个排架，参与组合的起重机台数不应多于 2 台。

多台起重机的荷载折减系数 β 的取值：

计算排架时，多台起重机的竖向荷载和水平荷载的标准值应乘以表 4-4 中规定的折减系数 β。

表 4-4 多台起重机的荷载折减系数 β

参与组合的起重机台数	起重机工作级别			
	轻级 A1~A3	中级 A4、A5	重级 A6、A7	超重级 A8
2	0.90		0.95	
3	0.85		0.90	
4	0.80		0.85	

（4）风荷载 q_{1k}、q_{2k}、F_{wk} 柱顶以上的风压力和风吸力以水平集中力（F_{wk}）的形式作用于柱顶，柱顶以下的风压力和风吸力以均布荷载的形式作用于迎风面柱（q_{1k}）和背风面的柱（q_{2k}）。

风荷载计算按现行国家标准《建筑结构荷载规范》GB 50009 计算。

排架计算时，作用于柱顶以下墙面上的风荷载按均布考虑，其风压高度影响系数可按柱顶标高取值，这样偏于安全。当基础顶面至室外地坪的距离不大时，为简化计算，风荷载可按柱全高计算，不再减去基础顶面至室外地坪那一小段多算的风荷载。若基础埋置较深时，则按实际情况计算。

柱顶至屋脊间屋盖部分（包括天窗）的风荷载仍取为均布，其对排架的作用则按作用于柱顶的水平集中风荷载 F_{wk} 考虑，如图 4-16 所示。这时的风压高度变化系数可按下列情况确定：有矩形天窗时，按天窗檐口取值；无矩形天窗时，按厂房檐口标高取值。

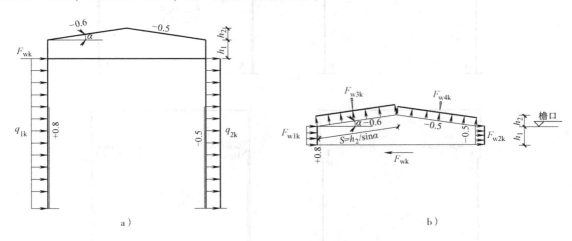

图 4-16 屋盖部分风荷载的计算

屋脊高度 = 柱顶高度 + 屋架屋脊处轴线高度 + 上、下弦杆截面增加高度 + 屋面板高度

柱顶至檐口高度 h_1 = 屋架端部轴线高度 + 上、下弦杆截面增加高度 + 天沟板高度

坡屋面高度 h_2 = 屋脊高度 - 柱顶高度 - 柱顶至檐口高度

风荷载对结构产生的影响应考虑左风和右风两种情况。

综上所述，作用于排架上的各种可变荷载的作用位置如图 4-14b 所示。

不考虑地震作用，单跨排架（跨内有两台桥式起重机）时，需要单独计算8种情况下的内力：

情况1：永久荷载（$G_{1k} \sim G_{5k}$）作用（图4-17a）。

情况2：屋面可变荷载（Q_{1k}）作用（图4-17b）。

情况3：起重机竖向荷载 $D_{max,k}$ 作用于 A 柱，$D_{min,k}$ 作用于 B 柱（图4-17c）。

情况4：起重机竖向荷载 $D_{max,k}$ 作用于 B 柱，$D_{min,k}$ 作用于 A 柱（图4-17c）。

情况5：起重机水平荷载 $T_{max,k}$ 从左向右作用于 A、B 柱上（图4-17d）。

情况6：起重机水平荷载 $T_{max,k}$ 从右向左作用于 A、B 柱上（图4-17d）。

情况7：风荷载（q_{1k}、q_{2k}、F_{wk}）从左向右作用（图4-17e）。

情况8：风荷载（q_{1k}、q_{2k}、F_{wk}）从右向左作用（图4-17e）。

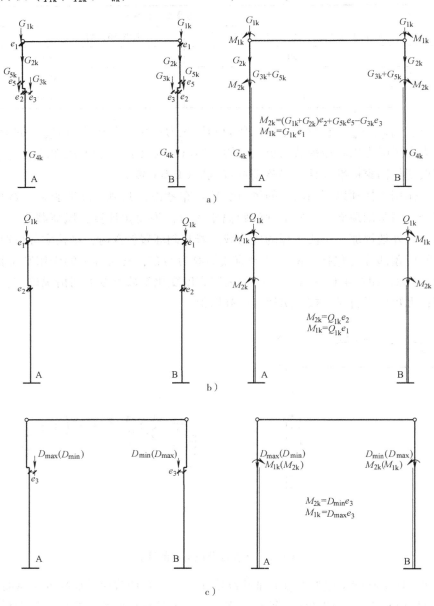

图 4-17　作用于排架上的各种荷载示意

a）情况1　b）情况2　c）情况3、4

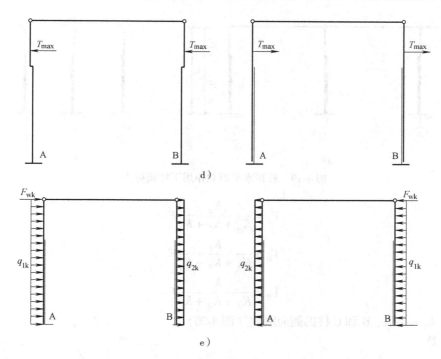

图 4-17　作用于排架上的各种荷载示意（续）

d）情况 5、6　e）情况 7、8

4.1.6　排架内力计算中应注意的问题

1. 排架的内力计算

水平荷载作用下可直接对排架进行内力分析，竖向荷载作用下应先计算出竖向荷载对排架柱的偏心弯矩，仅计算在偏心力矩作用下产生的排架内力，而竖向力只产生轴力，可不进行排架分析。

（1）水平荷载作用下排架内力计算　任意水平荷载（起重机水平荷载 $T_{\max,k}$、风荷载 q_{1k}、q_{2k}）作用下等高排架的内力分析分为三个步骤：

1）在排架柱顶附加不动铰支座以阻止柱顶水平位移，求出不动铰支座的水平反力 $R = R_A + R_B$（图 4-18b）和相应的内力。

2）去掉附加的不动铰支座，并在排架柱顶施加反向作用力 R（图 4-18c），采用剪力分配法计算排架的内力。

3）将上述两个状态求出的内力叠加，即得排架结构的内力。

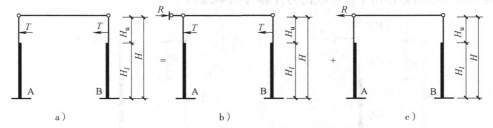

图 4-18　任意荷载作用下等高排架的计算

当柱顶作用水平集中力时，单跨或等高多跨排架的内力计算——采用剪力分配法。

单跨排架结构在柱顶水平力 F 作用下，每根柱的柱顶剪力可按单阶悬臂柱的侧向刚度的比例进行分配（图 4-19），即：

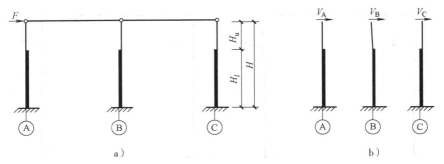

图 4-19 柱顶水平荷载作用下柱顶剪力

$$V_A = \frac{K_A}{K_A + K_B + K_C}F \qquad (4\text{-}9a)$$

$$V_B = \frac{K_B}{K_A + K_B + K_C}F \qquad (4\text{-}9b)$$

$$V_B = \frac{K_C}{K_A + K_B + K_C}F \qquad (4\text{-}9c)$$

式中　K_A、K_B、K_C——A、B 和 C 柱的侧向刚度（图 4-20），
　　　　按下式计算：

$$K = \frac{1}{\Delta u} \qquad (4\text{-}10)$$

式中　$\Delta u = \dfrac{H^3}{C_0 E_c I_l}$，$C_0 = \dfrac{3}{1 + \lambda^3\left(\dfrac{1}{n}-1\right)}$，$\lambda = \dfrac{H_u}{H}$，$n = \dfrac{I_u}{I_l}$；

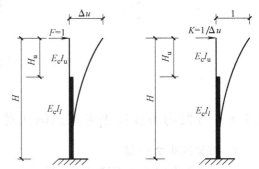

I_u——上柱截面惯性矩；

I_l——下柱截面惯性矩。

求出柱顶剪力后，即可按悬臂柱计算出柱的内力。

图 4-20　单阶悬臂柱的侧移刚度

（2）柱顶有不动铰支座单阶柱的内力计算

1）柱顶偏心力矩作用下单阶柱内力计算（图 4-21）。

$$R = \frac{M}{H}C_1 \qquad (4\text{-}11)$$

式中，$C_1 = 1.5 \times \dfrac{1 - \lambda^2\left(1 - \dfrac{1}{n}\right)}{1 + \lambda^3\left(\dfrac{1}{n}-1\right)}$，$\lambda = \dfrac{H_u}{H}$，$n = \dfrac{I_u}{I_l}$。

2）牛腿顶面偏心力矩作用下单阶柱内力计算（图 4-22）。

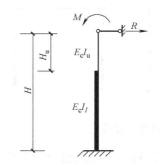 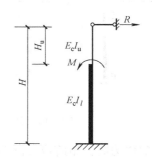

图 4-21　柱顶力矩作用下铰接反力　　　图 4-22　牛腿顶力矩作用下铰支座反力

$$R = \frac{M}{H}C_2 \tag{4-12}$$

式中，$C_2 = 1.5 \times \dfrac{1 - \lambda^2}{1 + \lambda^3\left(\dfrac{1}{n} - 1\right)}$，$\lambda = \dfrac{H_u}{H}$，$n = \dfrac{I_u}{I_l}$。

3）下柱任意位置偏心力矩作用下单阶柱内力计算（图4-23）。

$$R = \frac{M}{H}C_3 \tag{4-13}$$

式中，$C_3 = 1.5 \times \dfrac{1 - \lambda_1^2}{1 + \lambda^3\left(\dfrac{1}{n} - 1\right)}$，$\lambda = \dfrac{H_u}{H}$，$n = \dfrac{I_u}{I_l}$，$\lambda_1 = \dfrac{H_1'}{H}$。

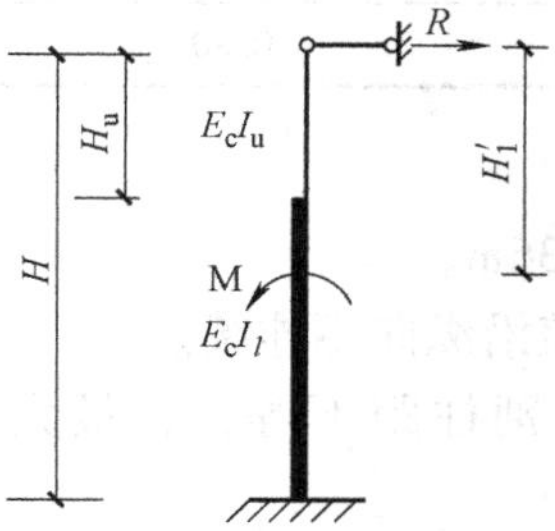

图 4-23　下柱任意位置由偏心力矩时支座反力 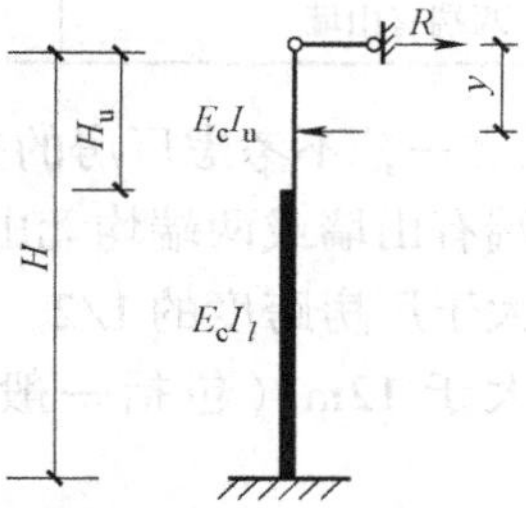　　图 4-24　水平集中力作用于上柱时铰支座反力

4）上柱水平集中力作用下单阶柱内力计算（图4-24）。

$$R = TC_4 \tag{4-14}$$

式中，$C_4 = \dfrac{2 - 1.8\lambda + \lambda^3\left(\dfrac{0.416}{n} - 0.2\right)}{2\left[1 + \lambda^3\left(\dfrac{1}{n} - 1\right)\right]}$　$(y = 0.6H_u)$；

$\quad\quad\quad C_4 = \dfrac{2 - 2.1\lambda + \lambda^3\left(\dfrac{0.243}{n} + 0.1\right)}{2\left[1 + \lambda^3\left(\dfrac{1}{n} - 1\right)\right]}$　$(y = 0.7H_u)$；

$\quad\quad\quad C_4 = \dfrac{2 - 2.4\lambda + \lambda^3\left(\dfrac{0.112}{n} + 0.4\right)}{2\left[1 + \lambda^3\left(\dfrac{1}{n} - 1\right)\right]}$　$(y = 0.8H_u)$；

$\quad\quad\quad \lambda = \dfrac{H_u}{H}$，$n = \dfrac{I_u}{I_l}$。

5）水平均布荷载作用下单阶柱内力计算（图4-25）。

$$R = qHC_5 \tag{4-15}$$

式中，$C_5 = \dfrac{3}{8} \times \dfrac{1 + \lambda^4\left(\dfrac{1}{n} - 1\right)}{1 + \lambda^3\left(\dfrac{1}{n} - 1\right)}$，$\lambda = \dfrac{H_u}{H}$，$n = \dfrac{I_u}{I_l}$。

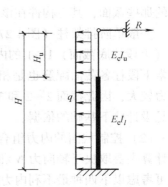

图 4-25　水平均布荷载作用
在整个柱时铰支座反力

2. 考虑厂房整体空间作用的排架分析

单层厂房排架结构是一个空间结构，在实际应用中对起重机荷载（局部荷载）考虑厂房的整体空间作用。表4-5 给出了单层厂房整体空间作用分配系数 m 值。为了慎重起见，对于大吨位起重机厂房（大型

屋面板体系起重机起重量750kN以上、轻型有檩屋盖体系起重机起重量300kN以上），建议暂不考虑厂房的空间作用。

表4-5 单跨厂房整体空间作用分配系数 m

厂房情况		起重机吨位 /kN	厂房长度/m			
			≤60		>60	
有檩屋盖	两端无山墙或一端有山墙	≤300	0.95		0.85	
	两端有山墙	≤300	0.85			
无檩屋盖	两端无山墙或一端有山墙	≤750	厂房跨度/m			
			12～27	>27	12～27	>27
			0.90	0.85	0.85	0.80
	两端有山墙	≤750	0.80			

属于下列情况之一，不考虑厂房的空间作用。

1）当厂房一端有山墙或两端均无山墙，且厂房长度小于36m。

2）天窗跨度大于厂房跨度的1/2，或天窗布置使厂房屋盖沿纵向不连续。

3）厂房柱距大于12m（包括一般柱距小于12m，但个别柱距不等，且最大柱距超过12m的情况）。

4）当屋架下弦为柔性拉杆。

考虑厂房空间作用的排架内力计算，其柱顶为弹性支承的铰接排架（图4-26）。考虑厂房空间作用的排架内力可按图4-26的三个步骤进行分析。

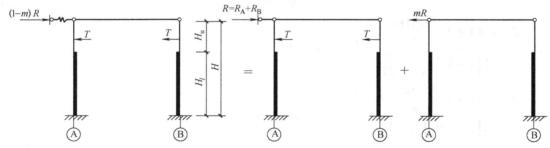

图4-26 考虑空间作用排架的计算

3. 排架控制截面与内力组合

（1）控制截面　控制截面是指构件某一区段中承载力可靠度指标相对最低的那些截面，其对构件在该区段的配筋设计有控制作用。

一般单阶排架柱（图4-27）中，上段柱各截面配筋是相同的，而牛腿顶面（上段柱底截面）1—1的内力最大，因此截面1—1为上段柱的控制截面。通常下段柱各截面配筋也是相同的，而牛腿顶截面2—2和柱底截面3—3的内力较大，因此截面2—2和3—3为下段柱的控制截面。截面3—3的内力值也是设计柱下基础的依据。

（2）控制截面的内力组合　排架柱属于偏心受压构件，其纵向受力钢筋的计算主要取决于轴向力 N 和弯矩 M，由于轴向力 N 和弯矩 M 的相关性，一般可考虑以下四种最不利内力组合：

① $+M_{max}$ 及相应的 N 和 V。

② $-M_{max}$ 及相应的 N 和 V。

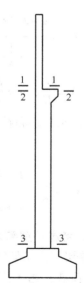

图4-27 单阶柱的控制截面

③N_{max} 及相应的 M 和 V。

④N_{min} 及相应的 M 和 V。

当柱的截面采用对称配筋及采用对称基础时，第①、②两种内力合并为一种，即 $|M_{max}|$ 及相应的 N 和 V。

通常，按上述四种内力组合已能满足设计要求，但在某些情况下，它们可能都不是最不利的。例如，对大偏心受压的柱截面，偏心距 $e_0 = M/N$ 越大（即 M 越大，N 越小）时，配筋往往越多。因此，有时虽然 M 不是最大值而比最大值略小，而它所对应的 N 减小很多，则这组内力所要求的配筋量反而会更大。

4. 荷载效应组合及应注意的问题

现行国家标准《建筑结构荷载规范》GB 50009 规定，在下列荷载效应组合中取最不利值确定：

（1）由可变荷载效应控制的组合

$$S = \gamma_G S_{Gk} + \gamma_{Q_1} S_{Q_1k} + \sum_{i=2}^{n} \gamma_{Q_i} \psi_{c_i} S_{Q_ik} \tag{4-16}$$

（2）由永久荷载效应控制的组合

$$S = \gamma_G S_{Gk} + \sum_{i=1}^{n} \gamma_{Q_i} \psi_{c_i} S_{Q_ik} \tag{4-17}$$

式中　ψ_c——可变荷载的组合值系数，除风荷载取 $\psi_c = 0.6$，屋面积灰荷载取 $\psi_c = 0.9$，工作级别 A1 ~ A7 的软钩起重机荷载取 $\psi_c = 0.7$，工作级别 A8 的软钩起重机荷载取 $\psi_c = 0.95$，雪荷载及其他可变荷载可统一取 $\psi_c = 0.7$。

当考虑以竖向永久荷载效应控制的组合时，参与组合的可变荷载仅限于竖向荷载。

因此，对于排架柱承载力计算、基础高度验算，一般需要考虑下列 4 种组合，并取最不利者：

①1.3×永久荷载效应标准值 +1.5×屋面可变荷载效应标准值 +（风荷载效应组合值 + 起重机荷载效应组合值）

②1.3×永久荷载效应标准值 +1.5×风荷载效应标准值 +（屋面可变荷载效应组合值 + 起重机荷载效应组合值）

③1.3×永久荷载效应标准值 +1.5×起重机荷载效应标准值 +（风荷载效应组合值 + 屋面可变荷载效应组合值）

④1.3×永久荷载效应标准值 +1.5×（屋面可变荷载效应组合值 + 起重机荷载效应组合值）

（3）内力组合应注意事项

1）每次组合必须包括永久荷载项。

2）每次组合以一种内力为目标来决定荷载项的取舍，例如：当考虑第一种内力组合时，必须以得到 $+M_{max}$ 为目标，然后得到与它相应的 N、V。

3）当取 N_{max} 或 N_{min} 为组合目标时，应使相应的 M 绝对值尽可能的大，因此，对于不产生轴向力而产生弯矩的荷载项（风荷载及起重机水平荷载）中的弯矩值也应组合进去。

4）风荷载项中有左风和右风两种，每次只能取其中的一种。

5）对于起重机荷载项要注意以下两点：

①注意 D_{max}（或 D_{min}）与 T_{max} 之间的关系。由于起重机横向水平荷载不可能脱离其竖向荷载而单独存在，因此，当取用 T_{max} 所产生的内力时，应将同跨内的 D_{max}（或 D_{min}）产生的内力组合进去，即"有 T 必有 D"。另一方面，起重机竖向荷载可以脱离起重机横向水平荷载而独立存在，即"有 D 不一定有 T"。不过考虑到 T_{max} 既可以向左又可以向右作用的特性，如果取用了 D_{max}（或 D_{min}）产生的内力，总是要同时取用 T_{max} 才能取得最不利的内力。因此，在起重机荷载的内力组合时，要遵循"有 T_{max} 必有 D_{max}（或 D_{min}），有 D_{max}（或 D_{min}）也要有 T_{max}"的规则。

②注意取用的起重机荷载项目数。在一般情况下，内力组合表中每一个起重机荷载都是表示一个

跨度内两台起重机的内力。因此,对于 T_{max} 不论单跨还是多跨排架,都只能取用表中的一项,对于起重机竖向荷载,单跨时在 D_{max} 或 D_{min} 中两者取一,多跨时或者取一项或者取两项(在不同跨内各取一项),当取两项时,起重机荷载折减系数 β 应改为四台起重机的值,故对其内力应乘以转换系数,轻级(A1 ~ A3)和中级(A4、A5)时为 0.8、0.9,重级(A6、A7)和超重级(A8)时为 0.85、0.95。

6)由于柱底水平剪力对基础底面将产生弯矩,其影响不能忽略,故在组合截面 3—3 的内力时,要把相应的水平剪力值求出。

7)对于 $e_0 = M/N > 0.55h_0$ 的截面应验算裂缝宽度及地基基础设计,因此要进行荷载效应的标准组合。

8)需要验算地基的变形时,对于 3—3 截面还应求出荷载作用效应的准永久组合值,但不考虑风荷载。

4.1.7　排架柱截面设计中应注意的问题

1. 最不利内力组合选择

图 4-28 给出了对称配筋矩形截面偏心受压构件的截面承载力 $N_u \sim M_u$ 的相关曲线($A_{s2} > A_{s1}$)。由图可见,当 N 一定时,无论大偏心受压,还是小偏心受压,M 越大配筋越多;当 M 一定时,对小偏心受压,N 越大配筋越多,对大偏心受压,N 越大配筋越少。因此,可按以下规则来评判内力组合值:

1)N 相差不多时,M 大的不利。

2)M 相差不多时,凡 $e_0 = M/N > 0.3h_0$ 的,N 小的不利;当 $e_0 = M/N \leqslant 0.3h_0$ 的,N 大的不利。

通过上述评判后,如果同一截面尚有两组或两组以上不利内力组合值时,只能通过截面设计来确定其配筋。

2. 排架柱计算长度确定

采用刚性屋盖的单层工业厂房柱的计算长度 l_0 可按表 4-6 采用。在确定 l_0 时应注意:

1)有起重机厂房排架柱的计算长度,当计算中不考虑起重机荷载时,可按无起重机厂房采用,但上柱的计算长度仍按有起重机厂房采用。

2)有起重机排架柱的上柱在排架方向的计算长度,仅适用于 $H_u/H_l \geqslant 0.3$ 的情况,当 $H_u/H_l < 0.3$ 时,宜采用 $2.5H_u$。

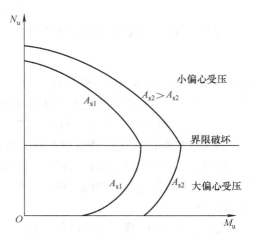

图 4-28　对称配筋矩形截面偏心受压构件的截面承载力 $N_u \sim M_u$ 的相关曲线

表 4-6　采用刚性屋盖的单层工业厂房柱的计算长度 l_0

柱的类型		排架方向	垂直排架方向	
			有柱间支撑	无柱间支撑
无起重机厂房柱	单跨	1.5H	1.0H	1.2H
	两跨及多跨	1.25H	1.0H	1.2H
有起重机厂房柱	上柱	$2.0H_u$	$1.25H_u$	$1.5H_u$
	下柱	$1.0H_l$	$0.8H_l$	$1.0H_l$

注:表中 H 为从基础顶面算起的柱子全高;H_l 为从基础顶面至起重机梁底面的柱子下部高度;H_u 为从起重机梁底面算起的柱子上部高度。

3. 配筋及构造要求

一般情况下排架方向按偏心受压构件计算,计算出的纵向钢筋对称配置于弯矩作用方向的两边;垂直于排架方向按轴心受压构件验算截面承载力,这时所考虑的钢筋面积应遵循周边对称的原则。

当 $e_0 = M/N > 0.55h_0$ 时应按内力的标准值验算裂缝宽度 $w_{max} \leqslant w_{lim}$。

柱中纵向受力钢筋直径不宜小于 12mm，全部纵向受力钢筋的配筋率不宜超过 5%；当混凝土强度等级 ≤C50 时，全部纵向受力钢筋的配筋率不应小于 0.5%，当混凝土强度等级 >C50 时，全部纵向受力钢筋的配筋率不应小于 0.6%；柱截面每边纵向受力钢筋的配筋率不应小于 0.2%。当柱的截面高度 $h \geqslant 600mm$ 时，在柱的侧面应设置直径不小于 10mm 的纵向构造钢筋，并相应地设置复合箍筋或拉结筋。

柱中箍筋应满足偏心受压构件的要求。工字形柱截面的箍筋构造形式如图 4-29 所示，不得采用具有内折角的箍筋。

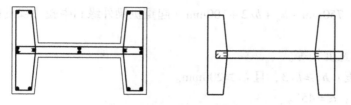

图 4-29 工字形柱截面箍筋构造

根据排架结构的受力特点，对排架结构柱不需要考虑"强柱弱梁"措施和"强剪弱弯"措施。按构造配置箍筋后，铰接排架柱在一般情况下可不进行受剪承载力计算，但在设有工作平台等特殊情况下，斜截面受剪承载力可能对剪跨比较小的铰接排架柱起控制作用，此时，应按现行国家标准《混凝土结构设计规范》GB 50010 进行抗震受剪承载力计算。

铰接排架柱的箍筋加密区应符合下列规定：

（1）箍筋加密区长度

1）对柱顶区段，取柱顶以下 500mm，且不小于柱顶截面高度。

2）对起重机梁区段，取上柱根部至起重机梁顶面以上 300mm。

3）对柱根区段，取基础顶面至室内地坪以上 500mm。

4）对牛腿区段，取牛腿全高。

5）对柱间支撑与柱连接的节点和柱位移受约束的部位，取节点上、下各 300mm。

（2）箍筋加密区内的箍筋最大间距　箍筋加密区内的箍筋最大间距为 100mm；箍筋的直径应符合表 4-7 的规定。

表 4-7　铰接排架柱箍筋加密区的箍筋最小直径　　　　　　　　　　（单位：mm）

加密区区段	抗震等级和场地类别					
	一级	二级	二级	三级	三级	四级
	各类场地	Ⅲ、Ⅳ类场地	Ⅰ、Ⅱ类场地	Ⅲ、Ⅳ类场地	Ⅰ、Ⅱ类场地	各类场地
一般柱顶、柱根区段	8 (10)			8		6
角柱柱顶	10			10		8
起重机梁、牛腿区段 有支撑的柱根区段	10			10		8
有支撑的柱顶区段 柱变形受约束的部位	10			10		8

注：表中括号内数值用于柱根。

当铰接排架侧向受约束且约束点至柱顶的高度不大于柱截面在该方向边长的 2 倍，柱顶预埋件钢板和柱顶箍筋加密区的构造尚应符合下列要求：

1）柱顶预埋钢板沿排架平面方向的长度，宜取柱顶的截面高度 h，但在任何情况下不得小于 $h/2$

及 300mm。

2）当柱顶轴向力在排架平面内的偏心距 e_0 在 $h/6 \sim h/4$ 范围内时，柱顶箍筋加密区的箍筋体积配筋率：一级抗震等级不宜小于 1.2%；二级抗震等级不宜小于 1.0%；三、四级抗震等级不宜小于 0.8%。

4.1.8　排架柱牛腿设计中应注意的问题

1. 牛腿几何尺寸确定（图 4-30）

对于 $a \leq h_0$ 的柱牛腿，其截面尺寸应符合下列要求：

1）牛腿顶面长度：$750\text{mm} - h_u + b/2 + 100\text{mm}$（起重机梁外缘到牛腿边缘的距离），其中 b 为起重机梁宽度。

牛腿的宽度：与柱宽度相等。

2）牛腿外边缘高度：$h_1 \geq h/3$，且 $h_1 \geq 200\text{mm}$。

牛腿底面倾斜角度：$\alpha = 45°$。

牛腿截面高度：$h = h_1 + c \times \tan\alpha$。

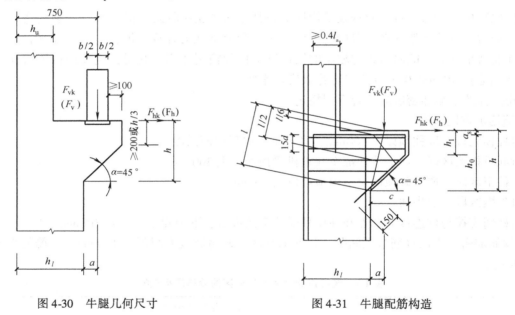

图 4-30　牛腿几何尺寸　　　　　　　　图 4-31　牛腿配筋构造

3）牛腿截面高度 h：应满足下式抗裂要求

$$F_{vk} \leq \beta\left(1 - 0.5\frac{F_{hk}}{F_{vk}}\right)\frac{f_{tk}bh_0}{0.5 + \dfrac{a}{h_0}} \tag{4-18}$$

式中　F_{vk}——作用于牛腿顶部按荷载效应标准组合计算的竖向力值，对于起重机梁下的牛腿，$F_{vk} = D_{\max,k} + G_{3k}$；

F_{hk}——作用于牛腿顶部按荷载效应标准组合计算的水平拉力值，对于起重机梁下的牛腿，当起重机梁顶面有预埋件和上柱连接时，$F_{hk} = 0$；

β——裂缝控制系数，对于支承起重机梁的牛腿，取 $\beta = 0.65$，对于其他牛腿取 $\beta = 0.8$；

a——竖向力作用点至下柱边缘的水平距离，应考虑安装偏差 20mm；当考虑安装偏差后的竖向力作用点仍位于柱截面以内时取 0；

b——牛腿宽度；

h_0——牛腿与下柱交接垂直截面的有效高度，$h_0 = h_1 - a_s + c \times \tan\alpha$，当 $\alpha > 45°$时，取 $\alpha = 45°$，

　　　　　c 为下柱边缘到牛腿外边缘的水平长度。

4）在牛腿顶受压面上，竖向力 F_{vk} 所引起的局部压应力不应超过 $0.75f_c$。

2. 牛腿纵向受力钢筋计算和构造

由承受竖向力的受拉钢筋和承受水平力的锚筋组成的纵向受力钢筋的总截面面积：

$$A_s \geqslant \frac{F_v a}{0.85 f_y h_0} + 1.2 \frac{F_h}{F_y} \tag{4-19}$$

式中　F_v——作用在牛腿顶部的竖向力设计值；

　　　F_h——作用在牛腿顶部的水平拉力设计值；

　　　a——竖向力 F_v 作用点至下柱边缘的水平距离，当 $a < 0.3h_0$ 时，取 $a = 0.3h_0$。

沿牛腿顶部配置的纵向受力钢筋宜采用 HRB400 级或 HRB500 级热轧带肋钢筋。全部纵向受力钢筋及弯起钢筋宜沿牛腿外边缘向下伸入下柱内 150mm 后截断（图4-30）。纵向受力钢筋及弯起钢筋伸入上柱内的锚固长度：当采用直线锚固时不应小于 l_a；当上柱尺寸不足时，可向下弯折，其包含弯弧段在内的水平段不少于 $0.4l_a$，包含弯弧段在内的竖向段不少于 $15d$，总长度不小于 l_a。

按式（4-19）计算的承受竖向力牛腿纵向受力的钢筋，其配筋率按牛腿有效截面计算不应小于 0.20% 及 $0.45f_t/f_y$，也不宜大于 0.60%，钢筋数量不宜少于 4 根直径 12mm 的钢筋。

3. 按构造要求配置水平箍筋和弯起钢筋

牛腿应设置水平箍筋，箍筋直径宜为 $6 \sim 12mm$，间距宜为 $100 \sim 150mm$；在上部 $2h_0/3$ 范围内的水平箍筋的总截面面积不宜小于承受竖向力的纵向受拉钢筋截面面积的 1/2。

当牛腿的剪跨比 $a/h_0 \geqslant 0.3$ 时，宜设置弯起钢筋。弯起钢筋宜采用 HRB400 级或 HRB500 级热轧带肋钢筋，并宜使其与集中荷载作用点到牛腿斜边下端点连线的交点位于牛腿上部 $l/6$ 至 $l/2$ 之间的范围内，l 为连线的长度（图4-31）。弯起钢筋截面面积不宜小于承受竖向力纵向受力钢筋截面面积的 1/2，且不宜少于 2 根直径为 12mm 的钢筋。纵向受力钢筋不得兼作弯起钢筋。

4.1.9　排架柱吊装、运输阶段承载力和裂缝宽度的验算

单层厂房排架柱一般采用预制钢筋混凝土柱，预制柱一般考虑翻身起吊（图4-32a）或平吊（图4-32b），其最不利位置及相应的计算简图如图4-32c 所示。图中 g_{1k} 为上柱自重标准值，g_{2k} 为牛腿部分柱自重标准值，g_{3k} 为下柱工字形截面自重标准值，g_{4k} 为下柱矩形截面自重标准值。预制柱应按图4-32 中的1—1、2—2 和3—3 截面根据运输、吊装时混凝土实际强度，分别进行承载力和裂缝宽度验算。

验算时应注意下列问题：

1）柱身自重应乘以动力系数 1.5（根据吊装时的受力情况可适当增减）。

2）因吊装验算系临时性的，故构件安全等级可较使用阶段的安全等级降低一级。

3）柱的混凝土强度一般按设计强度的 70% 考虑。当吊装验算要求高于设计强度的 70% 时方可吊装，应在施工图上注明。

4）一般宜采用单点绑扎起吊，吊点设在变阶处。当需采用多点起吊时，吊装方法应与施工单位共同商定并进行相应验算。

5）当柱变阶处截面吊装验算配筋不足时，可在局部区段加配短钢筋。

6）当采用翻身起吊时，下柱截面按工字形截面验算（图4-32d）。当采用平吊时，下柱截面按矩形截面验算（图4-32f），此时，矩形截面的宽度为 $2h_f$。

4.1.10　预埋件设计

每根排架柱都有的预埋件包括：用于柱子与屋架连接的预埋件 M-1，用于起重机梁与牛腿连接的

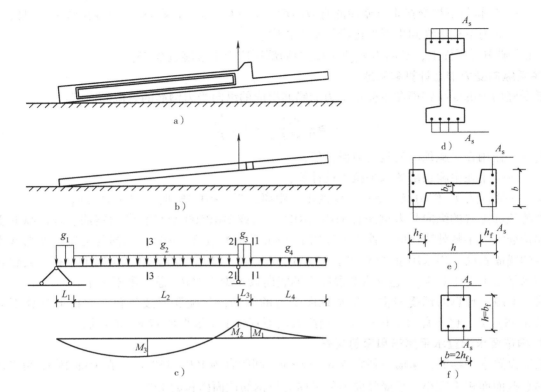

图 4-32　柱吊装验算简图

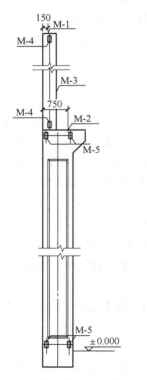

图 4-33　排架柱的预埋件示意

预埋件 M-2，以及用于起重机梁顶面与排架柱连接的预埋件 M-3。此外，设置柱间支撑的两侧排架柱还有连接上柱支撑的预埋件 M-4 和连接下柱支撑的预埋件 M-5，如图 4-33 所示。

受力预埋件的锚板宜采用 Q235、Q345 级钢，锚板厚度应根据受力情况计算确定，且不宜小于锚筋直径的 60%；受拉预埋件的锚板厚度尚宜大于 $b/8$，b 为锚筋的间距。

受力预埋件的锚筋应采用 HRB400 或 HPB300 钢筋，不应采用冷加工钢筋。受力直锚筋直径不宜小于 8mm，且不宜大于 25mm。直锚筋数量不宜小于 4 根，且不宜多于 4 根。

1. 起重机上缘与上段柱内侧的连接

起重机上缘与上段柱内侧的连接预埋件 M-3 承受起重机横向水平荷载 T_{max}，属于受拉预埋件，尺寸如图 4-34 所示。

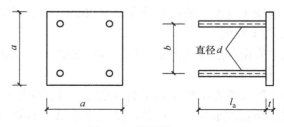

图 4-34　预埋件 M-3

承受法向拉力的预埋件，应满足

$$N \leqslant 0.8\alpha_b f_y A_s \tag{4-20}$$

式中　N——法向拉力设计值，$N = 1.5 \times T_{\max, k}$；

　　α_b——锚板弯曲变形折减系数，$\alpha_b = 0.6 + 0.25t/d$，当采取防止锚板弯曲变形的措施时，$\alpha_b = 1.0$；

　　A_s——锚筋截面面积。

锚筋预埋长度应满足受拉钢筋锚固长度 $l_a = \alpha(f_y/f_t)d$ 要求，当锚筋采用 HPB300 级钢筋时，其端部应做弯钩。

2. 起重机梁与牛腿的连接

起重机梁与牛腿连接的预埋件 M-2 属于受压预埋件，承受起重机竖向荷载 $D_{\max}$ 和起重机梁、轨道等自重 G_{3k}，锚板大小由混凝土的局部受压承载力确定。

$$\frac{F_{vk}}{A} \leqslant 0.75f_c \tag{4-21}$$

式中　F_{vk}——垫板上作用的局部受压力，取 $F_{vk} = D_{\max, k} + G_{3k}$；

　　A——局部受压面积，$A = $ 局部承压长度 $a \times$ 局部承压宽度 b。

3. 墙体与柱的连接

在抗震设防区，要求墙体与柱有可靠连接。柱内应伸出预埋的锚拉钢筋，锚拉钢筋通常采用 $\phi 6$ 每隔 $8 \sim 10$ 皮砖与墙拉结，如图 4-35 所示。在圈梁与柱的连接处，柱内也应伸出预埋的拉筋，锚拉钢筋不少于 $2\phi 12$。

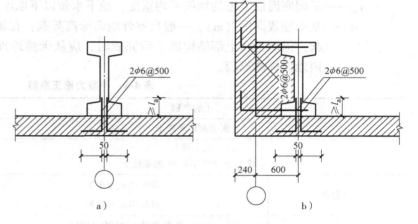

图 4-35　墙体与柱的连接

a）边柱　b）角柱

4.1.11　基础设计中应注意的问题

1. 基础形式的选择

柱的基础是单层厂房中的重要受力构件，按受力形式，柱下独立基础可分为轴心受压和偏心受压两种。在单层厂房中，柱下独立基础一般是偏心受压的。

单层厂房柱下独立基础的常用形式是扩展基础，有阶梯形和锥形两类。预制柱连接的部分做成杯口，因此又称为杯形基础（图 4-36）。

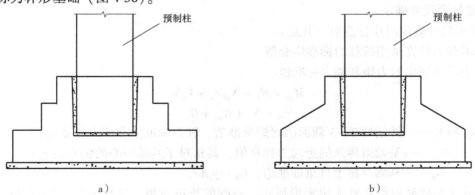

图 4-36　柱下扩展基础的形式

a）阶梯形杯形基础　b）锥形杯口基础

2. 地基承载力的计算

基础的埋置深度应综合考虑建筑物自身条件（如使用条件、结构形式、荷载的大小和性质等）以及所处的地质条件、气候条件、邻近建筑的影响等。

在满足地基稳定和变形要求的前提下，基础应尽量浅埋，当上层地基的承载力大于下层土时，宜利用上层土作为持力层。除岩石地基外，基础的埋深不宜小于0.5m。为了保护基础，基础顶面一般不露出地面，要求基础顶面低于地面至少0.1m。

当基础宽度大于3m或埋深大于0.5m时，从荷载试验或其他原位测试、经验值等方法确定的地基承载力特征值，尚应按下式进行修正：

$$f_a = f_{ak} + \eta_b \gamma (b - 3) + \eta_d \gamma_m (d - 0.5) \tag{4-22}$$

式中　f_a——修正后的地基承载力特征值（kPa）；

　　　f_{ak}——地基承载力特征值（kPa）；

　η_b、η_d——基础宽度和埋深的地基承载力修正系数，按所求承载力的土层类别查表4-8；

　　　γ——基础底面以下的重度，地下水位以下取浮重度（kN/m³）；

　　　b——基础底面宽度（m），当宽度小于3m时，按3m考虑，大于6m时，按6m考虑；

　　　γ_m——基础底面以上土的加权平均重度，地下水位以下取浮重度（kN/m³）；

　　　d——基础埋置深度（m），一般自室外地面标高算起；在填土整平地区，可自填土地面标高算起；但填土在上部结构施工后完成时，应从天然地面标高算起。在其他情况下，应从室内地面标高算起。

表4-8　承载力修正系数

土的类别		η_b	η_d
淤泥和淤泥质土		0	1.0
人工填土 e 或 I_L 大于等于0.85的黏性土		0	1.0
红黏土	含水比 $a_w > 0.8$	0	1.2
	含水比 $a_w \leqslant 0.8$	0.15	1.4
粉土	黏粒含量 $\rho_c \geqslant 10\%$ 的粉土	0.3	1.5
	黏粒含量 $\rho_c < 10\%$ 的粉土	0.5	2.0
e 及 I_L 均小于0.85的黏性土		0.3	1.6
粉砂、细砂（不包括很湿与饱和时的稍密状态）		2.0	3.0
中砂、粗砂、砾砂和碎石土		3.0	4.4

注：强风化和全风化的岩石，可参照所风化成的相应土类取值，其他状态下的岩石不修正。

3. 基础底外形尺寸确定

基础底外形尺寸确定时应注意以下几点：

1）地基承载力计算采用荷载的标准组合值。

2）作用于基础底面的力矩和轴力标准值：

$$M_{dk} = M_k - N_{wk} e_w + V_k h \tag{4-23}$$

$$N_{dk} = N_k + N_{wk} + G_k \tag{4-24}$$

式中　M_k、N_k 和 V_k——排架柱3—3截面的弯矩标准值、轴力标准值和剪力标准值；

　　　N_{wk}——基础梁传来的竖向力标准值，其相对于基础中心的偏心距 e_w；

　　　G_k——基础及覆土自重标准值，$G_k = \gamma_s A d$。

3）偏心受压基础底面形式宜采用矩形形式，基础的长边与短边之比 l/b，对于中柱基础取 $l/b = 1.0 \sim 1.2$，对于边柱基础取 $l/b = 1.2 \sim 2.0$。

A = 短边 $b \times$ 长边 l 按下式估算：

$$A = b \times l \geqslant (1.1 \sim 1.4) \frac{N_{max}}{f_a - \gamma_s d} \tag{4-25}$$

式中　N_{max}——基础底面相应标准组合时，最大轴力值；

　　　f_a——经基础宽度和埋深修正后的地基承载力特征值；

1.1～1.4——系数，对于中柱基础可取 1.1～1.2，对于边柱基础可取 1.2～1.4。

4）偏心荷载作用下，地基承载力应符合下式要求：

$$p_k \leqslant f_a \tag{4-26a}$$

$$p_{k,max} \leqslant 1.2 f_a \tag{4-26b}$$

$$p_{k,min} \geqslant 0 \tag{4-26c}$$

式中，$p_k = N_{dk}/A$；$p_{k,max} = p_k + M_{dk}/W$；$p_{k,min} = p_k - M_{dk}/W$。

当不满足上述条件时重新调整 l、b，直至满足要求为止。

4. 地基变形验算

一般的单层工业厂房可按丙级建筑考虑，现行国家标准《建筑地基基础设计规范》GB 50007 给出了可不做地基变形计算设计等级为丙级的建筑物范围，对于单层排架结构见表4-9。但对于一些特殊情况（如厂房体型复杂、地基土层分布不均匀等），需要进行地基变形验算。

表 4-9　可不做地基变形计算设计等级为丙级的单层排架结构范围

地基主要持力层情况	地基承载力特征值f_{ak}/kPa		$60 \leqslant f_{ak} < 80$	$80 \leqslant f_{ak} < 100$	$100 \leqslant f_{ak} < 130$	$130 \leqslant f_{ak} < 160$	$160 \leqslant f_{ak} < 200$	$200 \leqslant f_{ak} < 300$
单层排架结构（6m柱距）		各土层坡度（%）	≤5	≤5	≤10	≤10	≤10	≤10
	单跨	起重机起重量/t	5～10	10～15	15～20	20～30	30～50	50～100
		厂房跨度/m	≤12	≤18	≤24	≤30	≤30	≤30
	多跨	起重机起重量/t	3～5	5～10	10～15	15～20	20～30	30～75
		厂房跨度/m	≤12	≤18	≤24	≤30	≤30	≤30

注：1. 地基主要受力层系指条形基础底面下 $3b$（b 为基础底面宽度），独立基础下 $1.5b$，且厚度均不小于 5m 的范围。

　　2. 表中的起重机起重量是指最大值。

5. 基础高度确定

确定了基础底面尺寸后，先按构造要求估算基础高度，再按抗冲切承载力要求验算基础高度。

对锥形独立基础抗冲切承载力验算的位置取柱与基础的交接处（1—1）和基础的变阶处（2—2），如图4-37所示。

基础高度的验算用柱底按荷载效应的基本组合所计算的内力进行设计，应满足要求：

$$F_l \leqslant 0.7 \beta_{hp} f_t b_m h_0 \tag{4-27}$$

式中　β_{hp}——受冲切承载力截面高度影响系数，当 $h \leqslant 800mm$ 时，取 $\beta_{hp} = 1.0$，当 $h \geqslant 2000mm$ 时，取 $\beta_{hp} = 0.9$，当 $800mm < h < 2000mm$ 时，按线性内插法取用；

　　　b_m——冲切破坏锥体截面的上边长 b_t 与下边长 b_b 的平均值，即 $b_m = (b_t + b_b)/2$；

　　　h_0——基础冲切破坏锥体的有效高度；

　　　F_l——相应于荷载效应基本组合时作用在 A_l 上的地基净反力设计值，$F_l = p_n \times A_l$；

　　　p_n——在荷载基本组合下基础底面单位面积上土的净反力设计值（扣除基础及回填土自重），

　　　　　当为偏心荷载时，可取地基土最大净反力，$p_{n,max} = \dfrac{N + N_w}{A} + \dfrac{M \pm N_w e_w + Vh}{W}$；

　　　A_l——计算冲切荷载时取用的面积：

　　　　　当 $b > b_c + 2h_0$ 时（图4-37b），$A_l = \left(\dfrac{l}{2} - \dfrac{h_c}{2} - h_0\right)b - \left(\dfrac{b}{2} - \dfrac{b_c}{2} - h_0\right)^2$。

　　　　　当 $b < b_c + 2h_0$ 时（图4-37c），$A_l = \left(\dfrac{l}{2} - \dfrac{h_c}{2} - h_0\right)b$。

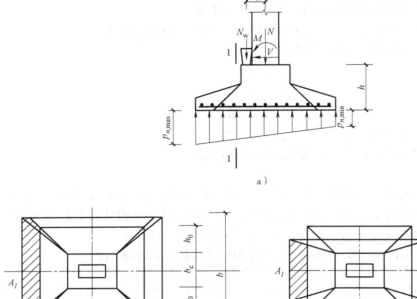

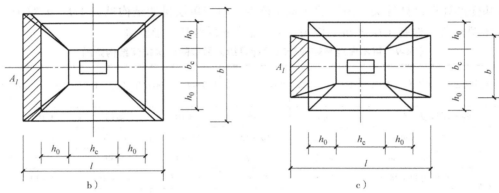

图 4-37　偏心受压基础底板厚度确定

当冲切破坏锥体的底面位于基础底面以内时，可不进行抗冲切承载力验算。当不满足要求时，则要调整基础的高度直至满足要求。

6. 基础配筋计算

基础底板在地基净反力作用下，沿两个方向产生向上的弯曲，因此，基础底板在两个方向都需要配置受力钢筋。沿长边方向受力钢筋一般配置于下面，而短边方向的受力钢筋置于沿长边方向钢筋的上面。

基础底板的边长大于 3m 时，沿此方向的钢筋长度可缩短 10%，并应交错布置。

钢筋混凝土基础宜设置混凝土垫层，基础中钢筋的混凝土保护层厚度应从垫层顶面算起，且不应小于 40mm。

（1）弯矩计算（以锥形基础为例）　为简化计算，将基础底板划分为四块独立的悬臂板。对于偏心荷载作用下的基础，当偏心距小于等于 1/6 基础宽度 l 时，计算截面的弯矩分别为：

1—1 截面
$$M_1 = \frac{1}{24}(l - h_c)^2 (2b + b_c)\left(\frac{p_{n,max} + p_{n,1}}{2}\right) \tag{4-28}$$

2—2 截面
$$M_2 = \frac{1}{24}(b - b_c)^2 (2l + h_c)\left(\frac{p_{n,max} + p_{n,min}}{2}\right) \tag{4-29}$$

（2）基础底板配筋计算：

长边
$$A_{s1} = \frac{M_1}{0.9 h_0 f_y} \tag{4-30}$$

短边
$$A_{s2} = \frac{M_2}{0.9(h_0 - d) f_y} \tag{4-31}$$

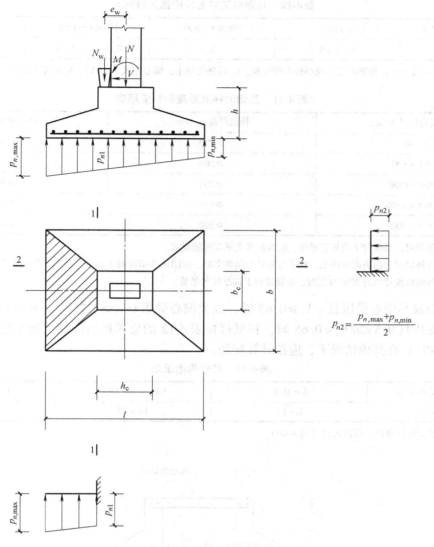

$$p_{n2} = \frac{p_{n,\max} + p_{n,\min}}{2}$$

图 4-38　基底配筋计算简图

7. 预制柱的插入深度和基础的杯口构造

单杯口基础的构造如图 4-39 所示。

预制柱插入的深度 h_1 应满足表 4-10 的要求，同时 h_1 还应满足柱纵向受力钢筋锚固长度的要求和柱吊装时稳定性的要求，即应使 $h_1 \geqslant 0.05$ 倍柱长（指吊装时的柱长）。

基础的杯底厚度 a_1 和杯壁厚度 t 可按表 4-11 选用。

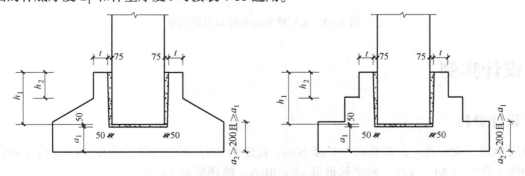

图 4-39　预制柱的杯口构造

表4-10　矩形或工字形柱的插入深度 h_1 　　　　　（单位：mm）

柱截面长边尺寸 h	$h < 500$	$500 \leq h < 800$	$800 \leq h \leq 1000$	$h > 1000$
插入深度 h_1	$h \sim 1.2h$	h	$0.9h$，且 ≥ 800	$0.8h$，≥ 1000

注：h 为柱截面长边尺寸；柱轴心受压或小偏心受压时，h_1 可适当减小，偏心距大于 $2h$ 时，h_1 应适当加大。

表4-11　基础的杯底厚度和杯壁厚度

柱截面长边尺寸 h/mm	杯底厚度 a_1/mm	杯壁厚度 t/mm
$h < 500$	≥ 150	$150 \sim 200$
$500 \leq h < 800$	≥ 200	≥ 200
$800 \leq h < 1000$	≥ 200	≥ 300
$1000 \leq h < 1500$	≥ 250	≥ 350
$1500 \leq h < 2000$	≥ 300	≥ 400

注：1. 当有基础梁时，基础梁下的杯壁厚度，应满足其支承宽度的要求。

　　2. 柱子插入杯口部分的表面应凿毛，柱子与杯口之间的空隙，应用比基础混凝土强度等级高一级的细石混凝土充填密实，当达到材料强度设计值的70%以上时，方能进行上部结构的吊装。

当柱为轴心或小偏心受压且 $t/h_2 \geq 0.65$ 时，或大偏心受压 $t/h_2 \geq 0.75$ 时，杯壁可不配筋；当柱为轴心或小偏心受压且 $0.5 \leq t/h_2 < 0.65$ 时，杯壁可按表4-12的要求构造配筋，钢筋置于杯口顶部，每边2根（图4-40）；在其他情况下，应按计算配筋。

表4-12　杯壁构造配筋

柱截面长边尺寸/mm	$h < 1000$	$1000 \leq h < 1500$	$1500 \leq h < 2000$
钢筋直径/mm	$8 \sim 10$	$10 \sim 12$	$12 \sim 16$

注：表中钢筋置于杯口顶部，每边两根（图4-40）。

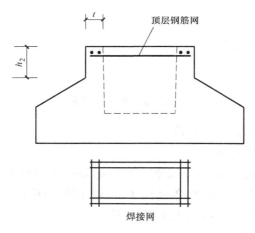

图4-40　无短柱基础的杯口配筋构造

4.2　设计实例

4.2.1　设计资料

某单层单跨工业厂房，厂房纵向总长度66m，柱距为6m，不设天窗。跨度24m，设有两台桥式起重机，中级工作制（A4、A5），额定起重量150/30kN，轨顶标高10.2m。

厂房围护墙 240mm 厚，外侧贴浅色釉面瓷砖，内侧 20mm 厚混合砂浆抹灰，刷白色涂料。下部窗台标高为 1.000m，窗洞口尺寸为 4.0m × 3.6m；中部窗台标高为 5.800m，窗洞口尺寸为 4.0m × 2.7m；上部窗台标高为 11.000m。室内外高差为 150 ~ 250mm。屋面板采用大型屋面板，卷材防水（三毡四油），非上人屋面。

厂房所在地为苏州常熟市，地面粗糙度为 B 类，基本风压 $w_0 = 0.4 \text{kN/m}^2$，组合系数 $\psi_c = 0.6$；基本雪压 $S_0 = 0.2 \text{kN/m}^2$，组合系数 $\psi_c = 0.7$。

厂区场地地形平坦。土层分布：①素填土，地表下 1.20 ~ 1.50m 厚，稍密，软塑，$\gamma = 17.5 \text{kN/m}^3$；②灰色黏土层，10 ~ 12m 厚，层位稳定，呈可塑 ~ 硬塑，可作为持力层，$f_{ak} = 200 \text{kN/m}^2$，$\gamma = 19.2 \text{kN/m}^3$；③粉砂，中密，$f_{ak} = 240 \text{kN/m}^2$。地下水位在自然地面以下 3.5m。

排架柱混凝土强度等级 C30，基础混凝土强度等级 C20。柱中受力钢筋采用 HRB400 级钢筋，箍筋、构造钢筋、基础配筋采用 HPB300 级钢筋。

设计使用年限 50 年，结构安全等级为二级，环境类别一类，抗震设防烈度 6 度（0.05g）。

厂房建筑平面图如图 4-41 所示。

4.2.2 定位轴线

1. 横向定位轴线

除伸缩缝处的柱和端部柱外，柱的中心线应与横向定位轴线相重合，伸缩缝处柱及端部柱的中心线应自横向定位轴线内移 600mm。

根据现行国家标准《混凝土结构设计规范》GB 50010 规定，装配式钢筋混凝土排架结构伸缩缝最大间距 100m，本设计厂房纵向长度 66m，可不设伸缩缝。

2. 纵向定位轴线

当柱距为 6m，起重机起重量 $Q \leqslant 200 \text{kN}$ 的厂房，可取封闭结构。因而本设计可采用封闭结构，即边柱外缘和墙内缘与纵向定位轴线相重合。

4.2.3 结构构件选型

1. 屋面板

屋面板永久荷载标准值

三毡四油防水层   0.40kN/m²

20mm 水泥砂浆找平层   0.02 × 20kN/m² = 0.40kN/m²

小计   0.80kN/m²

屋面可变荷载标准值

屋面均布活荷载（不上人屋面）   0.5kN/m²

雪荷载标准值 $S_0 \mu_r = 0.2 \text{kN/m}^2 \times 1.0 = 0.2 \text{kN/m}^2$

（注：苏州地区基本雪压 $S_0 = 0.2 \text{kN/m}^2$；假设 $i < 25°$，$\mu_r = 1.0$）

屋面积灰荷载（本设计中不考虑）

屋面可变荷载标准值 $\max \{0.5, 0.2\} \text{kN/m}^2 = 0.5 \text{kN/m}^2$

外加荷载组合设计值 $q = 1.3 \times 0.8 \text{kN/m}^2 + 1.5 \times 0.5 \text{kN/m}^2 = 1.79 \text{kN/m}^2$

根据全国通用标准图集 04G410-1，选用 1.5m × 6m 预应力屋面板型号：中间跨 YWB-2 Ⅱ；端部跨 YWB-2 Ⅱ S。允许外加均布荷载：2.50kN/m² > 1.79kN/m²（满足要求）。

由 04G410-1 可知，板自重标准值   1.4kN/m²

灌缝自重标准值   0.1kN/m²

屋面板自重标准值 $\Sigma = 1.5 \text{kN/m}^2$

2. 天沟板

单跨单层厂房屋面采用外天沟有组织排水。根据全国通用标准图集 04G415-1 屋架上弦预埋件图，天沟板宽度取 770mm。

天沟板永久荷载标准值：

素混凝土找坡层（按 6m 排水坡，0.5% 坡度，最低处厚度 20mm，平均宽度（20mm + 20mm + 6000mm ×0.5%)/2 = 35mm）　　　　　　　　　　　　　　　　　　$0.035 \times 24kN/m^2 = 0.84kN/m^2$

水泥砂浆找平层（20mm 厚）　　　　　　　　　　　　　　　$0.02 \times 20kN/m^2 = 0.40kN/m^2$

三油四毡卷材防水层　　　　　　　　　　　　　　　　　　　　　　　　　　　$0.40kN/m^2$

积水荷载标准值（按 230mm 高计算）　　　　　　　　　　　　　　　　　　　$2.30kN/m^2$

卷材防水层考虑高、低肋覆盖部分，按天沟平均内宽 b（b = 天沟宽度 − 190mm）的 2.5 倍计算。因此，外加均布荷载设计值：

$$q = 1.3 \times (0.77 - 0.19) \times (0.84 + 0.4 + 2.5 \times 0.40 + 2.30)kN/m = 3.42kN/m$$

由 04G410-2 可知，其 q 小于 TGB77 允许外加均布荷载 $[q] = 4.26kN/m$（满足要求）。

选用天沟板型号：TGB77-1（中间跨）；TGB77-1a（中间跨右端有开洞）；TGB77-1b（中间跨左端有开洞）；TGB77-1Sa（端跨右端有开洞）；TGB77-1Sb（端跨左端有开洞）。

由 04G410-2 可知，天沟板自重标准值：13.40kN。

3. 屋架

三毡四油防水层　　　　　　　　　　　　　　　　　　　　　　　　　　　　　$0.40kN/m^2$

20mm 厚水泥砂浆找平层　　　　　　　　　　　　　　　　　　$0.02 \times 20kN/m^2 = 0.4kN/m^2$

屋面板自重标准值（含灌缝重）　　　　　　　　　　　　　　　　　　　　　　$1.5kN/m^2$

小计　　　　　　　　　　　　　　　　　　　　　　　　　　　　　　　　　　$2.3kN/m^2$

屋面板可变荷载标准值　　　　　　　　　　　　　　　　　　　　　　　　　　$0.5kN/m^2$

屋架荷载设计值　　　　　　　　　　　　$q = 1.3 \times 2.3kN/m^2 + 1.5 \times 0.5kN/m^2 = 3.74kN/m^2$

根据全国通用标准图集 04G415-1，选择预应力钢筋混凝土折线形屋架（跨度 24m）型号：

由图集（04G415-1）表 2，无天窗，代号 a。

由图集（04G415-1）表 4，檐口形状为外天沟，代号为 B。

根据实际屋面荷载设计值，在图集（04G415-1）表 5 中 24m 屋架荷载设计值为 $4.0kN/m^2$ 一栏，选择屋架承载力等级为 1 级。

因此，选用屋架的型号：YWJA-24-1Ba，每榀屋架自重（标准值）为 112.75kN。

4. 起重机梁

根据设计资料，本厂房设置两台双钩桥式起重机，中级工作制（A4、A5），额定起重量 150kN。

本设计采用 150/30kN，$L_k = 22.5m$，根据全国通用标准图集 04G323-2 选用型号：

DL-10Z（中间跨），自重标准值为 39.5kN。

DL-10B（端跨），自重标准值为 40.8kN。

起重机梁高 $h = 1200mm$。

经验算，按中级工作制起重机梁选用 DL-10 的承载力、疲劳和裂缝均满足要求。

5. 起重机梁轨道联结

根据起重机梁上螺栓孔间距 A = 280mm 和起重机梁的工作级别（中级工作制）、额定起重量（150/30kN）和跨度（$L_k = 22.5m$），根据全国通用标准图集 04G325 选用型号：DGL-13。

各种材料的用量如下：

钢材　　钢轨　　　　　　　　　　　　　　　　　　　　　　　　　　　　　$0.3873kN/m$

　　　　联结体　　　　　　　　　　　　　　　　　　　　　　　　　　　　$0.0855kN/m$

复合橡胶垫板　　　　　　　　　　　　　　　　　　　　　　　0.00437kN/m

混凝土找平层　　　　　　　　　　　　　　0.023×20kN/m = 0.460kN/m

起重机梁联结的线重（∑）　　　　　　　　　　　　　　　　0.934kN/m

起重机梁轨道联结高度 $h = 170$mm。

6. 基础梁

中跨：240mm 厚墙突出于柱外，有窗、墙高 5.5～18m，根据全国通用标准图集 04G320，钢筋混凝土基础梁选用型号 JL-3（中跨），自重标准值 16.1kN。

边跨：有窗，墙高 4.6～18m，根据全国通用标准图集 04G320，钢筋混凝土基础梁选用型号 JL-17（边跨），自重标准值 13.1kN。

构件选型汇总于表 4-13。

表 4-13　构件选型一览表

序号	构件名称	标准图集	选用型号	自重标准值
1	屋面板	04G410-1	YWB-2Ⅱ YWB-2ⅡS	1.5kN/m²
2	天沟板	04G410-2	TGB77 TGB77a TGB77b TGB77Sa TGB77Sb	13.4kN
3	屋架	04G415-1	YWJA-24-1Ba	112.75kN/榀
4	起重机梁	04G323-2	DL-10Z DL-10B	39.5kN 40.8kN
5	起重机梁轨道联结	04G325	DGL-13	0.934kN/m
6	基础梁	04G320	JL-3 JL-17	16.1kN 13.1kN

4.2.4　结构布置

1. 屋盖支撑布置

（1）上弦横向水平支撑　对无檩屋盖体系，当大型屋面板能保证三点焊接时，可以不设屋架上弦横向水平支撑。

（2）下弦横向水平支撑　在距厂房端头的第一柱间内设置下弦横向水平支撑 XC。

（3）纵向水平支撑　屋盖纵向水平支撑可不设置。

（4）垂直支撑　屋架的端部高度大于 1.2m，应在屋架两端各设置一道垂直支撑 CC-1；考虑到屋架跨度 24m，还应在屋架跨中设置一道垂直支撑 CC-2。

（5）系杆　在屋架下弦平面内，一般应在跨中设置一道柔性系杆，此外，还要在两端设置刚性系杆。当设置屋架端部垂直支撑时，一般在该支撑沿垂直面内设置通常的刚性系杆。

2. 柱间支撑布置

本例设有两台桥式起重机，中级工作制，额定起重量 150/30kN（起重机起重量在 100kN 及 100kN 以上）；厂房跨度 24m（在 18m 及 18m 以上）；柱高 12.6m（大于 8m）。所以应设置柱间支撑。

柱间支撑设置在⑥～⑦轴线柱间，设置上柱支撑 ZC-1，下柱支撑 ZC-2；同时在①～②、⑪～⑫轴线柱间设置上部柱间支撑 ZC-3，并在柱顶设置通长刚性系杆来传递荷载。

图 4-42 给出了屋盖平面布置图，图 4-43 给出了屋盖支撑布置图，图 4-44 给出了构件平面布置图。

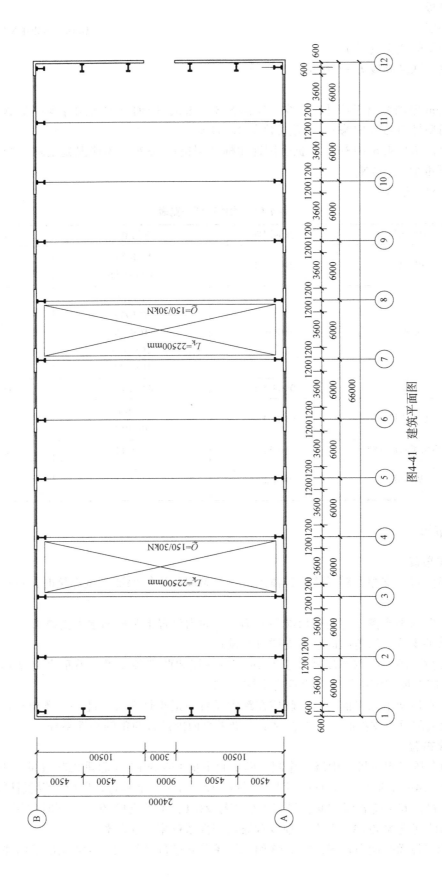

图4-41 建筑平面图

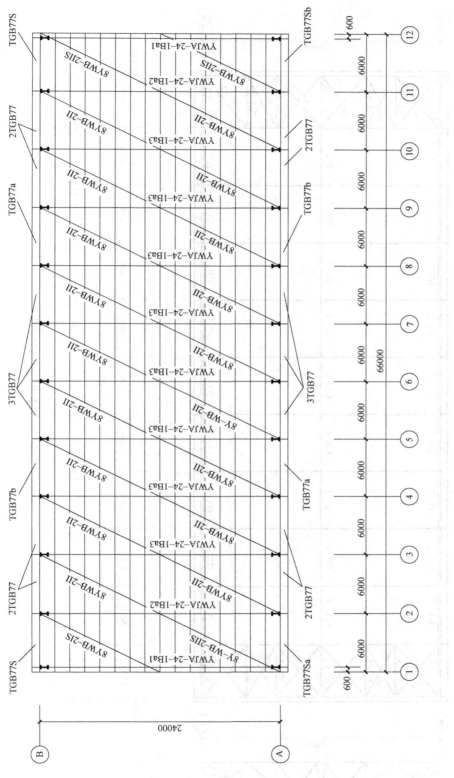

图4-42　屋盖平面布置图

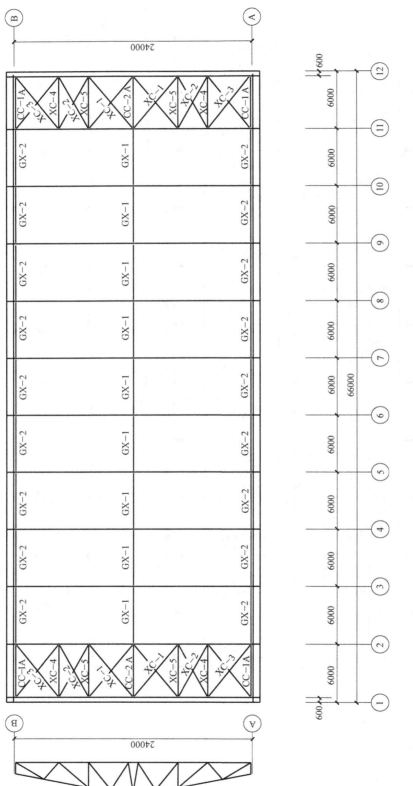

图4-43   屋盖下弦支撑布置图

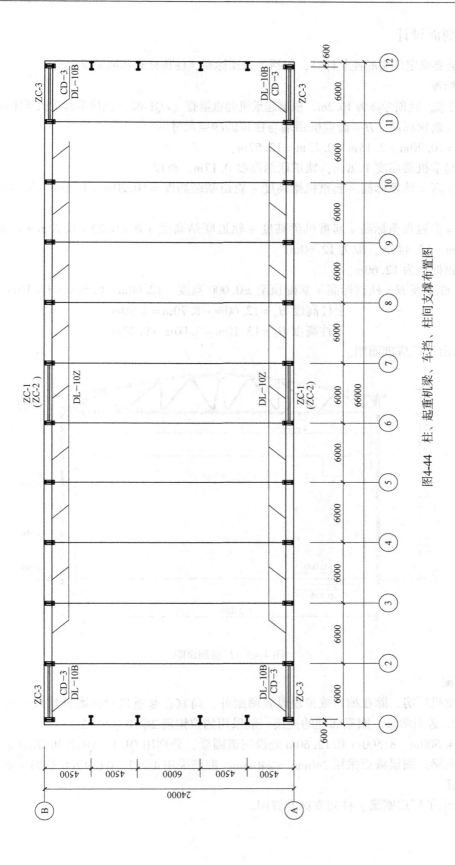

图4-44　柱、起重机梁、车挡、柱间支撑布置图

4.2.5 厂房剖面设计

剖面设计是要确定厂房的控制标高，包括牛腿顶标高、柱顶标高和圈梁标高等。

1. 柱控制标高

由于工艺要求，轨顶标高为10.2m，根据起重机起重量查（ZQ1-62）轨顶至起重机顶距离 $H=2.15m$。

柱顶标高 = 轨顶标高 + H + 起重机顶端与柱顶的净空尺寸

$$= 10.20m + 2.15m + 0.22m = 12.57m$$

由于所选起重机梁高度1.20m，轨道联结高度0.17m。所以

牛腿顶面标高 = 轨顶标高 − 起重机梁高度 − 轨道联结高度 = 10.20m − 1.20m − 0.17m = 8.83m，取为8.70m。

柱顶标高 = 牛腿顶面标高 + 起重机梁高度 + 轨道联结高度 + H + 0.22 = 8.70m + 1.20m + 0.17m + 2.15m + 0.220m = 12.440m，取为12.60m。

综上，柱顶标高为12.60m。

$$柱全高 H = 柱顶标高 + 基础顶至 \pm 0.000 高度 = 12.60m + 0.50m = 13.10m$$
$$上柱高度 H_u = 12.60m − 8.70m = 3.90m$$
$$下柱高度 H_l = 13.10m − 3.90m = 9.20m$$

图4-45给出了厂房剖面图。

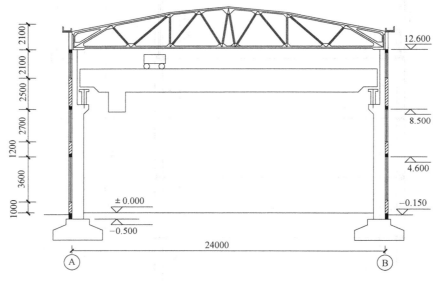

图4-45　厂房剖面图

2. 圈梁标高

对于有起重机厂房，除在檐口或窗顶设置圈梁外，尚宜在起重机梁标高处增设一道，外墙高度大于15m时，还应适当增设。圈梁和柱的连接一般采用锚拉钢筋2φ10~2φ12。

本设计在4.600m、8.500m和12.60m处设三道圈梁，分别用QL-1、QL-2和QL-3表示。其中柱顶圈梁可代替连系梁。圈梁截面采用240mm×240mm，配筋采用4φ12，φ6@200箍筋。圈梁在过梁处的配筋应另行计算。

图4-46给出了厂房圈梁、柱间支撑布置图。

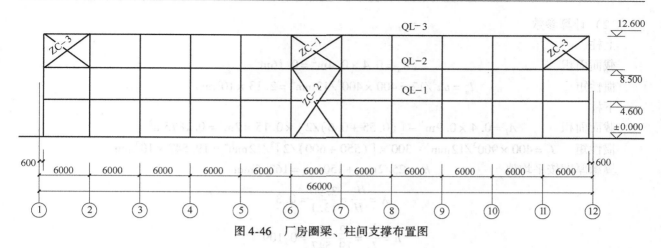

图 4-46　厂房圈梁、柱间支撑布置图

4.2.6　排架结构计算

1. 排架柱截面尺寸选定

下段柱截面高度，根据起重机起重量级、基础顶面至起重机梁顶的高度 H_k，由表 4-3 可知：

当 $Q = 150 \sim 200\text{kN}$ 时，$h \geqslant \dfrac{H_l}{12} = \dfrac{9200}{12}\text{mm} = 766\text{mm}$，取 900mm。

下段柱截面宽度根据基础顶面至起重机梁底的高度 H_l，由表 4-3 可知：

$b \geqslant \dfrac{H_l}{22} = \dfrac{9200}{22}\text{mm} = 418\text{mm}$，取 400mm。

综上可知，上柱截面：$b \times h = 400\text{mm} \times 400\text{mm}$（图 4-47a）。下柱截面：$b_f \times h \times b \times h_f = 400\text{mm} \times 900\text{mm} \times 100\text{mm} \times 162.5\text{mm}$（图 4-47b）。

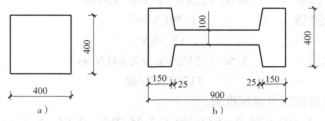

图 4-47　排架柱截面尺寸
a）上柱截面　b）下柱截面

2. 排架结构的计算参数

（1）计算简图　为简化计算，假定排架柱上端与屋架铰接、下端与基础顶面固接；屋架两端处柱的水平位移相等；忽略排架和排架柱之间的相互联系，即不考虑排架的空间作用。排架结构的计算简图如图 4-48 所示。

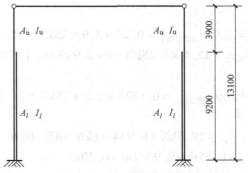

图 4-48　排架计算简图

（2）计算参数

上柱

截面面积　　　　　　　　　　　$A_u = 0.4 \times 0.4 \text{m}^2 = 0.16 \text{m}^2$

惯性矩　　　　　$I_u = bh^3/12 = 400 \times 400^3/12 \text{mm}^4 = 2.13 \times 10^9 \text{mm}^4$

下柱

截面面积　　　$A_l = 0.4 \times 0.9 \text{m}^2 - [(0.55 + 0.6)/2] \times 0.15 \times 2 \text{m}^2 = 0.1875 \text{m}^2$

惯性矩　　$I_l = 400 \times 900^3/12 \text{mm}^4 - 300 \times [(550 + 600)/2]^3/12 \text{mm}^4 = 19.547 \times 10^9 \text{mm}^4$

翼缘厚度按平均值　　　　$h_f = 25/2 \text{mm} + 150 \text{mm} = 162.5 \text{mm}$

$$\lambda = \frac{H_u}{H} = \frac{3.90}{13.1} = 0.3$$

$$n = \frac{I_u}{I_l} = \frac{2.13}{19.547} = 0.109$$

$$C_0 = \frac{3}{1 + \lambda^3 \left(\frac{1}{n} - 1\right)} = \frac{3}{1 + 0.3^3 \left(\frac{1}{0.109} - 1\right)} = 2.458$$

$$\delta = \frac{H_i^3}{C_0 EI_u} = \frac{H_i^3}{2.458 \times E \times 19.574 \times 10^9} = 2.08 \times 10^{-11} H_i^3/E$$

3. 荷载计算

排架的荷载包括永久荷载、屋面可变荷载、起重机荷载和风荷载。

（1）永久荷载　永久荷载包括屋盖自重、上段柱自重、下段柱自重、起重机梁及轨道联结自重。

1）屋盖自重标准值。

三毡四油防水层　　　　　　　　　　0.40kN/m^2

20mm 厚水泥砂浆找平层　　　　$0.02 \times 20 \text{kN/m}^2 = 0.4 \text{kN/m}^2$

预应力大型屋面板及灌缝　　　　　　1.50kN/m^2

天沟板自重　　　　　　　　　　　　13.4kN

天沟内找平层及防水层　　　　$3.56/1.35 \text{kN/m} = 2.64 \text{kN/m}$

屋架自重　　　　　　　　　　　　112.75kN/榀

作用于每端柱顶的屋盖结构自重标准值：

$G_{1k} = (0.40 + 0.40 + 1.50) \times 24.0 \times 6/2 \text{kN} + 112.75/2 \text{kN} + 2.64 \times 6 \text{kN} + 13.4 \text{kN} = 251.22 \text{kN}$

对上柱截面形心得偏心距 $e_1 = 400/2 \text{mm} - 150 \text{mm} = 50 \text{mm}$（所选屋架的实际跨度为 23700mm）。

上柱截面与下柱截面形心偏心距 $e_2 = 900/2 \text{mm} - 400/2 \text{mm} = 250 \text{mm}$。

$$M_{1k} = G_{1k} e_1 = 251.22 \text{kN} \times 0.05 \text{m} = 12.56 \text{kN·m}（内侧受拉）$$

$$M'_{1k} = G_{1k} e_2 = 251.22 \text{kN} \times 0.25 \text{m} = 62.81 \text{kN·m}（内侧受拉）$$

2）柱自重。

上柱自重标准值

$$G_{2k} = A_u H_u \gamma_{钢筋混凝土} = 0.16 \times 3.9 \times 25 \text{kN} = 15.6 \text{kN}$$

$$M'_{2k} = G_{2k} e_2 = 15.6 \times 0.25 \text{kN·m} = 3.9 \text{kN·m}（内侧受拉）$$

下柱自重标准值

$$G_{4k} = A_l H_l \gamma_{钢筋混凝土} = 0.1875 \times 9.2 \times 25 \text{kN} = 43.125 \text{kN}$$

3）起重机梁及轨道联结自重。

$$G_{3k} = 39.5 \text{kN} + 0.934 \times 6 \text{kN} = 45.10 \text{kN}$$

对下柱截面形心的偏心距 $e_3 = 0.75 \text{m} - 0.90/2 \text{m} = 0.30 \text{m}$

$$M'_{3k} = G_{3k} e_3 = 45.10 \times 0.30 \text{kN·m} = 13.53 \text{kN·m}（外侧受拉）$$

所以，下柱上截面处弯矩：

$$M'_{1k} + M'_{2k} - M'_{3k} = 62.81\text{kN}\cdot\text{m} + 3.9\text{kN}\cdot\text{m} - 13.53\text{kN}\cdot\text{m} = 52.55\text{kN}\cdot\text{m}\quad(\text{内侧受拉})$$

永久荷载作用下排架的计算简图如图 4-49 所示。

（2）屋面可变荷载　屋面可变荷载包括屋面均布可变荷载、雪荷载和积灰荷载。现行国家规范《建筑结构荷载规范》GB 50009 规定，积灰荷载应与雪荷载或不上人屋面均布活荷载两者中的较大值同时考虑。

本算例不考虑积灰荷载，取不上人屋面可变荷载标准值为 0.5kN/m^2，雪荷载标准值 $S_0 = 0.2\text{kN/m}^2$，所以

屋面可变荷载 =（屋面均布可变荷载，雪荷载）$_{\text{max}}$ +
积灰荷载 = 0.5kN/m^2

屋面可变荷载在柱顶产生的集中力标准值：

$$Q_{1k} = 0.5 \times 6 \times 24/2\text{kN} = 36.0\text{kN}$$

$$M_{1k} = Q_{1k}e_1 = 36.0\text{kN} \times 0.05\text{m} = 1.8\text{kN}\cdot\text{m}\quad(\text{内侧受拉})$$

$$M'_{1k} = Q_{1k}e_2 = 36.0\text{kN} \times 0.25\text{m} = 9.0\text{kN}\cdot\text{m}\quad(\text{内侧受拉})$$

屋面可变荷载标准值作用下排架的计算简图如图 4-50 所示。

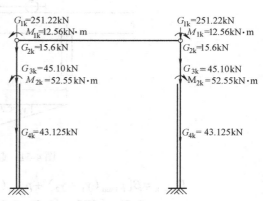

图 4-49　永久荷载标准值作用下排架的计算简图

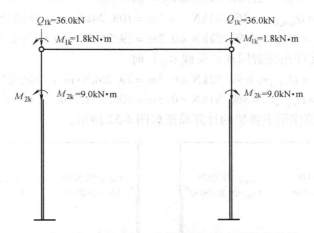

图 4-50　屋面可变荷载标准值作用下排架的计算简图

（3）起重机荷载　本算例设有两台桥式起重机，中级工作制，额定起重量 150/30kN，其有关参数见表 4-14。

表 4-14　起重机有关参数

起重量 Q /kN	跨度 L_k /m	尺寸				中级工作制			
		宽度 B /mm	轮距 K /mm	轨顶以上高度 H/mm	轨顶中心至端部距离 B_1/mm	最大轮压 $P_{\max}$ /kN	最小轮压 $P_{\min}$ /kN	起重机总重量 G/kN	小车总重 g/kN
150/30	22.5	5500	4400	2150	260	185	50	321	74

1）起重机竖向荷载 $D_{\max,k}$、$D_{\min,k}$。起重机梁支座反力的影响线如图 4-51 所示。

影响线的纵坐标：

$y_1 = 1.0$　　　　　　　　　　　　　$y_2 = (6 - 4.4)/6 = 0.267$

$y_3 = [6 - (5.5 - 4.4)]/6 = 0.817$　　　　$y_4 = (6 - 5.5)/6 = 0.083$

则起重机竖向荷载（考虑两台起重机工作，中级工作制，$\beta = 0.9$）

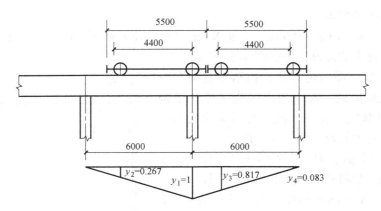

图 4-51　起重机梁支座反力的影响线

$$D_{\max,k} = \beta\left[p_{1\max}(y_1 + y_2) + p_{2\max}(y_3 + y_4)\right]$$
$$= 0.9 \times \left[185 \times (1.0 + 0.267) + 185 \times (0.817 + 0.083)\right]\text{kN} = 360.81\text{kN}$$
$$D_{\min,k} = \beta\left[p_{1\min}(y_1 + y_2) + p_{2\min}(y_3 + y_4)\right]$$
$$= 0.9 \times \left[50 \times (1.0 + 0.267) + 50 \times (0.817 + 0.083)\right]\text{kN} = 97.52\text{kN}$$

当 $D_{\max,k}$ 作用于 A 柱（作用位置同永久荷载 G_{3k}）时

$$M_{Ak} = D_{\max,k}e_3 = 360.81\text{kN} \times 0.3\text{m} = 108.24\text{kN·m}（外侧受拉）$$
$$M_{Bk} = D_{\min,k}e_3 = 97.52\text{kN} \times 0.3\text{m} = 29.26\text{kN·m}（外侧受拉）$$

当 $D_{\max,k}$ 作用于 B 柱（作用位置同永久荷载 G_{3k}）时

$$M_{Ak} = D_{\min,k}e_3 = 97.52\text{kN} \times 0.3\text{m} = 29.26\text{kN·m}（外侧受拉）$$
$$M_{Bk} = D_{\max,k}e_3 = 360.81\text{kN} \times 0.3\text{m} = 108.24\text{kN·m}（外侧受拉）$$

起重机竖向荷载标准值作用下排架的计算简图如图 4-52 所示。

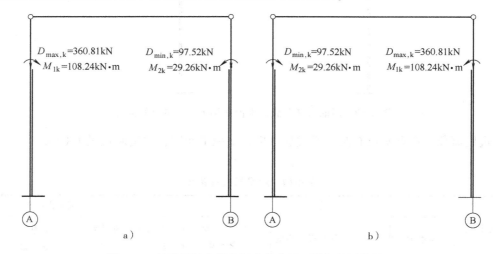

图 4-52　起重机竖向荷载标准值作用下排架的计算简图
a）$D_{\max,k}$ 作用于 A 柱　b）$D_{\max,k}$ 作用于 B 柱

2）起重机横向水平荷载（考虑两台起重机工作，中级工作制，$\beta = 0.9$）$T_{\max,k}$。当起重机起重量 $Q = 150 \sim 500\text{kN}$ 时，$\alpha = 0.10$

$$T = \frac{\alpha}{4}(Q + g) = \frac{0.1}{4} \times (150 + 74)\text{kN} = 5.6\text{kN}$$

$$T_{\max,k} = \beta\left[T_1(y_1 + y_2) + T_2(y_3 + y_4)\right]$$
$$= 0.9 \times \left[5.6 \times (1.0 + 0.267) + 5.6 \times (0.817 + 0.083)\right]\text{kN} = 10.92\text{kN}$$

其作用位置距离柱顶：$3.9\mathrm{m} - 1.2\mathrm{m} = 2.7\mathrm{m}$。

起重机横向荷载标准值作用下排架的计算简图如图 4-53 所示。

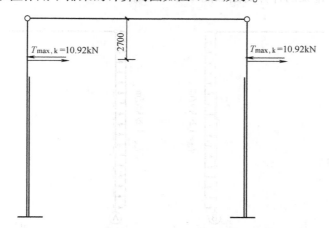

图 4-53　起重机横向荷载标准值作用下排架的计算简图

（4）风荷载　由设计资料可知，该地区基本风压 $w_0 = 0.4\mathrm{kN/m}^2$，B 类地面粗糙度。单层厂房可不考虑风振系数，取 $\beta_z = 1.0$，风载体形系数 μ_s 如图 4-54 所示。

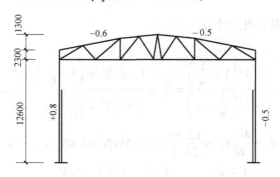

图 4-54　风载体形系数 μ_s（风向→）

1）作用在柱上的均布荷载。柱顶标高 12.6m，风压高度变化系数 μ_z：

柱顶（$H = 12.60\mathrm{m}$）　　　$\mu_z = 1 + \dfrac{12.6 - 10}{15 - 10}(1.14 - 1.0) = 1.073$

柱顶以下墙体承受的均布风荷载标准值：

$$q_{1k} = w_{1k}B = (\beta_z \mu_s \mu_z w_0)B$$
$$= 1.0 \times 0.8 \times 1.073 \times 0.4 \times 6\mathrm{kN/m} = 2.06\mathrm{kN/m}\text{（压力）}$$
$$q_{2k} = w_{2k}B = (\beta_z \mu_s \mu_z w_0)B$$
$$= 1.0 \times (-0.5) \times 1.073 \times 0.4 \times 6\mathrm{kN/m} = -1.29\mathrm{kN/m}\text{（吸力）}$$

2）作用于柱顶的集中风荷载。作用于柱顶的集中风荷载 F_{wk} 由两部分组成：柱顶至檐口竖直面上的风荷载和屋面上的风荷载的水平分量。

檐口标高：　　　　$H = 柱顶高度 + 屋架端头外至外高度 + 天沟板高度$
$$= 12.60\mathrm{m} + 1.90\mathrm{m} + 0.4\mathrm{m} = 14.90\mathrm{m}$$

风压高度变化系数：　　$\mu_z = 1 + \dfrac{14.9 - 10}{15 - 10}(1.14 - 1.0) = 1.137$

作用在柱顶的集中风荷载 F_{wk}：

$$F_{wk} = \sum_{i=1}^{n} \left[(\beta_z \mu_s \mu_z w_0) B H_i \right]$$

$= 1.0 \times 1.137 \times 0.4 \times 6 \times (0.8 \times 2.3 + 0.5 \times 2.3 + 0.5 \times 1.3 - 0.6 \times 1.3) \text{kN} = 7.80 \text{kN}$

风荷载标准值作用下排架的计算简图如图 4-55 所示。

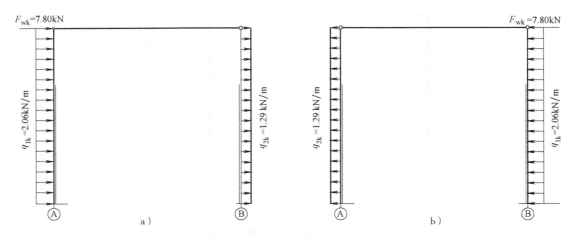

图 4-55　风荷载标准值作用下排架的计算简图

a）风向→　b）风向←

4. 内力分析

（1）永久荷载标准值作用下内力计算

1）柱顶反力。

$$C_1 = \frac{3}{2} \frac{1 - \lambda^2 \left(1 - \dfrac{1}{n}\right)}{1 + \lambda^3 \left(\dfrac{1}{n} - 1\right)} = \frac{3}{2} \times \frac{1 - 0.3^2 \times \left(1 - \dfrac{1}{0.109}\right)}{1 + 0.3^3 \times \left(\dfrac{1}{0.109} - 1\right)} = 2.133$$

$$R_1 = \frac{M_{1k}}{H} C_1 = \frac{12.56}{13.1} \times 2.133 \text{kN} = 2.05 \text{kN} \quad (\rightarrow)$$

$$C_2 = \frac{3}{2} \frac{1 - \lambda^2}{1 + \lambda^3 \left(\dfrac{1}{n} - 1\right)} = \frac{3}{2} \times \frac{1 - 0.3^2}{1 + 0.3^3 \times \left(\dfrac{1}{0.109} - 1\right)} = 1.118$$

$$R_2 = \frac{M_{2k}}{H} C_2 = \frac{52.55}{13.1} \times 1.118 \text{kN} = 4.49 \text{kN} \quad (\rightarrow)$$

$$V = R = R_1 + R_2 = 2.05 \text{kN} + 4.49 \text{kN} = 6.54 \text{kN} \quad (\rightarrow)$$

2）内力。

上柱顶端截面（0—0）：

$$M_{0k} = -12.56 \text{kN} \cdot \text{m}$$
$$N_{0k} = 251.22 \text{kN}$$

上柱底端截面（1—1）：

$$M_{1k} = 6.54 \times 3.9 \text{kN} \cdot \text{m} - 12.56 \text{kN} \cdot \text{m} = 12.95 \text{kN} \cdot \text{m}$$
$$N_{1k} = 251.22 \text{kN} + 15.6 \text{kN} = 266.82 \text{kN}$$

下柱上端截面（2—2）：

$$M_{2k} = 6.54 \times 3.9 \text{kN} \cdot \text{m} - 12.56 \text{kN} \cdot \text{m} - 52.55 \text{kN} \cdot \text{m} = -39.60 \text{kN} \cdot \text{m}$$
$$N_{2k} = 266.82 \text{kN} + 45.10 \text{kN} = 311.92 \text{kN}$$

下柱底端截面（3—3）：

$$M_{3k} = 6.54 \times 13.1 \text{kN} \cdot \text{m} - 12.56 \text{kN} \cdot \text{m} - 52.55 \text{kN} \cdot \text{m} = 20.56 \text{kN} \cdot \text{m}$$
$$N_{3k} = 311.92 \text{kN} + 43.125 \text{kN} = 355.05 \text{kN}$$

永久荷载标准值作用下排架结构内力图如图 4-56 所示。

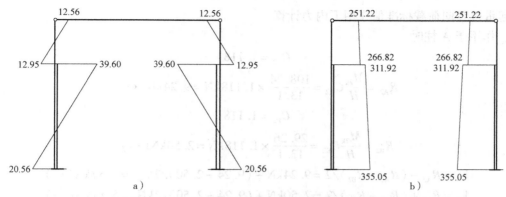

图 4-56　永久荷载标准值作用下排架结构内力图

a）弯矩图（kN·m）　b）轴力图（kN）

（2）屋面可变荷载标准值作用下内力计算

1）柱顶反力。

$$C_1 = 2.133，\quad C_2 = 1.118$$

$$R_1 = \frac{M_{1k}}{H}C_1 = \frac{1.8}{13.1} \times 2.133\text{kN} = 0.293\text{kN}（\rightarrow）$$

$$R_2 = \frac{M_{2k}}{H}C_2 = \frac{9.0}{13.1} \times 1.118\text{kN} = 0.768\text{kN}（\rightarrow）$$

$$V = R = R_1 + R_2 = 0.293\text{kN} + 0.768\text{kN} = 1.061\text{kN}（\rightarrow）$$

2）内力。

上柱顶端截面（0—0）：

$$M_{0k} = -1.80\text{kN·m}$$
$$N_{0k} = 36.0\text{kN}$$

上柱底端截面（1—1）：

$$M_{1k} = 1.061 \times 3.9\text{kN·m} - 1.80\text{kN·m} = 2.24\text{kN·m}$$
$$N_{1k} = 36.0\text{kN}$$

下柱上端截面（2—2）：

$$M_{2k} = 1.061 \times 3.9\text{kN·m} - 1.80\text{kN·m} - 9.0\text{kN·m} = -6.66\text{kN·m}$$
$$N_{2k} = 36.0\text{kN}$$

下柱底端截面（3—3）：

$$M_{3k} = 1.061 \times 13.1\text{kN·m} - 1.80\text{kN·m} - 9.0\text{kN·m} = 3.10\text{kN·m}$$
$$N_{3k} = 36.0\text{kN}$$

屋面可变荷载标准值作用下排架结构内力图如图 4-57 所示。

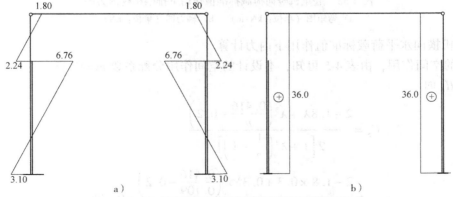

图 4-57　屋面可变荷载标准值作用下排架结构内力图

a）弯矩图（单位：kN·m）　b）轴力图（单位：kN）

（3）起重机竖向荷载标准值作用下内力计算

当 D_{maxk} 作用于 A 柱时

$$C_{A2} = 1.118$$

$$R_{A2} = \frac{M_{2k}}{H}C_{A2} = \frac{108.24}{13.1} \times 1.118 \text{kN} = 9.24 \text{kN}(\leftarrow)$$

$$C_{B2} = 1.118$$

$$R_{B2} = \frac{M_{2k}}{H}C_{B2} = \frac{29.26}{13.1} \times 1.118 \text{kN} = 2.50 \text{kN}(\rightarrow)$$

$$V_A = R_{A2} - (R_{A2} - R_{B2})/2 = 9.24 \text{kN} - (9.24 - 2.50)/2 \text{kN} = 5.87 \text{kN}(\leftarrow)$$

$$V_B = R_{B2} + (R_{A2} - R_{B2})/2 = 2.50 \text{kN} + (9.24 - 2.50)/2 \text{kN} = 5.87 \text{kN}(\rightarrow)$$

A 柱

$M_{0k} = 0$

$N_{0k} = 0$

$M_{1k} = -5.87 \times 3.9 \text{kN} \cdot \text{m} = -22.89 \text{kN} \cdot \text{m}$

$N_{1k} = 0$

$M_{2k} = -5.87 \times 3.9 \text{kN} \cdot \text{m} + 108.24 \text{kN} \cdot \text{m} = 85.35 \text{kN} \cdot \text{m}$

$N_{2k} = 360.81 \text{kN}$

$M_{3k} = -5.87 \times 13.1 \text{kN} \cdot \text{m} + 108.24 \text{kN} \cdot \text{m} = 31.34 \text{kN} \cdot \text{m}$

$N_{3k} = 360.81 \text{kN}$

B 柱

$M_{0k} = 0$

$N_{0k} = 0$

$M_{1k} = 5.87 \times 3.9 \text{kN} \cdot \text{m} = 22.89 \text{kN} \cdot \text{m}$

$N_{1k} = 0$

$M_{2k} = 5.87 \times 3.9 \text{kN} \cdot \text{m} - 29.26 \text{kN} \cdot \text{m} = -6.37 \text{kN} \cdot \text{m}$

$N_{2k} = 97.52 \text{kN}$

$M_{3k} = 5.87 \times 13.1 \text{kN} \cdot \text{m} - 29.26 \text{kN} \cdot \text{m} = 47.64 \text{kN} \cdot \text{m}$

$N_{3k} = 97.52 \text{kN}$

起重机竖向荷载标准值作用下排架结构内力图如图 4-58 所示。

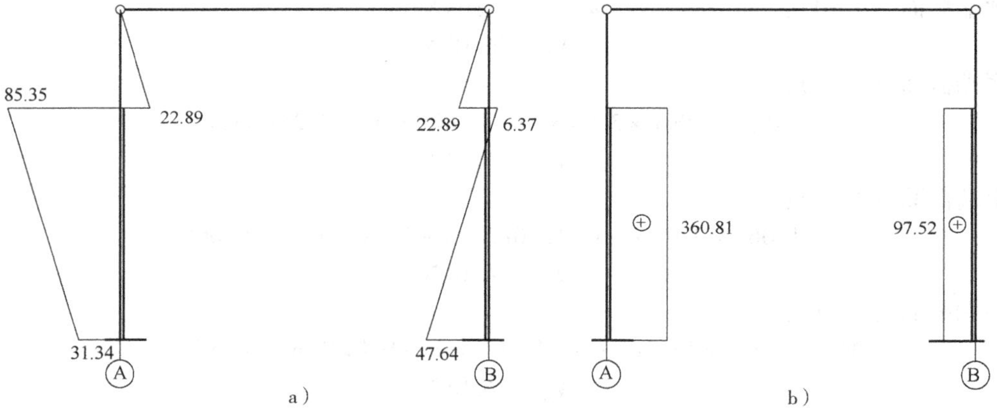

图 4-58　起重机竖向荷载标准值作用下排架结构内力图

a）弯矩图（单位：kN·m）　b）轴力图（单位：kN）

（4）起重机横向水平荷载标准值作用下内力计算

考虑厂房的空间作用，由表 4-5 可知，本设计的空间作用分配系数 $m = 0.85$。

当 $y = 0.6H_u$ 时

$$C_5 = \frac{2 - 1.8\lambda + \lambda^3\left(\dfrac{0.416}{n} - 0.2\right)}{2\left[1 + \lambda^3\left(\dfrac{1}{n} - 1\right)\right]}$$

$$= \frac{2 - 1.8 \times 0.3 + 0.3^3 \times \left(\dfrac{0.416}{0.109} - 0.2\right)}{2\left[1 + 0.3^3\left(\dfrac{1}{0.109} - 1\right)\right]} = 0.638$$

当 $y = 0.7H_u$ 时

$$C_5 = \frac{2 - 2.1\lambda + \lambda^3\left(\dfrac{0.243}{n} + 0.1\right)}{2\left[1 + \lambda^3\left(\dfrac{1}{n} - 1\right)\right]}$$

$$= \frac{2 - 2.1 \times 0.3 + 0.3^3 \times \left(\dfrac{0.243}{0.109} + 0.1\right)}{2\left[1 + 0.3^3\left(\dfrac{1}{0.109} - 1\right)\right]} = 0.587$$

$y = [(3.9 - 1.2)/2]H_u = 0.6923H_u$ 利用内插法求得 $C_5 = 0.626$。

$$X_1 = (1 - m)C_5T_{max} = (1 - 0.85) \times 0.626 \times 10.92kN = 1.025kN$$

$$X_2 = (m - 1)C_5T_{max} = (0.85 - 1) \times 0.626 \times 10.92kN = -1.025kN$$

$$M'_k = -1.025 \times 2.7kN = -2.768kN$$

$$M_{1k} = M_{2k} = -1.025 \times 3.9kN \cdot m + 10.92 \times 1.2kN \cdot m = 9.107kN \cdot m$$

$$M_{3k} = -1.025 \times 13.1kN \cdot m + 10.92 \times (13.1 - 2.7)kN \cdot m = 100.14kN \cdot m$$

起重机横向水平荷载标准值作用下排架结构弯矩图如图 4-59 所示。

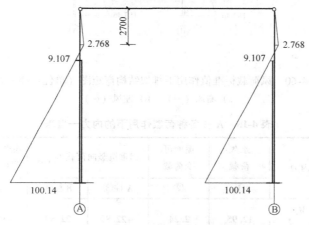

图 4-59　起重机横向水平荷载标准值作用下排架结构弯矩图 （单位：kN·m）

（5）风荷载标准值作用下内力计算

$$C_6 = \frac{3}{8} \frac{1 + \lambda^4\left(\dfrac{1}{n} - 1\right)}{1 + \lambda^3\left(\dfrac{1}{n} - 1\right)} = \frac{3}{8} \times \frac{1 + 0.3^4\left(\dfrac{1}{0.109} - 1\right)}{1 + 0.3^3\left(\dfrac{1}{0.109} - 1\right)} = 0.328$$

$$R_{Ak} = q_{1k}HC_6 = 2.06 \times 13.1 \times 0.328kN = 8.85kN \quad (\leftarrow)$$

$$R_{Bk} = q_{2k}HC_6 = 1.29 \times 13.1 \times 0.328kN = 5.54kN \quad (\leftarrow)$$

$$R = R_{Ak} + R_{Bk} + F_{wk} = 8.85kN + 5.54kN + 7.80kN = 22.19kN$$

A 柱、B 柱的剪力分配系数 $\eta_A = \eta_B = 0.5$。

$$V_{Ak} = 22.19/2kN - 8.85kN = 2.245kN \quad (\rightarrow)$$

$$V_{Bk} = 22.19/2kN - 5.54kN = 5.555kN \quad (\rightarrow)$$

A 柱

$M_{0k} = 0$

$M_{1k} = \dfrac{1}{2} \times 2.06 \times 3.9^2kN \cdot m + 2.245 \times 3.9kN \cdot m$

$\quad = 24.42kN \cdot m$

B 柱

$M_{0k} = 0$

$M_{1k} = \dfrac{1}{2} \times 1.29 \times 3.9^2kN \cdot m + 5.555 \times 3.9kN \cdot m$

$\quad = 31.48kN \cdot m$

$M_{2k} = M_{1k} = 24.42 \text{kN} \cdot \text{m}$ $M_{2k} = M_{1k} = 31.48 \text{kN} \cdot \text{m}$

$M_{3k} = \dfrac{1}{2} \times 2.06 \times 13.1^2 \text{kN} \cdot \text{m} + 2.245 \times 13.1 \text{kN} \cdot \text{m}$ $M_{3k} = \dfrac{1}{2} \times 1.29 \times 13.1^2 \text{kN} \cdot \text{m} + 5.555 \times 13.1 \text{kN} \cdot \text{m}$

      $= 206.17 \text{kN} \cdot \text{m}$ $= 183.46 \text{kN} \cdot \text{m}$

$V_{3k} = 2.245 \text{kN} + 2.06 \times 13.1 \text{kN} = 29.23 \text{kN}$ $V_{3k} = 5.555 \text{kN} + 1.29 \times 13.1 \text{kN} = 22.454 \text{kN}$

风荷载标准值作用下排架结构弯矩图如图 4-60 所示。

A 柱各种荷载作用下的内力汇总于表 4-15。

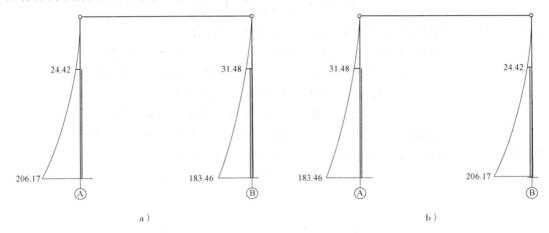

图 4-60　风荷载标准值作用下排架结构弯矩图（单位：kN·m）

a）右风（→）　　b）左风（←）

表 4-15　A 柱各种荷载作用下的内力一览表

A 柱	截面	内力	永久荷载 ①	屋面可变荷载 ②	起重机竖向荷载 $D_{\text{max,k}}$		起重机横向荷载 $T_{\text{max,k}}$ ⑤	风荷载	
					A 柱③	B 柱④		左风⑥	右风⑦
	1—1	M_k/(kN·m)	12.95	2.24	−22.89	22.89	±9.107	24.42	−31.48
		N_k/kN	266.82	36.0	0	0	0	0	0
	2—2	M_k/(kN·m)	−39.60	−6.66	85.35	−6.37	±9.107	24.42	−31.48
		N_k/kN	311.92	36.0	360.81	97.52	0	0	0
	3—3	M_k/(kN·m)	20.56	3.10	31.34	47.64	±100.14	206.17	−183.46
		N_k/kN	355.05	36.0	360.81	97.52	0	0	0
		V_k/kN	6.54	1.061	−5.87	5.87	±9.895	29.23	−22.454

注：负号规定，弯矩以柱外侧受拉为正；剪力以使构件产生顺时针方向转动趋势为正；轴力以受压为正。

5. 柱的内力组合（A 柱）

（1）荷载作用效应的基本组合

1.3×永久荷载效应标准值 + 1.5×屋面可变荷载效应标准值 + (风荷载效应组合值 + 起重机荷载效应组合值)

1.3×永久荷载效应标准值 + 1.5×风荷载效应标准值 + (屋面可变荷载效应组合值 + 起重机荷载效应组合值)

1.3×永久荷载效应标准值+1.5×起重机荷载效应标准值+（风荷载效应组合值+屋面可变荷载效应组合值）

1.3×永久荷载效应标准值+1.5×（屋面可变荷载效应组合值+起重机荷载效应组合值）

（2）最不利内力 $+M_{max}$ 及相应的 N、V；$-M_{max}$ 及相应的 N、V；N_{max} 及相应的 M、V；N_{min} 及相应的 M、V。

（3）可变荷载的组合系数 风荷载取 0.6，其他荷载取 0.7。准永久值系数：风荷载取 0，屋面可变荷载取 0（不上人）或 0.4（上人），起重机荷载取 0。

A 柱各截面内力组合结果详见表 4-16。

4.2.7 排架柱截面设计

1. 计算长度及材料性能

柱子计算长度取值：

考虑起重机荷载时

上段柱 $\qquad l_u = 2.0H_u = 2.0 \times 3.9m = 7.8m$

下段柱 $\qquad l_l = 1.0H_l = 1.0 \times 9.2m = 9.2m$

不考虑起重机荷载时

上段柱 $\qquad l_u = 2.0H_u = 2.0 \times 3.9m = 7.8m$

下段柱 $\qquad l_l = 1.25H_l = 1.25 \times 9.2m = 11.5m$

C30 混凝土，$f_c = 14.3N/mm^2$，$f_t = 1.43N/mm^2$，$\alpha_1 = 1.0$；一类环境，保护层厚度 30mm。HRB400 纵向钢筋，$f_y = 360N/mm^2$；HPB300 箍筋，$f_y = 270N/mm^2$。

2. 上段柱截面配筋设计

上段柱截面尺寸 $b \times h = 400mm \times 400mm$，$h_0 = 400mm - 35mm = 365mm$，采用对称配筋。上段柱的控制截面（1—1）有三组最不利内力：

$$①\begin{cases} M = 55.82kN \cdot m \\ N = 384.67kN \end{cases} \qquad ②\begin{cases} M = -63.98kN \cdot m \\ N = 346.87kN \end{cases} \qquad ③\begin{cases} M = -41.73kN \cdot m \\ N = 400.87kN \end{cases}$$

$N_b = \alpha_1 f_c b h_0 \xi_b = 1.0 \times 14.3 \times 400 \times 365 \times 0.55kN = 1148.29kN$，以上三组内力下的受压区高度系数 $\xi = N/(\alpha_1 f_c b h_0) < \xi_b = 0.518$，均属于大偏心受压。在大偏心受压构件中，$|M|$ 相近时，N 越小越不利；N 相近时，$|M|$ 越大越不利。因此，可用第②组内力计算配筋。

$$e_0 = M/N = 63.98/346.87m = 0.1845m$$

$$e_a = (0.02m, \ 0.4m/30) \max = 0.02m$$

$$e_i = e_0 + e_a = 0.1845m + 0.02m = 0.2045m$$

$$\zeta_c = 0.5f_c A/N = 0.5 \times 14.3 \times 160000/346870 = 3.30 > 1, \ \text{取} \ \zeta_c = 1.0$$

$$\eta_c = 1 + \frac{1}{1500e_i/h_0}\left(\frac{l_0}{h}\right)^2 \zeta_c = 1 + \frac{1}{1500 \times 204.5/365} \times \left(\frac{3.9}{0.4}\right)^2 \times 1 = 1.113$$

$$e = h/2 + \eta_c e_i - a_s = 400/2mm + 1.113 \times 204.5mm - 35mm = 392.61mm$$

$$x = \frac{N}{\alpha_1 f_c b} = \frac{346.87 \times 10^3}{1 \times 14.3 \times 400}mm = 60.64mm < 2a_s' = 70mm, \ \text{取} \ x = 70mm, \ \text{并向受压钢筋合力取矩}$$

$$\begin{aligned} A_s = A_s' &= \frac{N(\eta_c e_i - h/2 + a_s')}{f_y(h_0 - a_s')} \\ &= \frac{346.87 \times 10^3 \times (1.113 \times 204.5 - 400/2 + 35)}{360 \times (365 - 35)}mm^2 \\ &= 182.80mm^2 < \rho_{min}bh = 0.2\% \times 400mm \times 400mm = 320mm^2 \end{aligned}$$

表 4-16　A 柱截面内力组合

荷载种类	永久荷载	屋面可变荷载	起重机竖向荷载		起重机水平荷载	风荷载	
荷载编号	①	②	③D_{max} 在 A 柱	④D_{min} 在 A 柱	⑤	⑥左吹向(右风)	⑦右吹向(左风)
内力	M：12.95，12.56，20.56；N：251.22，266.82，311.92，355.05；V：6.54，39.60	M：1.80，2.24，3.10；N：6.76，36.0；V：1.061	M：85.35，31.34；N：360.81；V：5.87	M：6.37，22.89，47.64；N：97.52；V：5.87	M：2.768，9.107，100.14；N：100.14；V：9.895	M：206.17；V：24.42，29.23	M：31.48，183.46；V：22.45

组合类别	控制截面	组合目标	组合项目	$M/(\text{kN·m})$	N/kN	V/kN（备注）
基本组合	1—1	$+M_{max}$ 相应 N	$1.3①+1.5⑥+1.5×0.7②$	$1.3×12.95+1.5×24.42+1.5×0.7×2.24 = 55.82$	$1.3×266.82+1.5×0+1.5×(0.7×0+0.7×0+0.6×0) = 346.87$	弯矩大于 $1.3①+1.5×0.7② = 19.19$
		$-M_{max}$ 相应 N	$1.3①+1.5×0.7(③+⑤)$	$1.3×12.95-1.5×31.48-1.5×0.7(22.89+9.107) = -63.98$	$1.3×266.82+1.5×(0.7×0+0.6×0) = 384.67$	轴力大于 $1.3①+1.5×0.7(②+③) = 384.67$
		N_{max} 相应 $±M_{max}$	$1.3①+1.5×⑦+1.5(0.7③+0.7⑤+0.6⑦)$	$1.3×12.95+1.5×2.24+1.5×(-0.7×22.89-0.7×9.107-0.6×31.48) = -41.73$	$1.3×266.82+1.5×36.0+1.5×(0.7×0+0.7×0+0.6×0) = 400.87$	
		N_{min} 相应 $±M_{max}$	$1.3①+1.5×⑦+1.5(0.7③+0.7⑤)$	$1.3×12.95-1.5×31.48-1.5×(22.89+9.107) = -63.98$	$1.3×266.82+1.5×0+(0.7×0+0.7×0) = 346.87$	③、⑤、⑦荷载不影响轴力值，但可使弯矩增加，因而更不利
	2—2	$+M_{max}$ 相应 N	$1.3①+1.5×⑦+1.5(0.7⑤+0.6⑥)$	$1.3×(-39.60)+1.5×85.35+1.5×(0.7×9.107+0.6×24.42) =108.09$	$1.3×(311.92)+1.5×360.81+1.5×(0.7×0+0.6×0) =946.71$	
		$-M_{max}$ 相应 N	$1.3①+1.5×0.7(②+④+⑤)$	$1.3×(-39.60)-1.5×31.48+1.5×0.7×(-6.76+6.37-9.107) = -108.67$	$1.3×311.92+1.5×0+1.5×(0.7×0+0.6×0) =545.69$	弯矩大于 $1.3①+1.5×0.7(②+④) = -51.89$

（续）

组合类别	控制截面	组合目标	组合项目	$M/(kN \cdot m)$	N/kN	V/kN（备注）
基本组合	2—2	N_{max} 相应 $\pm M_{max}$	1.3① + 1.5③ + 1.5(0.7② + 0.7⑤ + 0.6⑥)	1.3 × (−39.60) + 1.5 × 85.35 + 1.5 × (−0.7 × 6.76 + 0.7 × 9.107 + 0.6 × 24.42) = 100.99	1.3 × 311.92 + 1.5 × 360.81 + 1.5 × (0.7 × 36.0 + 0.6 × 0) = 984.51	⑤、⑥荷载不影响轴力值，但可使弯矩增加，因而更不利
		N_{min} 相应 $\pm M_{max}$	1.3① + 1.5⑦	1.3 × (−39.60) + 1.5 × (−31.48) = −98.70	1.3 × (311.92) + 1.5 × 0 = 405.50	
	3—3	$+ M_{max}$ 相应 N、V	1.3① + 1.5⑥ + 1.5 × 0.7(② + ③ + ⑤)	1.3 × 20.56 + 1.5 × 206.17 + 0.7 × 1.5(3.10 + 31.34 + 100.14) = 477.29	1.3 × (355.05) + 1.5 × 0 + 0.7 × 1.5(36.0 + 360.81 + 0) = 878.22	弯矩大于1.3① + 1.5 × 0.7(② + ③) = 1.3 × 20.56 + 1.5 × 0.7 × (3.10 + 31.34) = 62.89；1.3 × 6.54 + 1.5 × 29.23 + 1.5 × 0.7 × (1.061 − 5.87 + 9.895) = 57.69
		$- M_{max}$ 相应 N、V	1.3① + 1.5⑦ + 1.5 × 0.7(④ + ⑤)	1.3 × 20.56 + 1.5 × (−183.46) + 1.5 × 0.7 × (−47.46 − 100.14) = −403.44	1.3 × 355.05 + 1.5 × 0 + 1.5 × 0.7 × (97.52 + 0) = 563.96	1.3 × 6.54 + 1.5 × (−22.454) + 1.5 × 0.7 × (−5.87 − 9.895) = −41.73
		N_{max} 相应 $\pm M_{max}$、V	1.3① + 1.5③ + 1.5(0.7② + 0.7⑤ + 0.6⑥)	1.3 × (20.56) + 1.5 × 31.34 + 1.5 × (0.7 × 3.10 + 0.7 × 100.14 + 0.6 × 206.17) = 367.69	1.3 × (355.05) + 1.5 × 360.81 + 1.5 × (0.7 × 36.0 + 0.7 × 0 + 0.6 × 0) = 1040.58	1.3 × 6.54 + 1.5 × (−5.87) + 1.5 × (0.7 × 1.061 + 0.7 × 9.895 + 0.6 × 29.23) = 37.51
		N_{min} 相应 $\pm M_{max}$、V	1.3① + 1.5⑥	1.3 × 20.56 + 1.5 × 206.17 = 335.98	1.3 × 355.05 + 1.5 × 0 = 461.57	1.3 × 6.54 + 1.5 × 29.23 = 52.35
标准组合	3—3	$|M|_{max,k}$	① + ⑥ + 0.7② + 0.7③ + 0.7⑤	20.56 + 206.17 + 0.7 × 3.10 + 0.7 × 31.34 + 0.7 × 100.14 = 320.94	355.05 + 0 + 0.7 × 36.0 + 0.7 × 0 = 632.82	6.54 + 29.23 + 0.7 × 1.061 − 0.7 × 5.87 + 0.7 × 9.895 = 39.33
		$N_{max,k}$	① + ③ + 0.7② + 0.7⑤ + 0.6⑥	20.56 + 31.34 + 0.7 × 3.10 + 0.7 × 100.14 + 0.6 × 206.17 = 247.87	355.05 + 360.81 + 0.7 × 36.0 + 0.7 × 0 + 0.6 × 0 = 741.06	6.54 + (−5.87) + 0.7 × 1.061 + 0.7 × 9.895 + 0.6 × 29.23 = 25.88

选配 $4\underline{\Phi}16$（$A_\mathrm{s}=A_\mathrm{s}'=804\mathrm{mm}^2$）。

箍筋按构造确定，箍筋间距不应大于 400mm 及截面尺寸的短边尺寸，且不大于 $15d$（$15\times16\mathrm{mm}=240\mathrm{mm}$）；箍筋直径不应小于 $d/4$（$16\mathrm{mm}/4=4\mathrm{mm}$），且不应小于 6mm。配置 $\Phi6@200$。

3. 下段柱截面配筋设计

下段柱截面按工字形截面，采用对称配筋，沿柱全长各截面配筋相同。

截面尺寸 $b_\mathrm{f}\times h\times b\times h_\mathrm{f}=400\mathrm{mm}\times900\mathrm{mm}\times100\mathrm{mm}\times162.5\mathrm{mm}$，$h_0=900\mathrm{mm}-35\mathrm{mm}=865\mathrm{mm}$。

工字形截面大小偏心受压可采用下式判别：

当 $x=N/(\alpha_1 f_\mathrm{c} b_\mathrm{f}')<h_\mathrm{f}'$ 时，中和轴在受压翼缘内，按第一类工字形截面的大偏心受压截面计算。

当 $h_\mathrm{f}'<x=[N-\alpha_1 f_\mathrm{c}(b_\mathrm{f}'-b)h_\mathrm{f}']/(\alpha_1 f_\mathrm{c} b_\mathrm{f}')\leqslant\xi_\mathrm{b}h_0$ 时，中和轴通过腹板，按第二类工字形截面的大偏心受压截面计算。

当 $\xi_\mathrm{b}h_0<x<h-h_\mathrm{f}'$ 时，中和轴通过腹板，按小偏心受压截面计算。

当 $h-h_\mathrm{f}'<x<h$ 时，中和轴在受拉翼缘内，按小偏心受压截面计算。

A 柱下段截面共有 8 组最不利内力，汇总于表 4-17。通过判别可选取其中的三组进行配筋计算。

表 4-17　A 柱 2—2、3—3 截面内力组合值汇总和取舍

	组号	1	2	3	4	5	6	7	8
内力值	$M/(\mathrm{kN\cdot m})$	108.09	−108.67	100.99	−98.70	477.29	−403.44	367.69	335.98
	N/kN	946.71	545.69	984.51	405.50	878.22	563.96	1040.58	461.57
	x/mm	165.51	95.40	1572.12	70.89	153.54	98.59	181.92	80.69
	判别	大偏压	大偏压	大偏压	大偏压	大偏压	大偏压	大偏压	大偏压
	取舍	×	√	×	×	√	×	√	√

注：大偏压时，两组内力若 $|M_1|\approx|M_2|$、$N_1<N_2$，或 $N_1\approx N_2$、$|M_1|>|M_2|$，或 $|M_1|>|M_2|$、$N_1>N_2$，则第 1 组比第 2 组不利。

工字形截面的大偏心受压，当受压区高度 x 小于受压翼缘 h_f' 时，按宽度为 b_f' 的矩形截面计算；当 x 大于受压翼缘 h_f' 时，按下列公式计算：

$$x=\frac{N-\alpha_1 f_\mathrm{c}(b_\mathrm{f}'-b)h_\mathrm{f}'}{\alpha_1 f_\mathrm{c} b}=\frac{N-1.0\times14.2\times(400-100)\times162.5}{1.0\times14.3\times100}=\frac{N}{1430}-487.5$$

$$A_\mathrm{s}=A_\mathrm{s}'=\frac{Ne-\alpha_1 f_\mathrm{c} bx(h_0-x/2)-\alpha_1 f_\mathrm{c}(b_\mathrm{f}'-b)h_\mathrm{f}'(h_0-h_\mathrm{f}'/2)}{f_\mathrm{y}'(h_0-a_\mathrm{s}')}$$

$$=\frac{Ne-1430x(h_0-x/2)-1.0\times14.3\times(400-100)\times162.5\times(865-162.5/2)}{360\times(865-35)}$$

$$=\frac{Ne-1430x(h_0-x/2)-546.37\times10^6}{2988000}$$

在四组控制内力作用下，下段柱截面的承载力计算见表 4-18。

表 4-18　下段柱截面的承载力计算

序号	设计内力		e_0 /mm	e_i /mm	$\dfrac{l_0}{h}$	ζ_c	η_c	e /mm	x /mm	$A_\mathrm{s}=A_\mathrm{s}'$ /mm²
	$M/(\mathrm{kN\cdot m})$	N/kN								
1	−108.67	545.69	199.14	229.14	10.22	1.0	1.263	704.40	<0 取70	<0
2	477.29	878.22	543.47	573.47	10.22	1.0	1.105	1048.68	126.64	767.81
3	367.69	1040.58	353.35	383.35	12.78	1.0	1.246	892.65	240.18	423.89
4	335.98	461.57	727.91	757.91	12.78	1.0	1.124	1266.89	<0 取70	<0

由表 4-18 可知，A 柱下段的纵向受力钢筋选配 $4\underline{\Phi}18$（$A_\mathrm{s}=A_\mathrm{s}'=1018\mathrm{mm}^2$）$>\rho_{\min}A=0.2\%\times187500\mathrm{mm}^2=375\mathrm{mm}^2$。

箍筋按构造确定，箍筋间距不应大于 400mm 及截面尺寸的短边尺寸，且不大于 $15d$（$15 \times 16mm = 240mm$）；箍筋直径不应小于 $d/4$（$16mm/4 = 4mm$），且不应小于 6mm。A 柱下段的箍筋选用 $\Phi 6@200$。

4. 柱在排架平面外的承载力验算

（1）上段柱

$$l_0 = 1.25H_u = 1.25 \times 3.9m = 4.875m$$

$l_0/b = 4.875/0.4 = 12.19$，查现行国家标准《混凝土结构设计规范》GB 50010 表 6.2.15，可得稳定系数 $\varphi = 0.95 - \dfrac{12.19 - 12}{14 - 12} \times (0.95 - 0.92) = 0.947$

$$N_u = 0.9\varphi(f_cA + f_y'A_s')$$
$$= 0.9 \times 0.947 \times (14.3 \times 160000 + 360 \times 2 \times 402)kN = 2196.75kN > N_{max} = 400.87kN（安全）$$

（2）下段柱

$$l_0 = 0.8H_u = 0.8 \times 9.2m = 7.36m$$

$l_0/b = 7.36/0.4 = 18.4$，查现行国家标准《混凝土结构设计规范》GB 50010 表 6.2.15，可得稳定系数 $\varphi = 0.81 - \dfrac{18.4 - 18}{20 - 18} \times (0.81 - 0.75) = 0.798$

$$N_u = 0.9\varphi(f_cA + f_y'A_s')$$
$$= 0.9 \times 0.798 \times (14.3 \times 187500 + 360 \times 2 \times 1018)kN = 2452.09kN > N_{max} = 1040.58kN（安全）$$

5. 柱裂缝宽度验算

最大裂缝宽度公式为：

$$w_{max} = \alpha_{cr}\psi\frac{\sigma_{sk}}{E_s}\left(1.9c + 0.08\frac{d_{eq}}{\rho_{te}}\right)$$

式中　α_{cr}——构件受力特征系数，对钢筋混凝土偏心受压构件，$\alpha_{cr} = 1.9$；

c——钢筋保护层厚度，$c = 30mm$；

ρ_{te}——按有效受拉混凝土截面面积计算的纵向受拉钢筋配筋率，$\rho_{te} = A_s/A_{te}$；

A_{te}——有效受拉混凝土截面面积，$A_{te} = 0.5bh + (b_f - b)h_f$；

d_{eq}——受拉区纵向钢筋的等效直径，$d_{eq} = \sum n_id_i^2/\sum n_i\nu_id_i$；

σ_{sk}——按荷载效应标准组合计算的钢筋等效应力，$\sigma_{sk} = N_k(e - \eta h_0)/(\eta h_0 A_s)$；

ηh_0——纵向受力钢筋合力点至受压区合力点的距离，可近似地取

$$\eta h_0 = \left[0.87 - 0.12(1 - \gamma_f')\left(\frac{h_0}{e}\right)^2\right]h_0；$$

e——N_k 至受拉钢筋合力点的距离，$e = \eta_se_0 + h/2 - a_s$；

η_s——使用阶段轴向压力偏心距增大系数，可近似地取 $\eta_s = 1 + \dfrac{1}{4000e_0/h_0}(l_0/h)^2$，当 $l_0/h \leqslant 14$ 时，取 $\eta_s = 1.0$；

γ_f'——受压翼缘截面面积与腹板有效截面面积的比值，$\gamma_f' = \dfrac{(b_f' - b)h_f'}{bh_0}$；

ψ——裂缝间纵向受拉钢筋应变不均匀系数，$\psi = 1.1 - 0.65f_{tk}/(\rho_{te}\sigma_{sk})$；

f_{tk}——混凝土抗拉强度标准值，C30 混凝土 $f_{tk} = 2.01N/mm^2$。

1—1 截面：

荷载组合　①+⑦+0.7（③+⑤）

$$M_k = 12.95kN \cdot m - 31.48kN \cdot m - 0.7 \times (22.89 + 9.107)kN \cdot m = -40.93kN \cdot m$$

$$N_k = 266.82kN + (0.7 \times 0 + 0.7 \times 0 + 0.6 \times 0)kN = 266.82kN$$

3—3 截面：

荷载组合 ① + ⑥ + 0.7② + 0.7③ + 0.7⑤

$M_k = 20.56 \text{kN} \cdot \text{m} + 206.17 \text{kN} \cdot \text{m} + 0.7 \times 3.10 \text{kN} \cdot \text{m} + 0.7 \times 31.34 \text{kN} \cdot \text{m} + 0.7 \times 100.14 \text{kN} \cdot \text{m}$

$= 320.94 \text{kN} \cdot \text{m}$

$N_k = 355.05 \text{kN} + 0 \text{kN} + 0.7 \times 36.0 \text{kN} + 0.7 \times 360.81 \text{kN} + 0.7 \times 0 \text{kN} = 632.82 \text{kN}$

1—1、3—3 截面裂缝宽度的验算过程见表4-19。由表4-19可见，均满足规范 $w_{\text{max}} < w_{\text{lim}} = 0.2 \text{mm}$ 的要求。

表4-19 A柱裂缝宽度验算

截面	M_k /(kN·m)	N_k/kN	A_s/mm²	e_0/mm	η_s	e/mm	ηh_0/mm	σ_{sk} /(N/mm²)	d_{eq}/mm	ρ_{te}	ψ	w_{max}/mm
1—1	-40.93	266.82	804.0	153.40	1.0	318.40	259.99	74.56	16	0.010	0.6523	0.0855
3—3	320.94	632.82	1018.0	507.16	1.0	922.16	712.69	182.71	18	0.0143	0.6000	0.1642

注：$\psi < 0.2$，取 $\psi = 0.2$；$\psi > 1$，取 $\psi = 1$。

6. 牛腿设计

（1）截面尺寸验算 牛腿的宽度与排架柱同宽，即 $b = 400 \text{mm}$；$c \geqslant 70 \text{mm}$，可取 $c = 100 \text{mm}$，牛腿的长度应满足起重机梁的搁置要求，取 $l = 750 \text{mm} - 400 \text{mm} + 150 \text{mm} + 100 \text{mm} = 600 \text{mm}$；牛腿高度初选450mm，牛腿外边缘高度 $h_1 = 350 \text{mm}$，大于200mm和 $h/3 = 150 \text{mm}$。牛腿截面尺寸如图4-61所示。

牛腿高度应满足斜截面抗裂度的要求：

$$F_{vk} \leqslant \beta \left(1 - 0.5 \frac{F_{hk}}{F_{vk}}\right) \frac{f_{tk} b h_0}{0.5 + a/h_0}$$

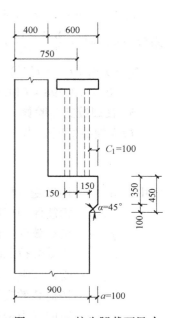

图4-61 A柱牛腿截面尺寸

式中 F_{hk}——作用于牛腿顶部的水平拉力标准值，本例取0；

F_{vk}——作用于牛腿顶部的竖向力标准值，$F_{vk} = D_{\text{max},k} + G_{3k} = 360.81 \text{kN} + 45.10 \text{kN} = 405.91 \text{kN}$；

β——裂缝控制系数，支撑起重机梁的牛腿，取 $\beta = 0.65$；

a——竖向力作用点至下段柱边缘的水平距离，$a = 750 \text{mm} - 900 \text{mm} + 20 \text{mm} = -130 \text{mm} < 0$，取 $a = 0$；

h_0——牛腿截面有效高度，$h_0 = h - a_s = 450 \text{mm} - 40 \text{mm} = 410 \text{mm}$；

b——牛腿宽度，$b = 400 \text{mm}$；

f_{tk}——混凝土抗拉强度标准值，C30混凝土，$f_{tk} = 2.01 \text{N/mm}^2$。

$\beta \left(1 - 0.5 \frac{F_{hk}}{F_{vk}}\right) \frac{f_{tk} b h_0}{0.5 + a/h_0} = 0.65 \times \frac{2.01 \times 400 \times 410}{0.5 + 0} \text{kN} = 428.53 \text{kN} > F_{vk} = 405.91 \text{kN}$（满足要求）

（2）配筋及构造

1）纵向钢筋：

$$A_s = \frac{F_v a}{0.85 f_y h_0} + 1.2 \frac{F_h}{f_y}$$

$$= \frac{(1.3 \times 45.10 + 1.5 \times 360.81) \times 10^3 \times 0.3 \times 410}{0.85 \times 360 \times 410} \text{mm}^2 + 0 \text{mm}^2 = 588.08 \text{mm}^2$$

选用4φ16（$A_s = 804 \text{mm}^2$），配筋率 $\rho = 804/(400 \times 410) \times 100\% = 0.49\%$ 大于 0.2%，小于 0.6%。

2）水平箍筋：

取 φ10@100，其范围不小于 $2h_0/3 = 2 \times 410/3 \text{mm} = 273.33 \text{mm}$。

采用6根φ10，间距@100，则 $A_k = 6 \times 78.5 \text{mm}^2 = 471 \text{mm}^2 > A_s/2 = 401 \text{mm}^2$。

（3）弯筋　$a/h_0 < 0.3$，可以不设弯筋。

7. 预埋件设计

每根排架柱都有的预埋件包括：用于柱子与屋架连接的预埋件 M-1，用于起重机梁与牛腿连接的预埋件 M-2，以及用于起重机梁顶面与排架柱连接的预埋件 M-3。此外，设置柱间支撑的两侧排架柱还有连接上柱支撑的预埋件 M-4 和连接下柱支撑的预埋件 M-5，如图 4-62 所示。

（1）起重机上缘与上段柱内侧连接的预埋件　起重机梁顶面与排架柱连接的预埋件 M-3 承受起重机横向水平荷载 T_{max}，属于受拉预埋件，尺寸如图 4-63 所示。

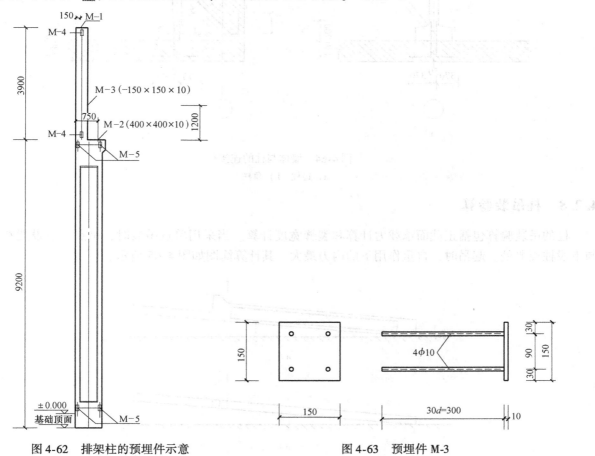

图 4-62　排架柱的预埋件示意　　　　　　　　　图 4-63　预埋件 M-3

承受法向拉力的预埋件，应满足

$$N \leqslant 0.8\alpha_b f_y A_s$$

式中　N——法向拉力设计值，$N = 1.5 \times T_{max,k} = 1.5 \times 10.92\text{kN} = 16.38\text{kN}$；

α_b——系数，$\alpha_b = 0.6 + 0.25t/d = 0.6 + 0.25 \times 10/10 = 0.85$。

$0.8\alpha_b f_y A_s = 0.8 \times 0.85 \times 300 \times (4 \times 78.5)\text{N} = 64056\text{N} = 64.056\text{kN} > N = 16.38\text{kN}$（满足要求）

（2）起重机梁与牛腿的连接的预埋件　起重机梁与牛腿连接的预埋件 M-2 属于受压预埋件，承受起重机竖向荷载和起重机梁 D_{max}、轨道等自重，锚板大小由混凝土的局部受压承载力确定。

$$F = 1.5D_{max,k} + 1.3G_{3k} = 1.5 \times 360.81\text{kN} + 1.3 \times 45.10\text{kN} = 599.85\text{kN}$$

$$A \geqslant F/(0.75f_c) = 599.85 \times 10^3/(0.75 \times 14.3)\text{mm}^2 = 55930.07\text{mm}^2$$

取 $A = a \times b = 400\text{mm} \times 400\text{mm} = 160000\text{mm}^2$，厚度取 $\delta = 10\text{mm}$。

（3）墙体与柱的连接　在抗震设防区，要求墙体与柱有可靠连接。柱内应伸出预埋的锚拉钢筋，锚拉钢筋通常采用 $\phi6$ 每隔 8～10 皮砖与墙拉结，如图 4-64 所示。在圈梁与柱的连接处，柱内也应伸出预埋的拉筋，锚拉钢筋不少于 2φ12。

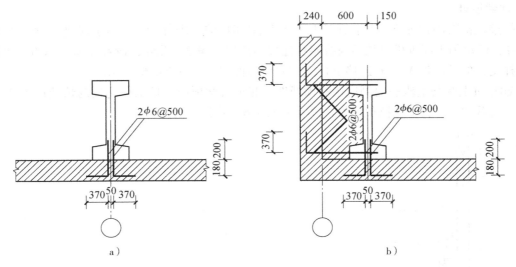

图 4-64　墙体与柱的连接
a）边柱　b）角柱

4.2.8　柱吊装验算

柱的吊装验算包括正截面承载力计算和裂缝宽度计算。当采用单点吊装时，吊点一般设置在牛腿与下段柱交界处。起吊时，自重作用下的内力最大，其计算简图如图 4-65 所示。

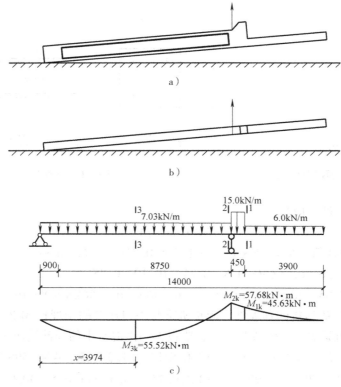

图 4-65　柱吊装验算计算简图

1. 内力计算

取动力系数 1.5；因吊装验算系临时性的，故构件安全等级可较使用阶段的安全等级降低一级，

即安全等级为三级 $\gamma_0 = 0.9$；吊装时混凝土强度未达设计值，按照设计强度的 70% 考虑。

设柱插入基础杯口深度为 900mm（$>0.9h$），则柱预制吊装总长度 14000mm。

上段柱　　　　　　　　　$q_{1k} = 1.5 \times 25 \times 0.4 \times 0.4 \text{kN/m} = 6.0 \text{kN/m}$

牛腿段　　　　　　　　　$q_{2k} = 1.5 \times 25 \times (0.4 \times 1.0) \text{kN/m} = 15.0 \text{kN/m}$

下段柱　　$q_{3k} = 1.5 \times 25 \times \left[0.4 \times 0.9 - \frac{1}{2}(0.6 + 0.55) \times 0.15 \times 2 \right] \text{kN/m} = 7.03 \text{kN/m}$

$$M_{1k} = 6.0 \times 3.9^2/2 \text{kN} \cdot \text{m} = 45.63 \text{kN} \cdot \text{m}$$

$$M_{2k} = 6.0 \times (3.9 + 0.45)^2/2 \text{kN} \cdot \text{m} + (15.0 - 6.0) \times 0.45^2/2 \text{kN} \cdot \text{m} = 57.68 \text{kN} \cdot \text{m}$$

M_{3k} 计算如下：

$$R_{\text{D}} = \left[\frac{1}{2} \times 7.03 \times 9.65^2 - \frac{1}{2} \times 15.0 \times 0.45^2 - 6.0 \times 3.9 \times (3.9/2 + 0.45) \right]/9.65 \text{kN} = 27.94 \text{kN}$$

$$M_{3k} = R_{\text{D}}x - \frac{1}{2} \times q_{3k} \times x^2$$

$$\frac{\text{d}M_{3k}}{\text{d}x} = R_{\text{D}} - q_{3k}x = 0, \quad 得\ x = R_{\text{D}}/q_{3k} = 27.94/7.03 \text{m} = 3.974 \text{m}$$

$$M_{3k} = 27.94 \times 3.974 \text{kN} \cdot \text{m} - \frac{1}{2} \times 7.03 \times 3.974^2 \text{kN} \cdot \text{m} = 55.52 \text{kN} \cdot \text{m}$$

2. 承载力计算

当不翻身起吊时，1—1 截面的尺寸 400mm × 400mm。由于对称配筋

$$A_s = 0.9M/[f_y(h_0 - a'_s)] = 0.9 \times 1.3 \times 45.63 \times 10^6/[360 \times (365 - 35)] \text{mm}^2 = 449.39 \text{mm}^2$$

现在上段柱配有 4⊈16，吊装时有效利用的纵筋 2⊈16（$A_s = 402 \text{mm}^2$），不能满足吊装时承载力要求。

2—2 截面的宽度 $b = 1000 \text{mm}$，$h = 400 \text{mm}$，由于对称配筋，故

$$A_s = 0.9M/[f_y(h_0 - a'_s)] = 0.9 \times 1.3 \times 57.68 \times 10^6/[360 \times (365 - 35)] \text{mm}^2 = 568.06 \text{mm}^2$$

现在上段柱配有 4⊈18，吊装时有效利用的纵筋 2⊈18（$A_s = 509 \text{mm}^2$），不能满足吊装时承载力要求。

3—3 截面的等效宽度 $b = 2 \times 162.5 \text{mm} = 325 \text{mm}$，$h = 400 \text{mm}$，由于对称配筋，故

$$A_s = 0.9M/[f_y(h_0 - a'_s)] = 0.9 \times 1.3 \times 55.52 \times 10^6/[360 \times (365 - 35)] \text{mm}^2 = 546.79 \text{mm}^2$$

现在上段柱配有 4⊈18，吊装时可有效利用的纵筋 2⊈18（$A_s = 509 \text{mm}^2$），不能满足吊装时承载力要求。

上述吊装验算结果表明，根据使用阶段的内力进行配筋，施工时如果不翻身起吊不能满足承载力要求。应该采取调整吊点位置、翻身起吊、多点起吊或增加配筋等措施。现采用翻身起吊后，经验算承载力满足要求。

3. 裂缝宽度验算

最大裂缝宽度公式为：

$$w_{\max} = \alpha_{\text{cr}}\psi \frac{\sigma_{\text{sk}}}{E_s}\left(1.9c + 0.08 \frac{d_{\text{eq}}}{\rho_{\text{te}}} \right)$$

式中　α_{cr}——构件受力特征系数，对钢筋混凝土受弯构件，$\alpha_{\text{cr}} = 1.9$；

　　　c——钢筋保护层厚度，$c = 30 \text{mm}$；

　　　ρ_{te}——按有效受拉混凝土截面面积计算的纵向受拉钢筋配筋率，$\rho_{\text{te}} = A_s/A_{\text{te}}$；

　　　d_{eq}——受拉区纵向钢筋的等效直径，$d_{\text{eq}} = \sum n_i d_i^2 / \sum n_i \nu_i d_i$；

　　　σ_{sk}——按荷载效应标准组合计算的钢筋等效应力，$\sigma_{\text{sk}} = M_k/(0.87h_0 A_s)$；

　　　ψ——裂缝间纵向受拉钢筋应变不均匀系数，$\psi = 1.1 - 0.65 f_{\text{tk}}/(\rho_{\text{te}}\sigma_{\text{sk}})$；

　　　f_{tk}——混凝土抗拉强度标准值，C30 混凝土 $f_{\text{tk}} = 2.01 \text{N/mm}^2$。

1—1、2—2、3—3 截面裂缝宽度的验算过程见表 4-20，满足规范 $w_{\max} < w_{\lim}$ 的要求。

表 4-20　A 柱吊装阶段裂缝宽度验算

截面	M_k/(kN·m)	A_s/mm²	σ_{sk}/(N/mm²)	d_{eq}/mm	ρ_{te}	ψ	w_{max}/mm
1—1	45.63	804	178.72	16	0.010	0.369	0.116
2—2	57.68	1018.0	75.29	18	0.0143	0.2	0.023
3—3	55.52	1018.0	72.47	18	0.0143	0.2	0.022

注：$\psi < 0.2$，取 $\psi = 0.2$；$\psi > 1$，取 $\psi = 1$。

4.2.9　基础设计

1. 设计条件

根据现行国家标准《建筑地基基础设计规范》GB 50007 规定，对地基承载力特征值在 $160 \leqslant f_k \leqslant 200\text{kN/m}^2$，单层排架结构、6m 柱距的多层厂房，起重机额定起重量不超过 300kN 的二级建筑物，设计时可不作地基变形计算。

基础采用 C20 混凝土，抗拉强度 $f_t = 1.1\text{N/mm}^2$；HPB300 级钢筋，抗拉强度 $f_y = 270\text{N/mm}^2$。

2. 初定基础的几何尺寸

基础采用平板式锥形基础，柱子插入基础杯口深度 h_1 应满足三个条件：吊装时的稳定，大于 5%的柱长；大于纵向钢筋的锚固长度；由表 4-10 知：$h_1 = 0.9h = 0.9 \times 900\text{mm} = 810\text{mm} \geqslant 800\text{mm}$。因此初选 $h_1 = 900\text{mm}$。

根据柱截面长边尺寸，查表 4-11 得：杯底厚度 $a_1 \geqslant 200\text{mm}$，选用 $a_1 = 250\text{mm}$，杯口底垫层为 50mm。

因杯壁厚度 $t \geqslant 300\text{mm}$，且大于基础梁宽，故取 $t = 375\text{mm}$。

杯口顶部尺寸：宽 $= 400\text{mm} + 2 \times 75\text{mm} = 550\text{mm}$；长 $= 900\text{mm} + 2 \times 75\text{mm} = 1050\text{mm}$。

杯口底部尺寸：宽 $= 400\text{mm} + 2 \times 50\text{mm} = 500\text{mm}$；长 $= 900\text{mm} + 2 \times 50\text{mm} = 1000\text{mm}$。

基础总高度：$h \geqslant h_1 + a_1 + 50\text{mm} = 900\text{mm} + 250\text{mm} + 50\text{mm} = 1200\text{mm}$。

基础埋深：$d = 1200\text{mm} + 500\text{mm} = 1700\text{mm}$。

3. 地基计算

基础梁传来墙体荷载（圈梁自重近似按墙体计算）：

钢窗自重　　　　　　　　　　　　　 0.45kN/m^2

240mm 厚清水墙自重　　　 $0.24 \times 18\text{kN/m}^2 = 4.32\text{kN/m}^2$　⎫

外贴浅色釉面瓷砖　　　　　　 0.5kN/m^2　　　　　　⎬ 5.16kN/m^2

20mm 厚混合砂浆抹面　　 $0.20 \times 17\text{kN/m}^2 = 0.34\text{kN/m}^2$　⎭

基础梁自重　　　　　　　　　　　 16.10kN

$$N_{wk} = 16.1\text{kN} + 5.16 \times (14.75 \times 6 - 4 \times 8.4)\text{kN} + 0.45 \times 4 \times 8.4\text{kN} = 314.50\text{kN}$$

$$e_w = (240\text{mm} + 900\text{mm})/2 = 570\text{mm}$$

基础顶面（即排架柱 3—3 截面）内力组合列于表 4-21。

表 4-21　A 柱杯口顶面内力组合

组号	基本组合			标准组合		
	M/(kN·m)	N/kN	V/kN	M_k/(kN·m)	N_k/kN	V_k/kN
1	477.29	878.22	57.69	320.94	632.82	26.95
2	367.69	1040.58	37.51	247.87	741.06	25.88

柱传来的内力 $N_{max,k} = 741.06\text{kN} + 314.50\text{kN} = 1055.56\text{kN}$。

先按轴压基础估算基底尺寸

$$A \geqslant N_{\max,k}/(f_{ak} - \gamma_s d) = 1055.56/(200 - 20 \times 1.7)\,\text{m}^2 = 7.54\,\text{m}^2$$

偏心受压基础取 $1.4A = 1.4 \times 7.54\,\text{m}^2 = 10.56\,\text{m}^2$，初步选 $l \times b = 2.8\,\text{m} \times 3.8\,\text{m} = 10.64\,\text{m}^2$。则，

基础底面积：　　　　　　　$A = 2.8\,\text{m} \times 3.8\,\text{m} = 10.64\,\text{m}^2$

截面抵抗矩：　　　　　　　$W = lb^2/6 = 2.8 \times 3.8^2/6\,\text{m}^3 = 6.379\,\text{m}^3$

基础及覆土自重：　　　　　$G_k = \gamma_s A d = 20 \times 10.64 \times 1.7\,\text{kN} = 361.76\,\text{kN}$

基础各部分尺寸如图 4-66 所示。

当基础宽度大于 3m 或埋深大于 0.5m 时，地基承载力特征值需按下式进行修正：

$$f_a = f_{ak} + \eta_b \gamma (b - 3) + \eta_d \gamma_m (d - 0.5)$$

式中　f_{ak}——地基承载力特征值，根据地质报告

　　　　　　$f_{ak} = 200\,\text{kN/m}^2$；

　　　γ——基础底面以下土的重度，取 $\gamma = 18\,\text{kN/m}^3$；

　　　γ_m——基础底面以上土的加权平均重度，

　　　　　　$\gamma_m = 17\,\text{kN/m}^3$；

　η_b、η_d——分别为基础宽度和埋深对地基承载力的修正系数，根据表 4-8 可查得 $\eta_b = 0$、$\eta_d = 1.1$。

$$f_a = 200\,\text{kN/m}^2 + 1.1 \times 17 \times (1.7 - 0.5)\,\text{kN/m}^2$$
$$= 222.44\,\text{kN/m}^2$$

地基承载力计算采用荷载标准值。

作用于基础底面的力矩和轴力标准值，地基承载力计算采用荷载的标准组合，验算过程见表 4-22。

基础底弯矩标准值：$M_{dk} = M_k - N_{wk} e_w + V_k h$

基础底轴力标准值：$N_{dk} = N_k + N_{wk} + G_k$

$$p_k = N_{dk}/A$$

$$p_{k,\max} = p_k + M_{dk}/W$$

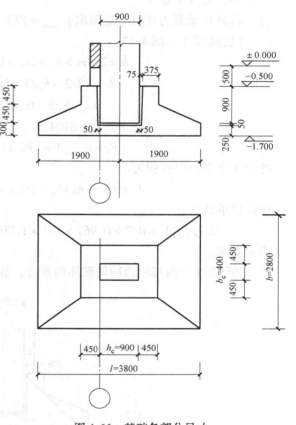

图 4-66　基础各部分尺寸

表 4-22　地基承载力计算

计算项目	$M_k/(\text{kN} \cdot \text{m})$	N_k/kN	V_k/kN	N_{wk}/kN	G_k/kN	$M_{dk}/(\text{kN} \cdot \text{m})$	N_{dk}/kN	$p_k/(\text{kN/m}^2)$	$p_{k,\max}/(\text{kN/m}^2)$
组合 1	320.94	632.82	26.95	314.50	361.76	174.02	1309.08	$123.03 < f_a$	$150.31 < 1.2f_a$
组合 2	247.87	741.06	25.88	314.50	361.76	99.66	1417.32	$133.21 < f_a$	$148.83 < 1.2f_a$

4. 基础承载力计算

基础的承载力计算包括受冲切承载力和底板受弯承载力。基础承载力计算采用荷载的基本组合。对于两种基本组合，地基净反力分别为：

$$p_{n,\max} = (N + 1.3N_{wk})/A + (M - 1.3N_{wk}e_w + Vh)/W$$
$$= (878.22 + 1.3 \times 314.50)/10.64 + (477.29 - 1.3 \times 314.50 \times 0.57 + 57.69 \times 1.2)/6.379$$
$$= 170.11\,(\text{kN/m}^2)$$

$$p_{n,\min} = (N + 1.2N_{wk})/A - (M - 1.2N_{wk}e_w + Vh)/W$$
$$= (878.22 + 1.3 \times 314.50)/10.64 - (477.29 - 1.3 \times 314.50 \times 0.57 + 57.69 \times 1.2)/6.379$$
$$= 71.82\,(\text{kN/m}^2)$$

$$p_{n,max} = (N + 1.3N_{wk})/A + (M - 1.3N_{wk}e_w + Vh)/W$$
$$= (1040.58 + 1.3 \times 314.50)/10.64 + (367.69 - 1.3 \times 314.50 \times 0.57 + 37.51 \times 1.2)/6.379$$
$$= 164.39(kN/m^2)$$

$$p_{n,min} = (N + 1.3N_{wk})/A - (M - 1.3N_{wk}e_w + Vh)/W$$
$$= (1040.58 + 1.3 \times 314.50)/10.64 - (367.69 - 1.3 \times 314.50 \times 0.57 + 37.51 \times 1.2)/6.379$$
$$= 108.06(kN/m^2)$$

（1）抗冲切承载力计算　近似取 $p_{n,max} = 170.11kN/m^2$。

1）柱根截面处（图4-67）：

$$b = 2.8m > b_c + 2h_0 = 0.4m + 2 \times 1.16m = 2.72m$$
$$A = (l/2 - h_c/2 - h_0)b - (b/2 - b_c/2 - h_0)^2$$
$$= (3.8/2 - 0.9/2 - 1.16) \times 2.8m^2 - (2.8/2 - 0.4/2 - 1.16)^2m^2$$
$$= 0.8104m^2$$
$$F_l = p_{n,max}A = 170.11 \times 0.8104kN = 137.86kN$$

冲切面水平投影面积为：

$$A_1 = (b_c + h_0)h_0 = (0.4 + 1.16) \times 1.16m^2 = 1.8096m^2$$

则冲切承载力：

$$0.7\beta_h f_t A_1 = 0.7 \times 0.967 \times 1.1 \times 1.8096 \times 10^6N = 1347.41kN > F_l = 137.86kN$$

满足要求。

2）变阶处冲切面与柱边冲切破坏面重合，故其变阶处冲切面承载力可不验算。

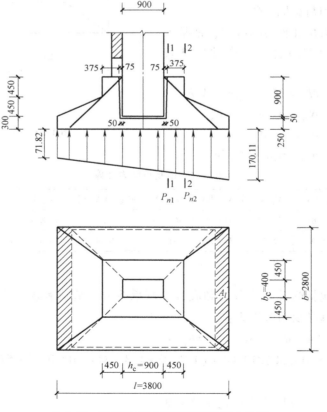

图4-67　地基的受冲切和受弯承载力计算

（2）基础底板受弯承载力计算

组合1：

1）柱边（1—1）截面。柱边截面（1—1）处的地基净反力（图4-68）：

$$p_{n1} = \frac{170.11 + 71.82}{2} kN/m^2 + \frac{450}{1900} \times \left(170.11 - \frac{170.11 + 71.82}{2}\right) kN/m^2 = 132.61 kN/m^2$$

沿基础长边方向的弯矩：

$$M_1 = \frac{1}{24}(l - h_c)^2 (2b + b_c)\left(\frac{p_{n,max} + p_{n,1}}{2}\right)$$
$$= \frac{1}{24} \times (3.8 - 0.9)^2 \times (2 \times 2.8 + 0.4) \times \left(\frac{170.11 + 132.61}{2}\right) kN \cdot m = 318.23 kN \cdot m$$

需要的配筋量：

$$A_{s1} = M_1/(0.9 f_y h_0) = 318.23 \times 10^6/(0.9 \times 270 \times 1160) mm^2 = 1128.96 mm^2$$

2）台阶（2—2）截面。台阶处（2—2）的地基净反力：

$$p_{n2} = \frac{170.11 + 71.82}{2} kN/m^2 + \frac{900}{1900} \times \left(170.11 - \frac{170.11 + 71.82}{2}\right) kN/m^2 = 144.24 kN/m^2$$

沿基础长边方向的弯矩：

$$M_3 = \frac{1}{24}(l - h_c')^2 \ (2b + b_c')\left(\frac{p_{n,max} + p_{n2}}{2}\right)$$
$$= \frac{1}{24} \times (3.8 - 1.8)^2 \times (2 \times 2.8 + 1.3) \times \left(\frac{170.11 + 144.24}{2}\right) kN \cdot m = 180.75 kN \cdot m$$

需要的配筋量：

$$A_{s1} = M_1/(0.9 f_y h_0) = 180.75 \times 10^6/(0.9 \times 270 \times 710) mm^2 = 1047.64 mm^2$$

在基础长边方向配置Φ10@200（15Φ10，$A_{s1} = 1177.50 mm^2$）。

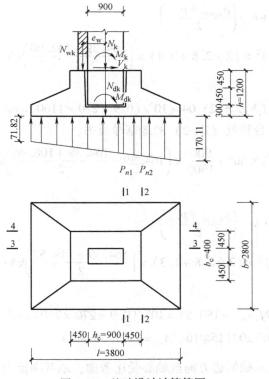

图4-68 基础设计计算简图

3）柱边（3—3）截面。基础短边方向按轴心受压考虑，地基净反力 $p_n = \dfrac{170.11 + 71.82}{2} kN/m^2 =$ 120.965 kN/m^2，柱边截面（3—3）处的弯矩为：

$$M_2 = \frac{1}{24}(b - b_c)^2 (2l + h_c)\left(\frac{p_{n,max} + p_{n,min}}{2}\right)$$

$$= \frac{1}{24} \times (2.8 - 0.4)^2 \times (2 \times 3.8 + 0.9) \times \left(\frac{170.11 + 71.82}{2}\right) kN \cdot m = 246.77 kN \cdot m$$

需要的配筋：

$$A_{s2} = M_2/(0.9 f_y h_0) = 246.77 \times 10^6/(0.9 \times 270 \times 1160) mm^2 = 875.44 mm^2$$

4）台阶（4—4）截面。台阶（4—4）截面处的弯矩：

$$M_4 = \frac{1}{24}(b - b'_c)^2 (2l + h'_c)\left(\frac{p_{n,max} + p_{n,min}}{2}\right)$$

$$= \frac{1}{24} \times (2.8 - 1.3)^2 \times (2 \times 3.8 + 1.8) \times \left(\frac{170.11 + 71.82}{2}\right) kN \cdot m = 106.60 kN \cdot m$$

需要的配筋：

$$A_{s2} = M_2/(0.9 f_y h_0) = 106.60 \times 10^6/(0.9 \times 270 \times 710) mm^2 = 617.86 mm^2$$

在基础短边方向配置Φ8@200（20Φ8，$A_{s2} = 1006.0 mm^2$）。

组合2：

1）柱边（1—1）截面。柱边截面（1—1）处的地基净反力（图4-69）：

$$p_{n1} = \frac{164.39 + 108.06}{2} kN/m^2 + \frac{450}{1900} \times \left(164.39 - \frac{164.39 + 108.06}{2}\right) kN/m^2 = 142.90 kN/m^2$$

沿基础长边方向的弯矩：

$$M_1 = \frac{1}{24}(l - h_c)^2 (2b + b_c)\left(\frac{p_{n,max} + p_{n,1}}{2}\right)$$

$$= \frac{1}{24} \times (3.8 - 0.9)^2 \times (2 \times 2.8 + 0.4) \times \left(\frac{164.39 + 142.90}{2}\right) kN \cdot m = 323.04 kN \cdot m$$

需要的配筋量：

$$A_{s1} = M_1/(0.9 f_y h_0) = 323.04 \times 10^6/(0.9 \times 270 \times 1160) mm^2 = 1146.02 mm^2$$

2）台阶（2—2）截面。台阶处（2—2）的地基净反力：

$$p_{n2} = \frac{164.39 + 108.06}{2} kN/m^2 + \frac{900}{1900} \times \left(164.39 - \frac{164.39 + 108.06}{2}\right) kN/m^2 = 149.57 kN/m^2$$

沿基础长边方向的弯矩：

$$M_3 = \frac{1}{24}(l - h'_c)^2 (2b + b'_c)\left(\frac{p_{n,max} + p_{n,2}}{2}\right)$$

$$= \frac{1}{24} \times (3.8 - 1.8)^2 \times (2 \times 2.8 + 1.3) \times \left(\frac{164.39 + 149.57}{2}\right) kN \cdot m = 180.53 kN \cdot m$$

需要的配筋量：

$$A_{s1} = M_1/(0.9 f_y h_0) = 180.53 \times 10^6/(0.9 \times 270 \times 710) mm^2 = 1046.37 mm^2$$

在基础长边方向配置Φ10@200（15Φ10，$A_{s1} = 1177.50 mm^2$）。

3）柱边（3—3）截面。基础短边方向按轴心受压考虑，地基净反力 $p_n = \dfrac{164.39 + 108.06}{2} kN/m^2 =$ 136.225 kN/m^2，柱边截面（3—3）处的弯矩为：

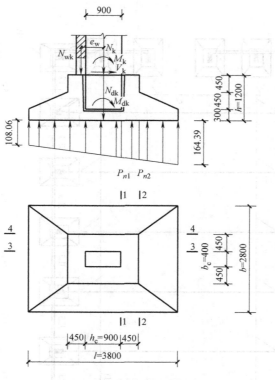

图 4-69　基础设计计算简图

$$M_2 = \frac{1}{24}(b - b_c)^2(2l + h_c)\left(\frac{p_{n,max} + p_{n,min}}{2}\right)$$

$$= \frac{1}{24} \times (2.8 - 0.4)^2 \times (2 \times 3.8 + 0.9) \times \left(\frac{164.39 + 108.06}{2}\right)\text{kN} \cdot \text{m} = 277.90\text{kN} \cdot \text{m}$$

需要的配筋：

$$A_{s2} = M_2/(0.9f_v h_0) = 277.90 \times 10^6/(0.9 \times 270 \times 1160)\text{mm}^2 = 985.88\text{mm}^2$$

4）台阶（4—4）截面。台阶（4—4）截面处的弯矩：

$$M_4 = \frac{1}{24}(b - b_c')^2(2l + h_c')\left(\frac{p_{n,max} + p_{n,min}}{2}\right)$$

$$= \frac{1}{24} \times (2.8 - 1.3)^2 \times (2 \times 3.8 + 1.8) \times \left(\frac{164.39 + 108.06}{2}\right)\text{kN} \cdot \text{m} = 120.05\text{kN} \cdot \text{m}$$

需要的配筋：

$$A_{s2} = M_2/(0.9f_v h_0) = 120.05 \times 10^6/(0.9 \times 270 \times 710)\text{mm}^2 = 695.82\text{mm}^2$$

在基础短边方向配置ϕ8@200（20ϕ8，$A_{s2} = 1006.0\text{mm}^2$）。

4.2.10　绘制施工图

结构施工图一般应包括结构平面布置图、构件施工图和施工说明三大部分。

1. 结构平面布置图

结构平面布置图应表示出所有结构构件的平面位置，并对构件进行编号。对于混凝土排架厂房，包括屋盖平面布置图（表示屋面板、天沟板、屋架及屋盖支撑等）、构件平面布置图（表示排架柱、抗风柱间支撑、起重机梁及圈梁等）、基础平面布置图（表示基础、基础梁），分别如图 4-42～图 4-44 和图 4-70 所示。

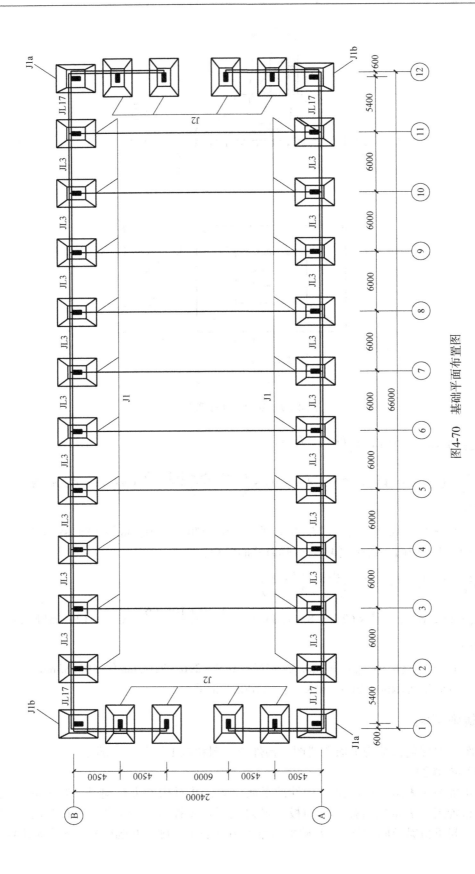

图4-70　基础平面布置图

2. 构件施工图

混凝土结构的施工图包括模板图和配筋图。模板图主要表示构件的几何尺寸和预埋件；配筋图表示构件的配筋情况。对于一些没有预埋件和构件形状比较简单的构件，两者可以合二为一。模板和配筋图包括三类图：立面图、剖面图和大祥图，其中立面图和剖面图是必须的，大祥图视情况而定。

对于选用标准图集的构件，只需注明图集号，不必绘出施工图。

基础和排架柱的施工图分别如图 4-71 和图 4-72 所示。

3. 施工说明

施工说明是施工图的重要组成部分，用来说明无法用图来表示或者图中没有表示的内容。完整的施工说明应包括：设计依据（采用的规范标准以及结构设计有关的自然条件，如风荷载、雪荷载等基本情况及工程地质概况等）；结构设计一般情况（建筑结构的安全等级、设计使用年限及建筑抗震设防烈度，上部结构选型概述，采用的主要结构材料，基础选型等）；需要特别提醒施工注意的问题。

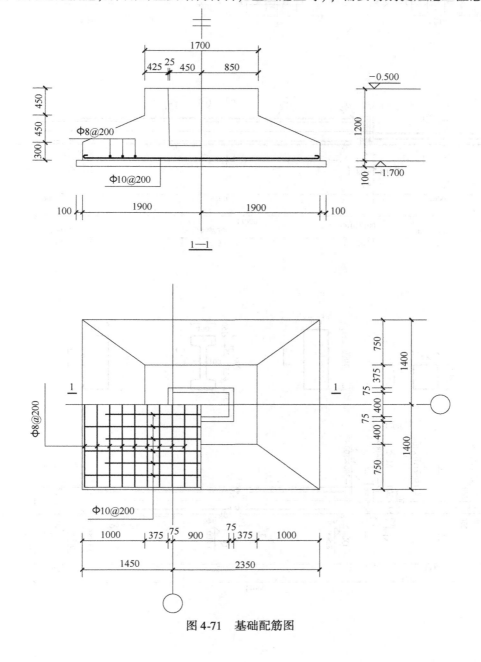

图 4-71　基础配筋图

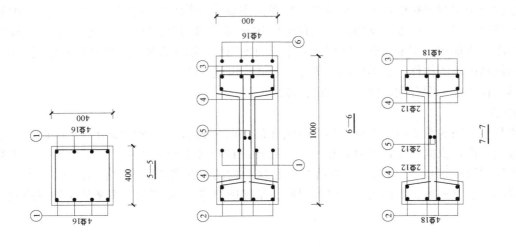

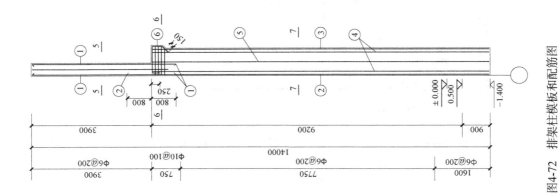

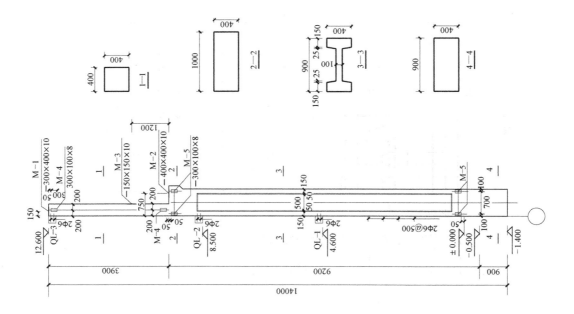

图4-72 排架柱模板和配筋图

思 考 题

[4-1] 试说明下列各标准构件代号的含义。

　　　YWB-1Ⅱ、YWB-1ⅡS、YWJA-21-1Ba 、TGB77-1Da、TGB77-1Db、DL-8Z 、DL-8B 、DGL-13、JL-1

[4-2] 说明下列各图集的内容。

　　　04G410-1、04G410-2、04G415-1、04G323-2、04G325 、04G320

[4-3] 为什么单层厂房端部屋面板与中部屋面板不同？屋面板与屋架为什么必须三点焊接？

[4-4] 为什么单层厂房柱一般都需要设计？柱的截面尺寸如何确定？

[4-5] 为什么单层厂房柱下基础一般都采用杯口基础？

[4-6] 什么情况下可以用连系梁代替圈梁？

[4-7] 为什么基础梁采用梯形截面预制梁？其计算简图如何确定？

[4-8] 屋架上弦横向支撑的作用是什么？

[4-9] 在什么情况下要设置屋架下弦横向水平支撑？

[4-10] 在什么情况下要设置屋架间垂直支撑与水平系杆？

[4-11] 哪些情况下厂房设置柱间支撑？应设置在什么位置？

[4-12] 当厂房的纵向或横向长度超过现行国家标准《混凝土结构设计规范》GB 50010 对于有墙体封闭的非露天单层厂房排架结构伸缩缝间距的要求时，试问如何沿厂房纵向或横向设置伸缩缝？

[4-13] 为什么一般单层厂房结构中可不设沉降缝？

[4-14] 试确定图 4-73 所示排架结构的计算单元和相应的计算简图。

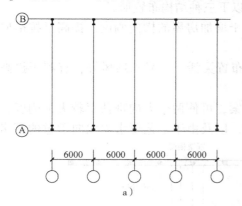 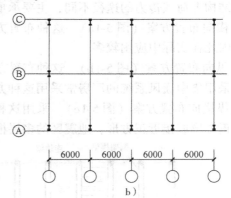

图 4-73　第 [4-14] 题图

[4-15] 试绘出作用于排架边柱上永久荷载的作用位置。

[4-16] 屋面可变荷载、屋面雪荷载、屋面积灰荷载如何取值？

[4-17] 起重机竖向荷载（D_{max}、D_{min}）、起重机水平荷载（T_{max}）如何确定？

[4-18] 什么是单层厂房的整体空间作用？哪些荷载作用下厂房的整体空间作用最显著？

[4-19] 什么情况下排架内力计算不考虑厂房整体空间作用？

[4-20] 单层厂房排架柱的控制截面有哪些？最不利组合有哪几种？为什么这样考虑？

[4-21] 柱下独立基础的底面尺寸、基础高度以及基底配筋是根据什么条件确定的？

[4-22] 为什么在确定基底尺寸时要采用荷载标准效应组合值计算全部地基土反力，而在确定基础高度和基底配筋时又采用荷载基本组合的基底土的净反力（不考虑基础及其台阶及其回填土自重）？

[4-23] 基础垫层有什么作用？不设置混凝土垫层时应如何考虑？

第5章 混凝土框架结构设计

【知识与技能点】
1. 掌握混凝土框架结构布置和结构构件截面尺寸的估算方法。
2. 掌握混凝土框架结构计算简图的确定、各类荷载的计算方法。
3. 掌握框架结构在竖向和水平荷载作用下内力的近似计算方法。
4. 掌握框架梁、柱最不利内力组合。
5. 掌握框架梁、柱配筋的计算方法。
6. 掌握框架梁、柱及节点的构造要求。
7. 掌握混凝土框架结构施工图的绘制方法。

5.1 设计解析

5.1.1 结构布置

根据结构上荷载传力的途径不同，主要承重框架有以下三种结构布置形式。

（1）横向布置方案（图5-1a） 这种布置方案有利于增加房屋的横向刚度，提高抵抗横向水平力的能力，因此在实际中应用较多。

（2）纵向布置方案（图5-1b） 这种布置方案房间布置灵活，采光和通风好，有利于提高楼层净高，需要采用集中通风系统的厂房常采用这种方案。

（3）纵横向布置方案（图5-1c） 采用这种布置方案，可使两个方向都获得较大的刚度，因此柱网尺寸为正方形或接近正方形，地震区的多层框架房屋，以及由于工艺要求需双向承重的厂房常采用

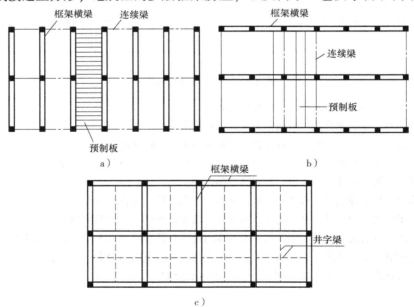

图 5-1 框架结构布置
a）横向承重框架 b）纵向承重框架 c）纵横向承重框架

这种布置方案。

框架结构布置时，还应注意以下问题：

（1）主体结构除个别部位外，不应采用梁柱铰接　由于建筑使用功能或立面的要求，在沿纵向边框架局部凸出，在纵向框架与横向框架相连的 A 点，常采用铰接处理，如图 5-2 所示。此类情况在框架结构中属于个别铰接，框架梁一端无柱。若在 A 点再设置柱或形成两根纵梁相连的扁柱，将使相邻双柱或扁柱承受大部分楼层地震作用，造成平面内各抗侧力的竖向构件（柱子）刚度不均匀，尤其当局部凸出部位在端部或平面中不对称的，易产生扭转效应。

（2）抗震设计的框架结构不宜采用单跨框架　现行行业标准《高层建筑混凝土结构技术规程》JGJ 3 第 6.1.2 条规定，抗震设计的框架结构不应采用单跨框架。这是由于单跨框架的抗侧刚度小，耗能能力较弱，结构超静定次数较少，一旦柱子出现塑性铰（在强震时不可避免），出现连续倒塌的可能性很大。

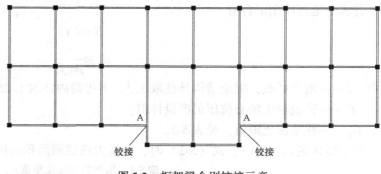

图 5-2　框架梁个别铰接示意

现行国家标准《建筑抗震设计规范》GB 50011 第 6.1.5 条规定：甲乙类建筑以及高度大于 24m 的丙类建筑，不应采用单跨框架结构；高度不大于 24m 的丙类建筑不宜采用单跨框架结构。

此类单跨框架往往为工厂工艺要求，只能采用这种结构。如允许，可设置少量剪力墙，由剪力墙作为第一道防线，结构的抗震能力将得以加强。因此带剪力墙的单跨框架结构可不受此限制。

（3）设置少量剪力墙的框架结构的处理方法　抗震设计的框架结构中，当仅在楼、电梯间或其他部位设置少量钢筋混凝土剪力墙时，由于剪力墙的存在，使结构受到的地震作用增大，且剪力墙与框架协同工作，使框架的上部受力加大，因此设计中不计这部分剪力墙，仅按纯框架结构进行结构设计分析、配筋计算，然后将剪力墙构造配筋，这样无论对框架还是剪力墙都是不安全的。

因此现行行业标准《高层建筑混凝土结构技术规程》JGJ 3 规定，结构分析计算应按剪力墙与框架的协同工作考虑。如楼、电梯间位置较偏而产生较大的刚度偏心，宜采取将此种剪力墙减薄、开竖槽、开结构洞、配置少量单排钢筋等措施，减小剪力墙的作用，并宜增加与剪力墙相连柱的配筋。设置少量剪力墙的框架结构，因剪力墙承受的底部倾覆力矩较小，因此，框架部分的抗震等级仍按框架结构采用，剪力墙的抗震等级可同框架结构。

（4）框架结构按抗震设计时，不应采用混合承重形式　框架结构按抗震设计时，不应采用部分由砌体墙承重、部分由框架承重的混合承重形式。框架结构中的楼、电梯间及局部凸出屋面的电梯机房、楼梯间、水箱间和设备间等，应采用框架承重，不应采用砌体墙承重。屋顶设置的水箱和其他设备应可靠地支承在框架主体上。

框架结构与砌体结构体系所用的承重材料完全不同，是两种截然不同的结构体系，其抗侧刚度、变形能力、结构延性、抗震性能等相差很大。将这两种结构在同一建筑物中混合使用，而不以防震缝将其分开，必然会导致建筑物受力不合理、变形不协调，对建筑物的抗震性能产生很不利的影响。

5.1.2　框架结构梁、柱截面尺寸估选

1. 框架柱

（1）现浇框架柱的混凝土强度等级　当抗震等级为一级时，不得低于 C30；抗震等级为二~四级及非抗震等级设计时，不低于 C20，设防烈度 8 度时不宜大于 C70，9 度时不宜大于 C60。

（2）框架柱截面尺寸（$b \times h$）　可根据柱支承的楼层面积由竖向荷载产生的轴力设计值 N_v（荷载分项系数可取 1.25），按式（5-1）估算柱截面面积 A_c，然后再确定柱截面的边长。一般情况下框架边柱截面处于偏心受压状态，宜选用矩形截面；中柱截面处于小偏压或轴压状态，宜选用方形截面。

仅有风荷载作用或无地震作用组合时

$$N = (1.05 \sim 1.1)N_v$$

$$A_c \geqslant \frac{N}{f_c} \tag{5-1}$$

有水平地震作用组合时

$$N = \zeta N_v$$

$$A_c \geqslant \frac{N}{\mu_N f_c} \tag{5-2}$$

式中　ζ——增大系数，框架结构外柱取 1.3，不等跨内柱取 1.25，等跨内柱取 1.2；

f_c——柱混凝土轴心抗压强度设计值；

μ_N——柱轴压比限值，见表 5-1。

当不能满足式（5-1）、式（5-2）时，应增大柱截面面积或提高混凝土强度等级。

表 5-1　框架柱轴压比限值 μ_N

结构体系	抗震等级			
	一级	二级	三级	四级
框架结构	0.65	0.75	0.85	—

注：1. 表内数值适用于剪跨比大于 2、混凝土强度等级不高于 C60 的柱；剪跨比不大于 2 的柱轴压比限值应降低 0.05；剪跨比小于 1.5 的柱，轴压比限值应专门研究并采取特殊构造措施。

2. 当混凝土强度等级为 C65、C70 时，轴压比限值宜按表中数值减小 0.05；混凝土强度等级为 C75、C80 时，轴压比限值按表中数值减小 0.10。

3. 调整后的柱轴压比限值不应大于 1.05。

（3）框架柱截面尺寸的构造要求　柱的截面尺寸应符合下列各项要求：

1）矩形柱截面的宽度和高度，抗震等级为四级或层数不超过 2 层时不宜小于 300mm，一、二、三级抗震等级且层数超过 2 层时不宜小于 400mm；圆柱的截面直径，抗震等级为四级或层数不超过 2 层时不宜小于 350mm，一、二、三级抗震等级且层数超过 2 层时不宜小于 450mm。

2）柱的剪跨比宜大于 2。

3）柱截面长边与短边的边长之比不宜大于 3。

（4）框架柱截面尺寸应满足抗剪要求　矩形截面柱应符合下列要求：

无地震作用组合时

$$V_c \leqslant 0.25\beta_c f_c b h_0 \tag{5-3}$$

有地震作用组合时

剪跨比大于 2 的柱　　　　　$$V_c \leqslant \frac{1}{\gamma_{RE}}(0.2\beta_c f_c b h_0) \tag{5-4}$$

剪跨比不大于 2 的柱　　　　$$V_c \leqslant \frac{1}{\gamma_{RE}}(0.15\beta_c f_c b h_0) \tag{5-5}$$

如果不满足式（5-3）～式（5-5）时，应增大柱截面尺寸或提高混凝土强度等级。

2. 框架梁

框架梁的截面尺寸（$b \times h$），应符合下列各项要求：

1）截面宽度不宜小于 200mm。

2）截面高宽比不宜大于 4。

3）净跨与截面高度之比不宜小于 4。

框架梁截面尺寸应根据承受竖向荷载的大小、跨度、抗震设防烈度、混凝土强度等级等诸因素综合考虑确定。在一般情况下，框架梁的高度按 $h_b \geqslant \left(\dfrac{1}{8} - \dfrac{1}{15}\right)l$，梁的宽度 $b_b \geqslant \left(\dfrac{1}{2} - \dfrac{1}{3}\right)h_b$。

注意：框架梁、柱中心线宜重合。非抗震设计和 6 ~ 8 度抗震设计时，偏心距不宜大于柱截面该方向宽度的 1/4；如偏心距大于该方向柱宽的 1/4 时，可采取增设梁的水平加腋等措施。设置水平加腋后，仍须考虑梁柱偏心的不利影响。

5.1.3　框架结构计算简图的确定

1. 计算单元

框架结构是一个空间受力体系，为方便计算，常忽略结构纵向和横向之间的空间联系，忽略各构件的抗扭作用，将纵向框架和横向框架分别按平面框架进行分析计算（图 5-3b、c）。取出的平面框架承受图 5-3a 所示阴影范围内的水平荷载，竖向荷载则需按楼盖结构的布置方案确定。

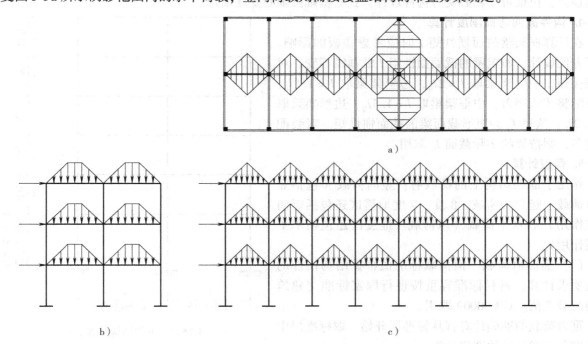

a）

b）　　　　　　　c）

图 5-3　框架结构的计算单元和计算简图

a）横向框架、纵向框架的荷载从属面积　b）横向框架计算简图　c）纵向框架计算简图

2. 构件、支座简化

在结构计算图中，梁、柱杆件用其轴线来表示。现浇混凝土框架结构的梁、柱节点简化为刚接，底层柱端固接于基础顶面。

3. 计算跨度与层高

（1）框架梁的计算跨度　框架梁的计算跨度可取柱子轴线之间的距离，当上下层柱截面尺寸变化时，一般以最小截面的形心线来确定。

（2）框架柱的层高　框架的层高即框架柱的长度可取相应建筑层高，即取本层楼面至上层楼面的高度。框架结构无地下室时，底层柱高的计算方法大体有以下三种：

1）现行国家标准《混凝土结构设计规范》GB 50010 第 6.2.20 条规定，框架结构底层层高为从基础顶面到一层楼盖顶面的高度；其余各层柱为上下两层楼盖顶面之间的高度。

2）现行国家标准《砌体结构设计规范》GB 50003 第 5.1.3 条规定，当基础埋置较深且有刚性地坪并配构造钢筋时，底层层高可取室外地面以下500mm到一层楼盖顶面的高度。

3）当基础为柱下独立基础，且埋置深度较深时，为了减小底层柱的计算长度和底层位移，可在±0.000以下适当位置设置基础拉梁，此时宜将从基础顶面至首层顶面分为两层：从基础顶面至拉梁顶面为一层，从拉梁顶面至首层顶面为二层，即将原结构增加一层进行分析。

4）现行国家标准《建筑地基基础设计规范》GB 50007第8.2.6条规定，做成高杯口基础，满足表8.2.6对杯壁厚度的要求，则底层层高为从基础短柱顶面到一层楼盖顶面的高度。

抗震设计时，当多层建筑结构高宽比符合刚性建筑要求时，对于无地下室的多层框架结构，若埋置深度较浅，建议采用第一种做法和计算方法。若埋置深度较深，可采用第二、第三种做法和计算方法，也可采用第四种做法和计算方法。

当采用第二种做法设置基础拉梁时，从基础顶面至首层顶面的柱应按有关规定予以加强，拉梁按框架梁设计，独立基础按偏心受压设计。

当多层框架结构无地下室，基础（柱下独立基础）埋置深度较浅，此时若设拉梁，一般应设置在基础顶面，拉梁可按轴心受力构件设计，独立基础按轴心受压设计。

4. 构件截面弯曲刚度计算

在计算框架梁截面惯性矩 I 时应考虑楼板的影响。为了方便设计，假定梁的截面惯性矩 I 沿轴线不变。对现浇楼盖，中框架梁取 $I = 2I_0$，边框架梁取 $I = 1.5I_0$；对装配整体式楼盖，中框架梁取 $I = 1.5I_0$，边框架梁取 $I = 1.2I_0$；这里 I_0 为矩形截面梁的截面惯性矩。对装配式楼盖，则按梁的实际截面 I_0 取用。

5. 荷载计算

作用于框架结构上的荷载有：竖向荷载（包括竖向恒荷载、竖向活荷载，8度、9度地震区还包括竖向地震作用）和水平荷载（风荷载、地震区还包括水平地震作用）。

（1）竖向恒荷载　恒荷载标准值根据结构构件的构造要求计算，材料标准容重按现行国家标准《建筑结构荷载规范》GB 50009取用。

重力荷载的准确计算宜从标准层开始，取标准层中的标准单元或标准块准确计算。

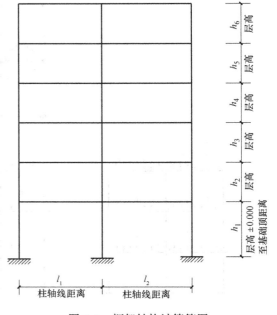

图5-4　框架结构计算简图

具体计算宜采取板-梁-柱（墙）的顺序进行，即先计算板的面荷载（包括填充墙的线荷载在内的算术平均值，即总荷载/板面积），再计算梁的线荷载，最后计算主梁的集中荷载及柱（墙）上的荷载。

这里需要指出：在计算板的均布面荷载传递到梁（墙）上作为线荷载、梁的线荷载传递到主梁上作为集中荷载及主梁的线荷载（自重等）和集中荷载传递到柱（墙）上作为集中力的计算全过程中，一般均可按简支的方法进行，不必考虑实际结构的连续性，以简化计算。这是由于建筑结构楼（屋）盖水平构件连续性的影响，往往被结构重力荷载效应下竖向构件的弹性压缩、混凝土收缩和徐变等影响调整覆盖原因所致。

对于屋面层、设备层、裙房层再分别按同样原理计算。

（2）竖向活荷载　楼面（屋面）均布活荷载标准值、基本雪压、积灰荷载等按现行国家标准《建筑结构荷载规范》GB 50009取用。

这里应注意：积灰荷载应与雪荷载或不上人的屋面均布活荷载两者中的较大值同时考虑，即

$$积灰荷载 + \max\{雪荷载，不上人的屋面均布活荷载\}$$

考虑到作用于楼面上的活荷载不可能以标准值的大小同时布满所有的楼面，在设计梁、墙、柱及基础时，还要考虑实际荷载沿楼面分布的变异情况。因此，在确定梁、墙、柱及基础的荷载标准值时，还应按楼面活荷载标准值乘以折减系数。

现行国家标准《建筑结构荷载规范》GB 50009 规定：

1）设计楼面梁对住宅、宿舍、旅馆、办公楼、医院病房、托儿所、幼儿园，按 $\lambda = 0.3 + \dfrac{3}{\sqrt{A}}$（$A > 25\text{m}^2$）考虑；对其他建筑物，按 $\lambda = 0.5 + \dfrac{3}{\sqrt{A}}$（$A > 50\text{m}^2$）考虑。

2）设计柱、墙、基础对住宅、宿舍、旅馆、办公楼、医院病房、托儿所、幼儿园，按 $\lambda = 0.4 + \dfrac{0.6}{\sqrt{n}}$ 考虑，见表 5-2。

在设计柱、墙、基础时，对住宅、宿舍、旅馆、办公楼、医院病房、托儿所、幼儿园，按 $\lambda = 0.4 + \dfrac{0.6}{\sqrt{n}}$ 考虑，见表 5-2；对其他建筑物，直接按楼面梁的折减系数考虑。

表 5-2　活荷载按楼层的折减系数

墙、柱、基础计算截面以上的层数	1	2 ~ 3	4 ~ 5	6 ~ 8	9 ~ 20	> 20
计算截面以上各楼层活荷载总和的折减系数	1.00 (0.90)	0.85	0.70	0.65	0.60	0.55

注：当楼面梁的从属面积超过 25m² 时，可采用括号内的系数。

（3）风荷载　风荷载按现行国家标准《建筑结构荷载规范》GB 50009 计算，风荷载一般简化成作用于框架结构节点的水平集中力。计算框架结构时，要考虑左风和右风两种情况。

（4）水平地震作用　地震区应考虑水平地震作用，对多层框架结构，当高度不超过 40m，且质量和刚度沿高度分布比较均匀时，可采用底部剪力法计算水平地震作用。

5.1.4　框架结构内力计算方法

1. 竖向荷载下框架结构内力计算

竖向荷载作用下框架结构内力计算可近似地采用分层法、弯矩分配法、迭代法等。这里仅介绍分层法计算要点。

（1）框架分层　竖向荷载作用下的分层法假定：作用于某一层框架梁上的竖向荷载只对本层的梁以及与本层梁相连的框架柱产生弯矩和剪力，而对其他楼层框架和隔层的框架、柱都不产生弯矩和剪力。这样，竖向荷载作用下多层框架结构的内力计算，可以看作是各层竖向荷载作用下开口刚架单元的内力的叠加。

根据上述假定，当各层梁上单独作用竖向荷载时，仅在图 5-5b 所示结构的实线部分内产生内力，虚线部分中所产生的内力忽略不计。这样，框架结构在竖向荷载作用下，可按图 5-5c 所示各个开口刚架单元进行计算。

（2）内力计算　按力矩分配法计算各开口刚架单元的结构内力。

1）计算梁、柱线刚度。计算梁截面刚度时应考虑楼面的影响，对现浇楼盖，中框架梁取 $I = 2I_0$，边框架梁取 $I = 1.5I_0$，这里 I_0 为矩形截面梁的截面惯性矩。

考虑假定分层后中间各柱的柱端固定与实际不符，应对柱线刚度予以折减，除底层柱以外的其他各层柱的线刚度均乘以 0.9 的折减系数。即底层柱的线刚度取 1.0I，其他各层柱的线刚度取 0.9I，I 为柱截面的惯性矩。

2）计算梁、柱弯矩分配系数和传递系数。按修正后梁、柱的刚度计算各节点的分配系数 μ_i。柱弯

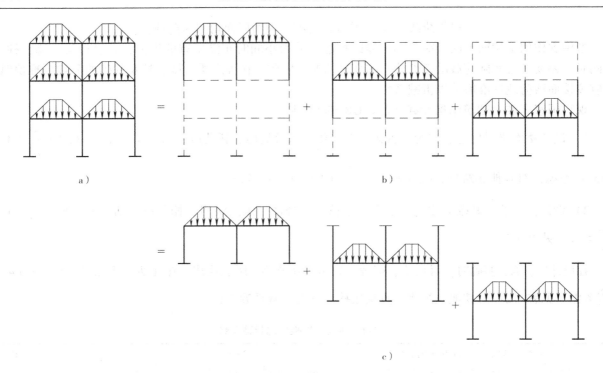

图 5-5 分层法计算简图

矩传递系数：除底层柱以外的其他各层柱的弯矩传递系数均取 1/3。即底层柱的弯矩传递系数取 1/2，其他各层柱的弯矩传递系数取 1/3。

（3）内力叠加 将相邻两个开口刚架中同层同柱的柱内力叠加，作为原框架结构中柱的内力，而分层计算所得的各层梁的内力，即为原框架结构中相应层次的梁的内力。

（4）内力修正 一般情况下，分层法计算的杆端弯矩在各节点处不平衡，欲要提高精度，可对节点的不平衡弯矩再进行一次分配，予以修正。

2. 水平荷载下框架结构内力计算

水平荷载作用下的框架结构内力可近似采用反弯点法、修正反弯点法（即 D 值法）等计算。一般认为，当梁的线刚度与柱的线刚度之比超过 3 时，可选用反弯点法，反之，可选用修正反弯点法（D 值法），以满足工程设计的精度要求。

修正反弯点法（D 值法）计算要点如下：

（1）框架柱的抗侧刚度 D 第 j 层第 k 根框架柱的抗侧刚度

$$D_{jk} = \alpha_c \frac{12i_c}{h_j^2} \tag{5-6}$$

式中 α_c——框架柱侧向刚度降低系数，反映了梁柱线刚度比值对柱侧向刚度的影响。当框架梁的线刚度为无穷大时，$\alpha_c = 1$，这时的 D 值即为两端固定柱的侧向刚度。表 5-3 列出了各种情况下的 α_c 值及相应的 K 值计算公式。

表 5-3 柱刚度修正系数的计算

楼层	简图	K	α_c
一般层	i_2 i_1 i_2 i_c i_c i_4 i_3 i_4	$K = \dfrac{i_1 + i_2 + i_3 + i_4}{2i_c}$	$\alpha_c = \dfrac{K}{2 + K}$

（续）

楼层	简图	K	α_c
底层		$K = \dfrac{i_1 + i_2}{i_c}$	$\alpha_c = \dfrac{0.5 + K}{2 + K}$

（2）第 j 层第 k 根柱分配的剪力 V_{jk}（按各柱的抗侧刚度分配）

$$V_{jk} = \frac{D_{jk}}{\sum\limits_{k=1}^{m} D_{jk}} V_{Fj} \tag{5-7}$$

式中　V_{Fj}——外荷载在框架第 j 层所产生的总剪力。

（3）柱的反弯点高度 y

$$y = (y_0 + y_1 + y_2 + y_3) h \tag{5-8}$$

式中　y_0——标准反弯点高度比，其值根据框架总层数 m、该柱所在层数 n 和腹杆与柱线刚度比 $\overline{K}$；

y_1——某层上下梁线刚度不同时，该层柱反弯点高度比修正值，当 $i_1 + i_2 < i_3 + i_4$ 时，令 $\alpha_1 = \dfrac{i_1 + i_2}{i_3 + i_4}$，根据比值 α_1 和腹杆与柱线刚度比 $\overline{K}$，由有关表查得，这时反弯点上移，y_1 取正值（图 5-6a），当 $i_1 + i_2 > i_3 + i_4$ 时，令 $\alpha_1 = \dfrac{i_3 + i_4}{i_1 + i_2}$。这时反弯点下移，$y_1$ 取负值（图 5-6b），对于首层不考虑 y_1 值；

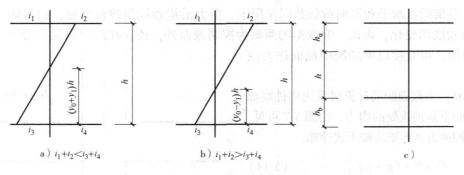

a）$i_1 + i_2 < i_3 + i_4$　　　　b）$i_1 + i_2 > i_3 + i_4$　　　　c）

图 5-6　柱的反弯点高度

y_2——柱上层高度与本层高度不同时，该层柱反弯点高度比修正值，其值根据 $\alpha_2 = \dfrac{h_u}{h_{ij}}$ 和 $\overline{K}$ 的数值由有关表查得；

y_3——下层高度与本层高度不同时，该层柱反弯点高度比修正值，其值根据 $\alpha_3 = \dfrac{h_b}{h_{ij}}$ 和 $\overline{K}$ 的数值由有关表查得。

（4）第 j 层第 k 根柱端弯矩

$$M_{jk}^t = V_{jk}(1 - y) h \tag{5-9a}$$

$$M_{jk}^b = V_{jk}(y) h \tag{5-9b}$$

（5）根据节点平衡计算梁端弯矩

$$M_{bj}^l = (M_{jk}^t + M_{j+1,k}^b) \frac{i_b^l}{i_b^l + i_b^r} \tag{5-10a}$$

$$M_{bj}^r = (M_{jk}^t + M_{j+1,k}^b) \frac{i_b^r}{i_b^l + i_b^r} \tag{5-10b}$$

（6）框架结构侧移计算及限值

1）侧移的近似计算。第 j 层框架层间水平位移 Δu_j 与层间剪力 V_j 之间的关系为：

$$\Delta u_j = \frac{V_j}{\sum\limits_{k=1}^{m} D_{jk}} \tag{5-11}$$

式中　D_{jk}——第 j 层第 k 根柱的侧向刚度；

　　　　m——框架第 j 层的总柱数。

框架顶点的总水平位移 u 为各层间位移之和，即

$$u = \sum_{j=1}^{n} \Delta u_j \tag{5-12}$$

式中　n——框架结构的总层数。

2）弹性层间位移角限值。按弹性方法计算得到的框架层间水平位移 Δu 除以层高 h，得弹性层间位移角 θ_c 的正切值，可近似认为 $\theta_c = \Delta u/h$。

$$\theta_c = \frac{\Delta u}{h} \leqslant [\theta_c] \tag{5-13}$$

式中　$[\theta_c]$——弹性层间位移角限值，现行行业标准《高层建筑混凝土结构技术规程》JGJ 3 规定，框架结构为 1/550。

5.1.5　多层框架结构内力组合

（1）控制截面　框架柱的弯矩、轴力和剪力沿柱高线性变化，因此可取各层柱的上、下端截面作为控制截面。框架梁在水平和竖向荷载共同作用下，剪力沿梁轴线呈线性变化，而弯矩（竖向分布荷载作用）呈抛物线形变化，因此，除取梁的两端为控制截面外，还应在跨间取最大弯矩的截面为控制截面。为了简便，可直接以梁的跨中截面作为控制截面。

这里应注意，在截面配筋计算时采用构件端部截面的内力，而不是轴线处的内力，由图 5-7 可见，梁端控制截面的剪力和弯矩应按下式计算：

$$V' = V - (g+p)\frac{b}{2} \tag{5-14}$$

$$M' = M - V'\frac{b}{2} \tag{5-15}$$

式中　V'、M'——梁端柱边截面的剪力和弯矩；

　　　　V、M——内力计算得到的柱轴线处的梁端剪力和弯矩；

　　　　g、p——作用于梁上的竖向恒荷载和活荷载。

当计算水平荷载或竖向集中荷载产生的内力时，则 $V' = V$。

（2）荷载效应组合　现行国家标准《建筑结构荷载规范》GB 50009 规定，荷载基本组合的效应设计值应按下列组合值中取用最不利的效应设计值来确定：

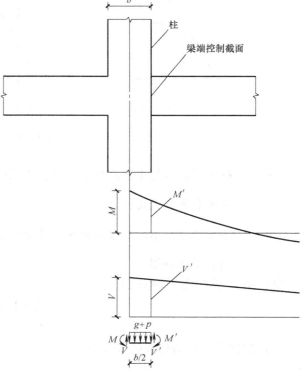

图 5-7　梁端控制截面弯矩及剪力

1）由可变荷载控制的效应设计值

$$S = \gamma_G S_{Gk} + \gamma_{Q_1} S_{Q_1k} + \sum_{i=2}^{n} \gamma_{Q_i} \psi_{c_i} S_{Q_ik} \qquad (5-16)$$

2）由永久荷载控制的效应设计值

$$S = \gamma_G S_{Gk} + \sum_{i=1}^{n} \gamma_{Q_i} \psi_{c_i} S_{Q_ik} \qquad (5-17)$$

注意：当考虑以竖向的永久荷载效应控制的组合时，参与组合的可变荷载仅限于竖向荷载。

根据现行国家标准《建筑结构可靠性设计统一标准》GB 50068 规定，当作用效应对承载力不利时，永久荷载分项系数 $\gamma_G = 1.3$，可变荷载分项系数 $\gamma_Q = 1.5$. 对于组合值系数 ψ_{ci}，除风荷载取 $\psi_c = 0.6$ 外，雪荷载和其他可变荷载可统一取 $\psi_c = 0.7$。

（3）最不利内力组合

1）框架梁最不利内力组合。

梁端截面：最大正弯矩（$+M_{max}$）、最大负弯矩（$-M_{max}$）、最大剪力（V_{max}）。

梁跨中截面：最大正弯矩（$+M_{max}$）（有时也可能出现负弯矩）。

2）框架柱最不利内力组合。

柱端截面：$|M_{max}|$ 及相应的 N、V

　　　　　N_{max} 及相应的 M

　　　　　N_{min} 及相应的 M

　　　　　$|M|$ 较大及 N 较大（小偏压）或较小（大偏压）

（4）竖向活荷载的最不利位置　理论上，竖向活荷载应考虑最不利布置方式来计算截面最不利内力。求竖向活荷载最不利荷载布置内力的方法在手算时常采用"最不利荷载位置法"，即根据影响线直接确定某最不利内力的活荷载布置后求出结构内力；在电算时常采用"分跨计算组合法"，即将活荷载逐层逐跨单独地作用于结构上，逐次求出结构的内力，然后根据各控制截面的内力种类进行组合。但在多高层建筑中，上述两种方法的计算工作量十分大。考虑到一般民用及公共建筑的多层框架结构，竖向活荷载标准值仅为 $1.5 \sim 2.5 kN/m^2$，竖向活荷载所产生的内力在组合后的截面内力中所占的比重不大，因此，在多层框架结构的设计中可不考虑活荷载的不利布置，而将满布活荷载一次性计算出结构的内力，但求得的梁跨中弯矩却比最不利荷载位置布置法的计算结果要小，因此对梁跨中弯矩应乘以 $1.1 \sim 1.2$ 的系数予以增大。

（5）梁端弯矩调幅　为了减少钢筋混凝土梁支座处的配筋数量，提高结构的延性，在进行框架结构设计时，一般均对梁端弯矩进行调幅，即人为地降低梁端负弯矩，减少节点附近梁顶面的配筋量。

设某框架梁 AB 在竖向荷载作用下，梁端最大负弯矩值分别为 M_{A0}、M_{B0}，梁跨中最大弯矩值为 M_{C0}，则调幅后梁端弯矩可取

$$M_A = \beta M_{A0} \text{、} M_B = \beta M_{B0} \qquad (5-18)$$

式中　β——弯矩调幅系数，现浇框架 $\beta = 0.8 \sim 0.9$；装配整体式框架 $\beta = 0.7 \sim 0.8$。

梁端弯矩调幅后，相应荷载作用下的跨中弯矩必须增加，如图 5-8 所示。调幅后梁端弯矩 M_A、M_B 的平均值与跨中最大正弯矩 M_{C0} 之和应大于按简支梁计算的跨中弯矩值 M_0；同时，梁端截面设计时所用的跨中正弯矩 M_C 不应小于按简支梁计算的跨中弯矩 M_0 的一半，即

$$\frac{|M_A + M_B|}{2} + M_{C0} \geqslant M_0 \qquad (5-19)$$

$$M_C \geqslant \frac{1}{2} M_0 \qquad (5-20)$$

必须指出，弯矩调幅只对竖向荷载作用下的内力进行，即水平荷载作用下产生的弯矩不

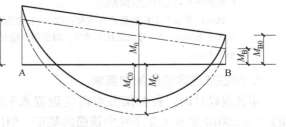
图 5-8　支座弯矩调幅

参与调整。因此，弯矩调幅应在内力组合之前进行。

（6）柱的计算长度 l_0　一般框架结构各层柱的计算长度 l_0 可按表 5-4 确定。

表 5-4　框架结构各层柱的计算长度

楼盖类型	柱的类别	计算长度 l_0
现浇楼盖	底层柱	$1.0H$
	其余各层柱	$1.25H$
装配式楼盖	底层柱	$1.25H$
	其余各层柱	$1.5H$

注：表中 H 对底层为基础顶面到一层楼盖顶面的高度；对其余各层柱为上下两层顶面之间的高度。

5.1.6　框架结构梁、柱构造要求

1. 框架梁端箍筋加密区要求

框架梁端箍筋加密区的长度、箍筋最大间距和最小直径应按表 5-5 采用，当梁端纵向受拉钢筋配筋率大于 2% 时，表中箍筋最小直径应增大 2mm。

表 5-5　梁端箍筋加密区的长度、箍筋最大间距和最小直径

抗震等级	加密区长度 （采用较大值）/mm	箍筋最大间距 （采用较小值）/mm	箍筋最小直径/mm
一	$2h_b$，500	$h_b/4$，$6d$，100	10
二	$1.5h_b$，500	$h_b/4$，$8d$，100	8
三	$1.5h_b$，500	$h_b/4$，$8d$，150	8
四	$1.5h_b$，500	$h_b/4$，$8d$，150	6

注：1. h_b 为梁截面高度；d 为梁纵向钢筋直径。

2. 箍筋直径大于 12mm、数量不少于 4 肢且肢距不大于 150mm 时，一、二级抗震等级的最大间距应允许适当放宽，但不得大于 150mm。

2. 框架柱加密区要求

框架柱加密区长度、箍筋最大间距、最小直径应按表 5-6 采用。

表 5-6　柱端箍筋加密区的长度、箍筋最大间距和最小直径

抗震等级	加密区长度 （采用较大值）/mm	箍筋最大间距 （采用较小值）/mm	箍筋最小直径/mm
一	柱端：$\dfrac{H_n}{6}$，h_c，500 底层柱：$\dfrac{H_n}{3}$	$6d$，100	10
二		$8d$，100	8
三		$8d$，150（柱根 100）	8
四		$8d$，150（柱根 100）	6（柱根 8）

注：1. H_n 为柱净高；h_c 为柱截面高度；d 为柱纵向钢筋最小直径。

2. 柱根指框架底层柱的嵌固部位。

3. 一级抗震等级框架柱的箍筋直径大于 12mm 且箍筋肢距不大于 150mm 时，二级抗震等级框架柱的直径不小于 10mm 且箍筋肢距不大于 200mm 时，除底层柱下端外，箍筋间距应允许采用 150mm；四级抗震等级框架柱剪跨比不大于 2 时，箍筋直径不应小于 8mm。

3. 梁柱节点区箍筋加密要求

非抗震设计时，在框架节点内应设置水平箍筋，箍筋应符合现行国家标准《混凝土结构设计规范》GB 50010 第 9.3.2 条柱中箍筋的规定，但间距不宜大于 250mm。对四边均有梁的中间节点，节点内可只设置周边的矩形箍筋。当顶层端节点内有梁上部纵向钢筋和柱外侧纵向钢筋的搭接接头时，节

点内水平箍筋应符合现行国家标准《混凝土结构设计规范》GB 50010 第 8.4.6 条的规定。

抗震设计时，现行国家标准《混凝土结构设计规范》GB 50010 规定，一、二、三级抗震等级的框架应进行节点核心区抗震受剪承载力验算；四级抗震等级的框架节点可不进行计算，但应符合抗震构造措施的要求。

框架节点区箍筋的最大间距、最小直径宜按表 5-6 采用，即同框架柱端加密区箍筋的最大间距、最小直径的构造要求。对一、二、三级抗震等级的框架节点核心区，配箍特征值 λ_v 分别不宜小于 0.12、0.10 和 0.08，且其箍筋体积配筋率分别不宜小于 0.6%、0.5% 和 0.4%。当框架柱的剪跨比不大于 2 时，其节点核心区体积配箍率不宜小于核心区上、下柱端体积配箍率的较大值。

4. 梁柱节点区纵向受力钢筋锚固要求

框架梁、柱的纵向受力钢筋均在节点核心区锚固，为了保证梁、柱纵向受力钢筋在节点核心区有可靠的锚固，不致造成纵向受力钢筋的失锚破坏先于构件的承载力破坏，规范规定了框架梁、柱的纵向受力钢筋在节点区的锚固和搭接，应符合下列要求。

1) 梁纵向钢筋在框架梁中间层端节点的锚固应符合的要求。梁下部纵向钢筋伸入节点的锚固：

①当采用直线锚固形式时，锚固长度不应小于 l_a，且应伸过柱中心线，伸过长度不宜小于 $5d$，d 为梁上部纵向钢筋的直径（图 5-9a）。

②当柱截面尺寸不满足直线锚固要求时，梁上部纵向钢筋可采用钢筋端部加机械锚头的锚固方式。梁上部纵向钢筋宜伸至柱外侧纵向钢筋内边，包括机械锚头在内的水平投影锚固长度不应小于 $0.4l_{ab}$（图 5-9b）。

③梁上部纵向钢筋也可采用 90° 弯折锚固方式，此时梁上部纵向钢筋应伸至柱外侧纵向钢筋内边并向节点内弯折，其包含弯弧在内的水平投影长度不应小于 $0.4l_{ab}$，弯折钢筋在弯折平面内包含弯弧段的投影长度不应小于 $15d$（d 为梁上部纵向钢筋的直径）（图 5-9c）。

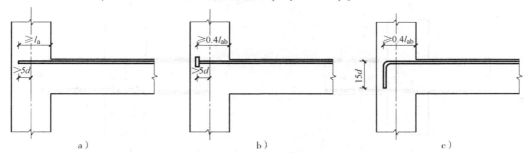

图 5-9　梁上部纵向钢筋在中间节层端节点内的锚固

a）钢筋直线锚固　b）钢筋端部加锚头锚固　c）钢筋末端 90° 弯折锚固

框架梁下部纵向钢筋伸入端节点的锚固：

①当计算中充分利用该钢筋的抗拉强度时，钢筋的锚固方式及长度应与上部钢筋的规定相同，如图 5-10 所示。

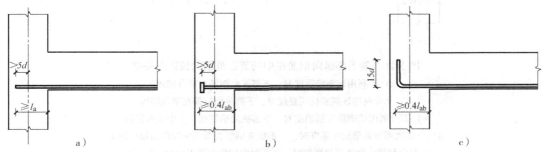

图 5-10　梁下部纵向钢筋在中间节层端节点内的锚固

a）钢筋直线锚固　b）钢筋端部加锚头锚固　c）钢筋末端 90° 弯折锚固

②当计算中不利用该钢筋的强度或仅利用该钢筋的抗压强度时，伸入节点的锚固长度应分别满足中间节点梁下部纵向钢筋锚固的规定。

2）框架中间层节点，梁上部纵向钢筋应贯穿节点。梁下部纵向钢筋宜贯穿节点，当必须锚固时，应符合下列锚固要求：

①当计算中不利用该钢筋的强度时，其伸入节点的锚固长度对带肋钢筋不小于12d，对光面钢筋不小于15d，d 为钢筋的最大直径，如图 5-11a 所示。

②当计算中充分利用该钢筋的抗拉强度时，钢筋应按受压钢筋锚固在中间节点，其直线锚固长度不应小于0.7l_a（图 5-11b）。

③当计算中充分利用该钢筋的抗拉强度时，钢筋可采用直线方式锚固，锚固长度不应小于钢筋的受拉锚固长度 l_a（图 5-11c）。

④当柱截面尺寸不足时，下部纵向钢筋宜采用钢筋端部加锚头的机械锚固措施（图 5-11d），也可采用90°弯折锚固方式（图 5-11e）。

⑤钢筋可在节点外梁中弯矩较小处设置搭接接头，搭接长度的起始点至节点边缘的距离不应小于1.5h_0（图 5-11f）。

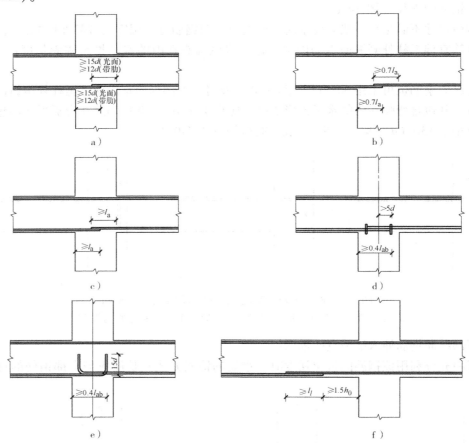

图 5-11   梁下部纵向钢筋在中间节点范围的锚固与搭接

a）不利用该钢筋强度时，下部纵向钢筋在节点锚固

b）充分利用该钢筋抗压强度时，下部纵向钢筋在节点锚固

c）充分利用该钢筋抗拉强度时，下部纵向钢筋在节点中直线锚固

d）充分利用该钢筋抗拉强度时，下部纵向钢筋在节点中端部加锚头锚固

e）充分利用该钢筋抗拉强度时，下部纵向钢筋在节点中90°弯折锚固

f）下部纵向钢筋在节点范围外的搭接

3）柱纵向钢筋应贯穿中间层的中间节点或端节点，接头应设在节点区以外（图5-12）。
柱纵向钢筋在顶层中节点的锚固应符合下列要求：

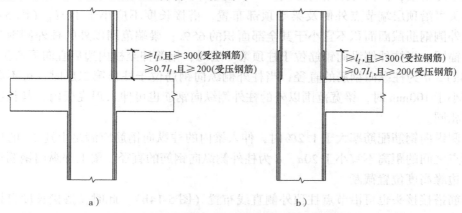

a)　　　　　　　　　　　　　　　　　b)

图 5-12　中间层节点中柱纵向钢筋在节点内的搭接
a）中间层中间节点　b）中间层端节点

①柱纵向钢筋应伸至柱顶，且自梁底算起的锚固长度不应小于 l_a（图5-13a）。

②当截面尺寸不满足直线锚固要求时，可采用90°弯折锚固措施，此时，包括弯弧在内的钢筋垂直投影锚固长度不应小于 $0.5l_{ab}$，在弯折平面内包含弯弧段的水平投影长度不宜小于 $12d$（图5-13b）。

③当截面尺寸不足时，也可采用带锚头的机械锚固措施，此时，包括锚头在内的竖向锚固长度不应小于 $0.5l_{ab}$（图5-13c）。

④当柱顶有现浇楼板且板厚不小于100mm时，柱纵向钢筋也可向外弯折，弯折后的水平投影长度不宜小于 $12d$（图5-13d）。

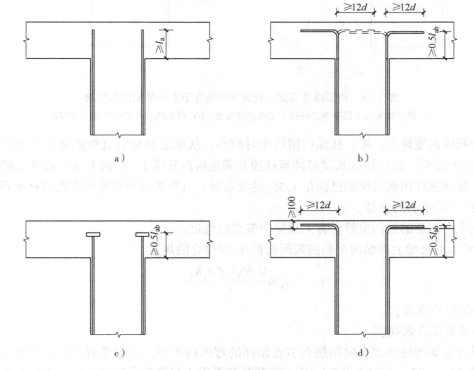

a)　　　　　　　　　　　　　　　　　b)

c)　　　　　　　　　　　　　　　　　d)

图 5-13　顶层节点中柱纵向钢筋在节点内的锚固
a）柱纵向钢筋直线锚固　b）柱纵向钢筋90°弯折锚固
c）柱纵向钢筋端头加锚板锚固　d）柱纵向钢筋90°向外弯折锚固

　　4）顶层端节点柱外侧纵向钢筋可弯入梁内作梁上部纵向钢筋，也可将梁上部纵向钢筋与柱外侧纵向钢筋在节点附近搭接，搭接可采用的方式：

　　①搭接接头可沿顶层端节点外侧及梁端顶部布置，搭接长度不应小于 $1.5l_{ab}$（图 5-14a）。其中，伸入梁内的柱外侧钢筋截面面积不宜小于其全部面积的 65%；梁端范围以外的柱外侧钢筋宜沿节点顶部伸至柱内边锚固。当柱外侧纵向钢筋位于柱顶第一层时，钢筋伸至柱内边后宜向下弯折不小于 8d 后截断（图 5-14a），d 为柱纵向钢筋的直径；当柱外侧纵向钢筋位于柱顶第二层时，可不向下弯折。当现浇板厚度不小于 100mm 时，梁宽范围以外的柱外侧纵向钢筋也可伸入现浇板内，其长度与伸入梁内的柱纵向钢筋相同。

　　②当柱外侧纵向钢筋配筋率大于 1.2% 时，伸入梁内的柱纵向钢筋应满足上述 1）的规定且宜分两批截断，截断点之间的距离不宜小于 20d，d 为柱外侧纵向钢筋的直径。梁上部纵向钢筋伸至节点外侧并向下弯至下边缘高度位置截断。

　　③纵向钢筋搭接接头也可沿节点柱顶外侧直线布置（图 5-14b），此时，搭接长度自柱顶算起不应小于 $1.7l_{ab}$。当梁上部纵向钢筋的配筋率大于 1.2% 时，弯入柱外侧的梁上部纵向钢筋应满足本条第一款的搭接长度，且宜分两批截断，其截断点之间的距离不宜小于 20d，d 为梁上部纵向钢筋的直径。

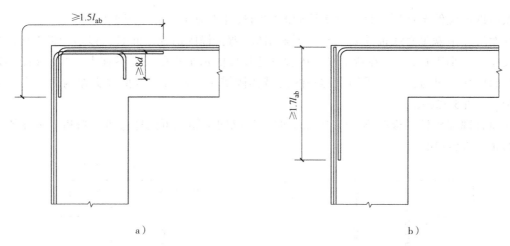

图 5-14　顶层端节点梁、柱纵向钢筋在节点内的锚固与搭接
a）搭接接头沿顶层端节点外侧及梁端顶部布置　b）搭接接头沿节点外侧直线布置

　　④当梁的截面高度较大，梁、柱纵向钢筋相对较小，从梁底算起的直线搭接长度未延伸至柱顶即已满足 $1.5l_{ab}$ 的要求时，应将搭接长度延伸至柱顶并满足搭接长度 $1.7l_{ab}$ 的要求；或者从梁底算起的弯折搭接长度未延伸至柱内侧边缘即已满足 $1.5l_{ab}$ 的要求时，其弯折后包括弯弧在内的水平段长度不应小于 15d，d 为柱纵向钢筋的直径。

　　⑤柱内侧纵向钢筋的锚固应符合有关顶层中节点的规定。

　　5）顶层端节点处梁上部纵向钢筋的截面面积 A_s 应符合的规定：

$$A_s \leqslant \frac{0.35\beta_c f_c b_b h_0}{f_y} \tag{5-21}$$

式中　b_b——梁腹板宽度；

　　　　h_0——梁截面有效高度。

　　梁上部纵向钢筋与柱外侧纵向钢筋在节点角部的弯弧内半径，当钢筋直径不大于 25mm 时，不宜小于 6d；大于 25mm 时，不宜小于 8d。钢筋弯弧外的混凝土只能相应配置防裂、防剥落的构造钢筋。

　　非抗震设计时，框架梁、柱节点纵向受力钢筋的锚固要求如图 5-15 所示。图中，非抗震设计时，梁内架立钢筋直径 ≥2φ12，与纵向钢筋搭接长度取 150mm。

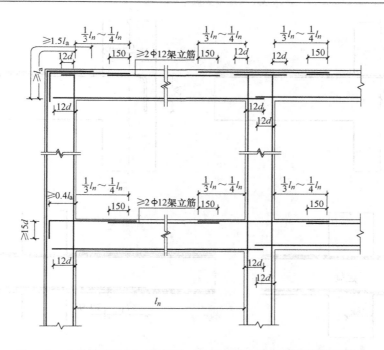

图 5-15 非抗震设计时，框架梁、柱节点纵向受力钢筋的锚固要求

抗震设计时，框架梁和框架柱的纵向受力钢筋在框架节点区的锚固和搭接应符合下列要求：

①框架中间层中间节点处，框架梁的上部纵向钢筋应贯穿中间节点。贯穿中柱的每根梁纵向钢筋直径，对于 9 度设防烈度的各类框架和一级抗震等级的框架结构，当柱为矩形截面时，不宜大于柱该方向截面尺寸的 1/25，当柱为圆形截面时，不宜大于纵向钢筋所在位置柱截面弦长的 1/25；对一、二、三级抗震等级，当柱为矩形截面时，不宜大于柱该方向截面尺寸的 1/20，当柱为圆形截面时，不宜大于纵向钢筋所在位置柱截面弦长的 1/20。

②对于框架中间层中间节点、中间层端节点、顶层中间节点以及顶层端节点，梁、柱纵向钢筋在节点部位的锚固和搭接，应符合图 5-16 的相关构造规定。图中，l_{lE} 为纵向受拉钢筋的抗震搭接长度，按下式计算：

$$l_{lE} = \zeta_l l_{aE} \tag{5-22}$$

式中 ζ_l——纵向受拉钢筋搭接长度修正系数，纵向搭接钢筋接头面积百分率≤25%，取 $\zeta_l = 1.2$；纵向搭接钢筋接头面积百分率 = 50%，取 $\zeta_l = 1.4$；纵向搭接钢筋接头面积百分率 = 100%，取 $\zeta_l = 1.6$；

l_{aE}——纵向受拉钢筋的抗震锚固长度，按下式计算

$$l_{aE} = \zeta_{aE} l_a \tag{5-23}$$

式中 ζ_{aE}——纵向受拉钢筋抗震锚固长度修正系数，对一、二级抗震等级取 1.15，对三级抗震等级取 1.05，对四级抗震等级取 1.00；

l_a——纵向受拉钢筋的锚固长度。

l_{abE} 按下式计算：

$$l_{abE} = \zeta_{aE} l_{ab} \tag{5-24}$$

式中 l_{ab}——基本锚固长度。

抗震设计时，框架梁、柱节点纵向受力钢筋的锚固要求如图 5-17 所示。

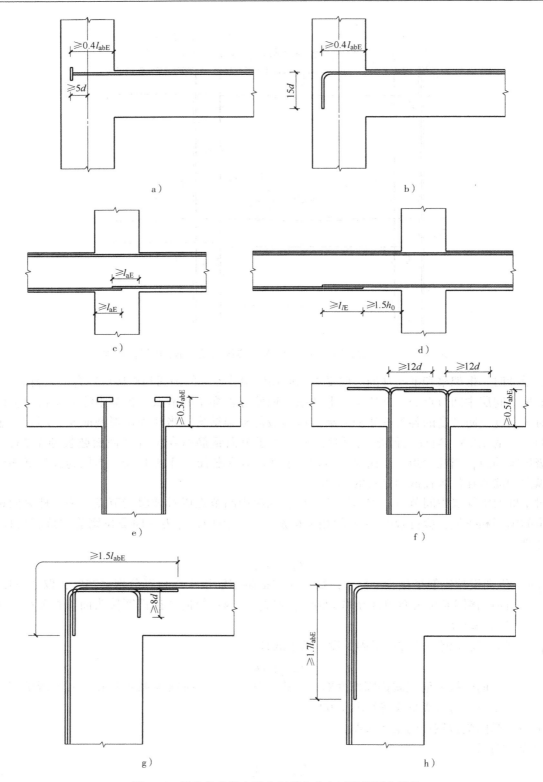

图5-16　梁和柱的纵向受力钢筋在节点区的锚固和搭接

a）中间层端节点梁筋加锚头（锚板）锚固　b）中间层端节点梁筋90°弯折锚固

c）中间层中间节点梁筋在节点内直锚固　d）中间层中间节点梁筋在节点外搭接

e）顶层中间节点柱筋90°弯折锚固　f）顶层中间节点柱筋加锚头（锚板）锚固

g）钢筋在顶层端节点外侧和梁端顶部弯折搭接　h）钢筋在顶层端节点外侧直线搭接

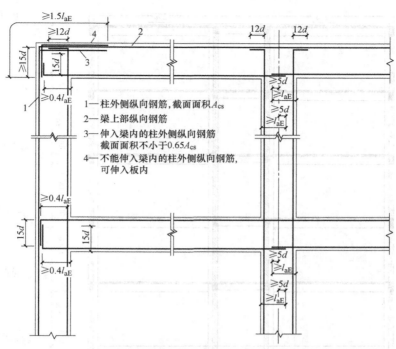

图 5-17　抗震设计时，框架梁、柱节点纵向受力钢筋的锚固要求

5.2　设计实例

5.2.1　设计资料

1. 工程概况

某五层办公楼，其标准层建筑平面如图 5-18 所示，房屋总长度 35.4m，总宽度 14.95m，建筑总面积 2646.15m²。层高均为 3.2m，总高度 16.0m。室内外高差 600mm，室内设计标高 ±0.000 相当于黄海标高 3.50m，剖面图如图 5-19 所示。

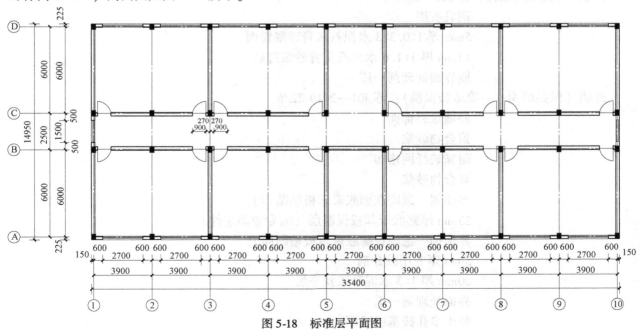

图 5-18　标准层平面图

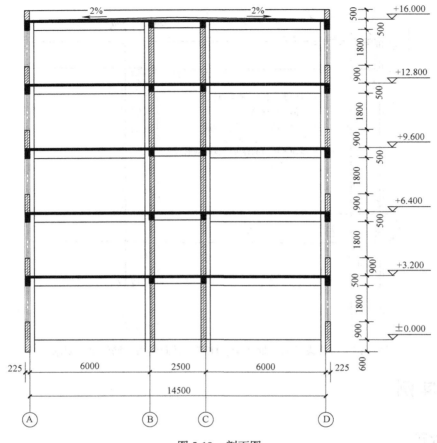

图 5-19　剖面图

2. 建筑构造

（1）墙身做法　±0.000 标高以下墙体均为多孔黏土砖，用 M7.5 水泥砂浆砌筑；±0.000 标高以上外墙采用 PK1 黏土多孔砖，内墙采用 ALC 加气混凝土砌块，用 M5 混合砂浆砌筑。

内墙（乳胶漆墙面）：苏 J01—2019 9/5

　　　　　　　刷乳胶漆

　　　　　　　5mm 厚 1:0.3:3 水泥石灰膏砂浆粉面

　　　　　　　12mm 厚 1:1.6 水泥石灰膏砂浆打底

　　　　　　　刷界面处理剂一道

外墙（保温墙面——聚苯板保温）：苏 J01—2019 22/6

　　　　　　　外墙涂料饰面

　　　　　　　聚合物砂浆

　　　　　　　耐碱玻纤网格布

　　　　　　　聚合物砂浆

　　　　　　　界面剂一道刷在膨胀聚苯板粘贴面上

　　　　　　　25mm 厚膨胀聚苯板保温层（需专业固定件）

　　　　　　　界面剂一道刷在膨胀聚苯板粘贴面上

　　　　　　　3mm 厚专用胶黏剂

　　　　　　　20mm 厚 1:3 水泥砂浆找平层

　　　　　　　界面处理剂一道

　　　　　　　黏土多孔砖基层墙面

（2）平顶做法（乳胶漆顶棚）　苏 J01—2019 6/8

　　　　　　　　　　刷乳胶漆

　　　　　　　　　　10mm 厚 1:0.3:3 水泥石灰膏砂浆粉面

　　　　　　　　　　10mm 厚 1:0.3:3 水泥石灰膏砂浆打底扫毛

　　　　　　　　　　刷素水泥浆一道（内掺建筑胶）

　　　　　　　　　　现浇钢筋混凝土楼板

（3）楼面做法（水磨石地面）　苏 J01—2019 5/3

　　　　　　　　　　15mm 厚 1:2 白水泥彩色石子磨光打蜡（铝条分格条）

　　　　　　　　　　刷素水泥浆结合层一道

　　　　　　　　　　20mm 厚 1:3 水泥砂浆找平层

　　　　　　　　　　现浇钢筋混凝土楼面

（4）屋面做法（刚性防水屋面——有保温层）　苏 J01—2019 12/7

　　　　　　　　　　50mm 厚 C20 细石混凝土内配 $\phi4@150$ 双向钢筋

　　　　　　　　　　隔离层

　　　　　　　　　　20mm 厚 1:3 水泥砂浆找平

　　　　　　　　　　60mm 厚挤塑聚苯板保温层

　　　　　　　　　　20mm 厚 1:3 水泥砂浆找平层

　　　　　　　　　　合成高分子防水卷材一层（厚度≥12mm）

　　　　　　　　　　20～150mm 厚轻质混凝土找坡（坡度 2%）

　　　　　　　　　　钢筋混凝土屋面板

（5）门窗做法　隔热断桥铝合金窗（2700mm×1800mm），木门（1200mm×2400mm）。

3. 可变荷载标准值

1）建设地点基本风压 $w_0 = 0.45 \text{kN/m}^2$（重现期 50 年），场地粗糙度属 B 类，组合值系数 $\psi_c = 0.6$。

2）建设地点基本雪压 $S_0 = 0.40 \text{kN/m}^2$（重现期 50 年），组合值系数 $\psi_c = 0.7$。

3）不上人屋面可变荷载标准值 0.5kN/m²，组合值系数 $\psi_c = 0.7$。

4）办公室楼面可变荷载标准值 2.0kN/m²，组合值系数 $\psi_c = 0.7$。

5）走廊、楼梯可变荷载标准值 2.5kN/m²，组合值系数 $\psi_c = 0.7$。

6）抗震设防烈度：6 度（0.05g）。

5.2.2　结构布置

1. 结构布置

采用纵横向框架承重方案，因总长 35.4m 未超过伸缩缝最大间距（55m）的要求，不设伸缩缝，如图 5-20 所示。

2. 构件截面尺寸估选

（1）楼板尺寸估选　不设次梁，最大跨度双向板的短向跨度 $l = 3.9 \text{m}$，板厚应满足 $h \geqslant \dfrac{1}{50} l = 78 \text{mm}$，取板厚 = 100mm。

（2）框架梁截面尺寸估选　横向框架梁：

边跨 $l = 6.0 \text{m}$，$h \geqslant \left(\dfrac{1}{8} - \dfrac{1}{15} \right) l = 400 \sim 750 \text{mm}$，取 $h = 500 \text{mm}$，宽度 $b = 250 \text{mm}$。

中间跨 $l = 2.5 \text{m}$，$h \geqslant \left(\dfrac{1}{8} - \dfrac{1}{15} \right) l = 166.67 \sim 312.5 \text{mm}$，且不小于 400mm，取 $h = 400 \text{mm}$，宽度 $b = 250 \text{mm}$。

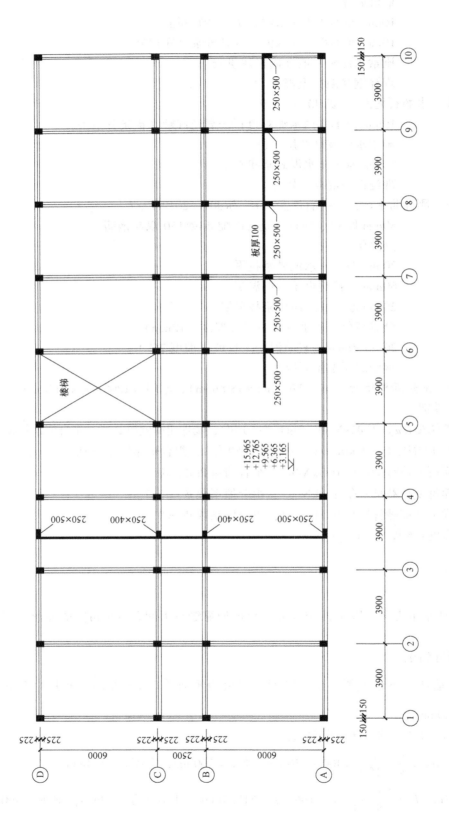

图5-20 标准层结构平面布置图

纵向框架梁：

Ⓑ、Ⓒ轴线取 $b \times h = 250\text{mm} \times 400\text{mm}$。

外纵墙不再另设窗过梁，Ⓐ、Ⓓ轴线取 $b \times h = 250\text{mm} \times 500\text{mm}$。

（3）框架柱截面尺寸估选　永久荷载标准值按 6.0kN/m^2 估算，可变荷载标准值办公室为 2.0kN/m^2，走道为 2.5kN/m^2。混凝土强度等级 C20，$f_c = 9.6\text{N/mm}^2$。

则底层中柱轴力估算值：

$$N_v = [1.2 \times 6.0 \times 3.9 \times 4.25 + 1.4 \times (2.0 \times 3.9 \times 3.0 + 2.5 \times 3.9 \times 1.25)] \times 5\text{kN}$$
$$= 845.8\text{kN}$$

$$N = 1.4N_v = 1.4 \times 845.8\text{kN} = 1184.12\text{kN}$$

$$A_c \geq \frac{N}{f_c} = \frac{1184.12 \times 10^3}{9.6}\text{mm}^2 = 123.35 \times 10^3\text{mm}^2$$

取柱截面尺寸 $b \times h = 300\text{mm} \times 450\text{mm}$。

5.2.3　结构分析

1. 计算简图

横向框架结构计算简图如图 5-21 所示。梁、柱节点刚接，柱下端固定于基础顶面。横向框架计算单元取一个开间（即 3.9m 宽），框架梁的计算跨度取左右相邻柱形心之间的距离，即轴线距离，$l_{边跨} = 6.0\text{m}$，$l_{中跨} = 2.5\text{m}$；框架柱的计算高度取上、下层横梁中心线之间的距离，而底层柱的计算高度为：基础顶面到室外地面的距离（假定 0.75m）+ 室内外高差（0.6m）+ 层高（3.2m）- 梁高（0.5m）/2 = 4.3m。

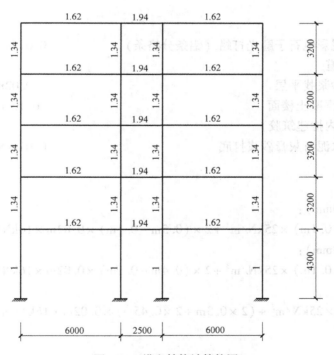

图 5-21　横向结构计算简图

梁、柱线刚度的计算过程列于表 5-7，计算框架梁截面惯性矩时考虑到现浇楼板的作用，取 $I = 2I_0$，这里 I_0 为矩形截面梁的截面惯性矩。

表 5-7　梁、柱的线刚度

构件名称		截面惯性矩 I_0/mm^4	等效惯性矩 I/mm^4	构件长度/m	线刚度 $i/(kN \cdot m)$	相对线刚度
框架梁	边跨	$0.25 \times 0.5^3/12 = 0.0026$	$2.0 \times 0.0026 = 0.0052$	6.0	$0.0052/6.0 = 8.67 \times 10^{-4} E_c$	1.62
	中跨	$0.25 \times 0.4^3/12 = 0.0013$	$2.0 \times 0.0013 = 0.0026$	2.5	$0.0026/2.5 = 10.4 \times 10^{-4} E_c$	1.94
框架柱	底层	$0.3 \times 0.45^3/12 = 0.0023$	0.0023	4.3	$0.0023/4.3 = 5.35 \times 10^{-4} E_c$	1
	其余柱	$0.3 \times 0.45^3/12 = 0.0023$	0.0023	3.2	$0.0023/3.2 = 7.19 \times 10^{-4} E_c$	1.34

2. 竖向荷载计算

（1）永久荷载

1）屋面面荷载。

50mm 厚 C20 细石混凝土内配 $\phi 4$ 双向钢筋，中距 200 抹平压光　　$0.05m \times 25kN/m^3 = 1.25kN/m^2$

20mm 厚 1:3 水泥砂浆找平　　$0.02m \times 20kN/m^3 = 0.4kN/m^2$

60mm 厚挤塑聚苯板保温层　　$0.06m \times 0.35kN/m^3 = 0.021kN/m^2$

20mm 厚 1:3 水泥砂浆找平层　　$0.02m \times 20kN/m^3 = 0.4kN/m^2$

合成高分子防水卷材一层（厚度≥12mm）　　$0.05kN/m^2$

20～150mm 厚膨胀珍珠岩找坡（坡度2%）　　$\dfrac{0.02+0.15}{2}m \times 7.0kN/m^3 = 0.595kN/m^2$

100mm 厚钢筋混凝土屋面板　　$0.10m \times 25kN/m^3 = 2.50kN/m^2$

刷素水泥浆一道（内掺建筑胶）

20mm 厚 1:0.3:3 水泥石灰膏砂浆打底　　$0.02m \times 16kN/m^3 = 0.255kN/m^2$

合计　　$5.471kN/m^2$

2）楼面面荷载。

15mm 厚 1:2 白水泥彩色石子磨光打蜡（铝条分格条）　　$0.015m \times 22kN/m^3 = 0.33kN/m^2$

刷素水泥结合层一道

20mm 厚 1:3 水泥砂浆找平层　　$0.02m \times 20kN/m^3 = 0.4kN/m^2$

100mm 厚现浇钢筋混凝土楼面　　$0.10m \times 25kN/m^3 = 2.50kN/m^2$

刷素水泥浆一道（内掺建筑胶）

20mm 厚 1:0.3:3 水泥石灰膏砂浆打底　　$0.02m \times 16kN/m^3 = 0.255kN/m^2$

合计　　$3.485kN/m^2$

3）梁自重。

边跨（250mm×500mm）：

　　$0.25m \times (0.5m - 0.1m) \times 25kN/m^3 + 2 \times (0.5m - 0.1m) \times 0.02m \times 16kN/m^3 = 2.756kN/m$

中跨（250mm×400mm）：

　　$0.25m \times (0.4m - 0.1m) \times 25kN/m^3 + 2 \times (0.4m - 0.1m) \times 0.02m \times 16kN/m^3 = 2.067kN/m$

4）柱子自重。

　　$0.3m \times 0.45m \times 25kN/m^3 + (2 \times 0.3m + 2 \times 0.45m) \times 0.02m \times 16kN/m^3 = 3.855kN/m$

5）内墙自重计算。

内墙粉刷：

5mm 厚 1:0.3:3 水泥石灰膏砂浆粉面　　$0.005m \times 16kN/m^3 = 0.08kN/m^2$

12mm 厚 1:1.6 水泥石灰膏砂浆打底　　$0.012m \times 16kN/m^3 = 0.192kN/m^2$

合计　　$0.272kN/m^2$

填充墙自重：

240mm 厚 ALC 加气混凝土砌块　　$0.24m \times 5kN/m^3 = 1.2kN/m^2$

内墙自重　　　　　　　　　　　　　　　　　　　　　$1.2\text{kN/m}^2 + 2 \times 0.272\text{kN/m}^2 = 1.74\text{kN/m}^2$

6）外墙自重。

外墙粉刷：

5mm 厚聚合物抹面抗裂砂浆　　　　　　　　　　　　$0.005\text{m} \times 20\text{kN/m}^3 = 0.10\text{kN/m}^2$

25mm 厚膨胀聚苯板保温层（需专业固定件）　　　　　$0.025\text{m} \times 0.30\text{kN/m}^3 = 0.0075\text{kN/m}^2$

20mm 厚 1:3 水泥砂浆找平层　　　　　　　　　　　　$0.02\text{m} \times 20\text{kN/m}^3 = 0.4\text{kN/m}^2$

合计　　　　　　　　　　　　　　　　　　　　　　　0.5075kN/m^2

填充墙自重：

240mm 厚 KP1 黏土多孔砖　　　　　　　　　　　　　$0.024\text{m} \times 14\text{kN/m}^3 = 3.36\text{kN/m}^2$

外墙自重　　　　　　　　$3.36\text{kN/m}^2 + 0.5075\text{kN/m}^2 + 0.272\text{kN/m}^2 = 4.14\text{kN/m}^2$

7）楼（屋）面板传给横向框架梁的线荷载。楼屋面板传给横向框架梁的线荷载，边跨梁为梯形分布，中跨梁为三角形分布，如图 5-22 所示。

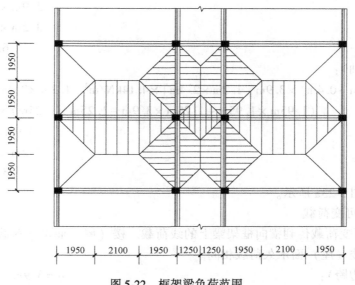

图 5-22　框架梁负荷范围

顶层梁（边跨）　　　　　　　　　　　　　　$g_1 = 5.471\text{kN/m}^2 \times 3.9\text{m} = 21.34\text{kN/m}$

顶层梁（中跨）　　　　　　　　　　　　　　$g_1 = 5.471\text{kN/m}^2 \times 2.5\text{m} = 13.68\text{kN/m}$

其余各层梁（边跨）　　　　　　　　　　　　$g_1 = 3.485\text{kN/m}^2 \times 3.9\text{m} = 13.59\text{kN/m}$

其余各层梁（中跨）　　　　　　　　　　　　$g_1 = 3.485\text{kN/m}^2 \times 2.5\text{m} = 8.71\text{kN/m}$

8）横梁自重、横墙均布线荷载。

顶层梁（边跨）　　　　　　　　　　　　　　　　　　　　　　$g_2 = 2.756\text{kN/m}$

顶层梁（中跨）　　　　　　　　　　　　　　　　　　　　　　$g_2 = 2.067\text{kN/m}$

其余各层梁（边跨）　　　　　$g_2 = 2.756\text{kN/m} + (3.2\text{m} - 0.5\text{m}) \times 1.74\text{kN/m}^2 = 7.454\text{kN/m}$

其余各层梁（中跨）　　　　　　　　　　　　　　　　　　　　$g_2 = 2.067\text{kN/m}$

9）纵向框架梁传到柱上的集中荷载及柱自重。

顶层（Ⓐ、Ⓓ轴）：

屋顶女儿墙　　　　　　　　　　　　　　　　$0.5\text{m} \times 3.9\text{m} \times 4.14\text{kN/m}^2 = 8.07\text{kN}$

屋面板传来　　　　　　　　　　　　　　$1.95\text{m} \times 1.95\text{m} \times 5.471\text{kN/m}^2 = 20.80\text{kN}$

框架梁自重　　　　　　　　　　　　　　　　　　　$3.9\text{m} \times 2.756\text{kN/m} = 10.75\text{kN}$

合计 $G = 39.62$kN（偏心距0.1m）

注：纵向梁自重（250mm×500mm），$0.25m \times (0.5m - 0.1m) \times 25kN/m^3 + 2 \times (0.5m - 0.1m) \times 0.02m \times 16kN/m^3 = 2.756kN/m$。

顶层（Ⓑ、Ⓒ轴）：

屋面板传来 $(1.95m \times 1.95m + 1.25m \times 3.9m - 1.25m \times 1.25m) \times 5.471kN/m^2 = 38.93kN$

框架梁自重 $3.9m \times 2.067kN/m = 8.06kN$

合计 $G = 46.99$kN（偏心距0.1m）

注：纵向梁自重（250mm×400mm），$0.25m \times (0.4m - 0.1m) \times 25kN/m^3 + 2 \times (0.4m - 0.1m) \times 0.02m \times 16kN/m^3 = 2.067kN/m$。

其余层（Ⓐ、Ⓓ轴）：

外纵墙 $[(3.2m - 0.5m) \times 3.9m - 2.7m \times 1.8m] \times 4.14kN/m^2 + 2.7m \times 1.8m \times 0.45kN/m^2 = 25.66kN$

楼板传来 $1.95m \times 1.95m \times 3.485kN/m^2 = 13.25kN$

框架梁自重 $3.9m \times 2.756kN/m = 10.75kN$

框架柱子自重 $3.2m \times 3.855kN/m = 12.34kN$

合计   62.0kN（偏心距0.1m）

其余层（Ⓑ、Ⓒ轴）：

内纵墙 $[(3.2m - 0.4m) \times 3.9m - 1.2m \times 2.4m] \times 4.14kN/m^2 + 1.2m \times 2.4m \times 0.2kN/m^2 = 33.86kN$

楼板传来 $(1.95m \times 1.95m + 1.25m \times 3.9m - 1.25m \times 1.25m) \times 4.14kN/m^2 = 29.46kN$

框架梁自重 $3.9m \times 2.067kN/m = 8.06kN$

框架柱子自重 $3.2m \times 3.855kN/m = 12.34kN$

合计   83.72kN（偏心距0.1m）

永久荷载分布如图5-23a所示。

（2）楼（屋）面可变荷载

1）楼（屋）面可变荷载传到横向框架梁上的线荷载。楼（屋）面可变荷载由楼（屋）面板传给框架梁，传递方式与楼（屋）面永久荷载相同。

顶层梁线荷载（边跨）： $q = 3.9m \times 0.5kN/m^2 = 1.95kN/m$

顶层梁线荷载（中跨）： $q = 2.5m \times 0.5kN/m^2 = 1.25kN/m$

其余层梁线荷载（边跨）： $q = 3.9m \times 2.0kN/m^2 = 7.80kN/m$

其余层梁线荷载（中跨）： $q = 2.5m \times 2.5kN/m^2 = 6.25kN/m$

2）楼（屋）面可变荷载由纵向框架传给柱的集中荷载。楼（屋）面可变荷载由纵向框架梁传给柱的集中荷载，传递方式与楼（屋）面永久荷载相同。

顶层（Ⓐ、Ⓓ轴）：

$$Q = 1.95m \times 1.95m \times 0.5kN/m^2 = 1.90kN（偏心距0.1m）$$

顶层（Ⓑ、Ⓒ轴）：

$$Q = (1.95m \times 1.95m + 1.25m \times 3.9m - 1.25m \times 1.25m) \times 0.5kN/m^2 = 3.56kN（偏心距0.1m）$$

其余层（Ⓐ、Ⓓ轴）：

$$Q = 1.95m \times 1.95m \times 2.0kN/m^2 = 7.60kN（偏心距0.1m）$$

其余层（Ⓑ、Ⓒ轴）：

$Q = 1.95m \times 1.95m \times 2.0kN/m^2 + (1.25m \times 3.9m - 1.25m \times 1.25m) \times 2.5kN/m^2 = 15.89kN$（偏心距0.1m）

楼面可变荷载分布如图5-23b所示。

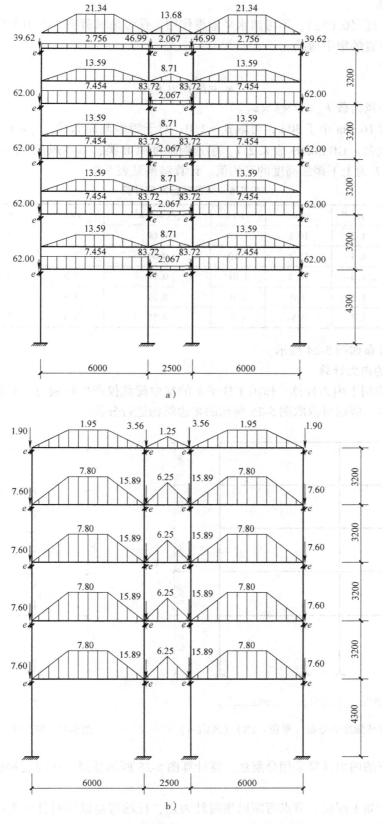

图 5-23 竖向分布荷载标准值分布（单位：kN/m，e = 100mm）

a) 永久荷载标准值 b) 可变荷载标准值

3. 水平荷载计算

抗震设防烈度 6 度（0.05g），不考虑水平地震作用，仅考虑风荷载。作用于框架结构上的风荷载简化为作用于楼层位置的集中荷载。

风荷载标准值：

$$w_k = \beta_z \mu_s \mu_z w_0$$

楼层位置的集中风荷载 $F_w = B \times h \times w_k$。

因为结构总高度 16.0m 小于 30m，可取 $\beta_z = 1.0$；对于矩形截面形状，$\mu_s = 1.3$；μ_z 查现行国家标准《建筑结构荷载规范》GB 50009 表 8.2.1，场地粗糙度属 B 类；基本风压 $w_0 = 0.45 \mathrm{kN/m^2}$；$B$ 是单元宽度，$B = 3.9\mathrm{m}$；h 为上下楼层高度的平均值。计算结果见表 5-8。

表 5-8　风荷载标准值计算

楼层	β_z	μ_s	z/m	μ_z	$w_k/(\mathrm{kN/m^2})$	B/m	h/m	F_w/kN
5	1.0	1.3	16.6	1.18	0.69	3.9	2.1	5.65
4	1.0	1.3	13.4	1.10	0.64	3.9	3.2	7.99
3	1.0	1.3	10.2	1.01	0.59	3.9	3.2	7.99
2	1.0	1.3	7.0	1.0	0.59	3.9	3.2	7.99
1	1.0	1.3	3.8	1.0	0.59	3.9	3.5	8.05

风荷载标准值分布如图 5-24 所示。

4. 竖向荷载下的内力计算

（1）永久荷载作用下内力计算　作用于柱子上的集中荷载仅产生柱轴力，不必进行内力分析。因结构对称、荷载对称，所以可以取图 5-25 所示的半边结构进行分析。

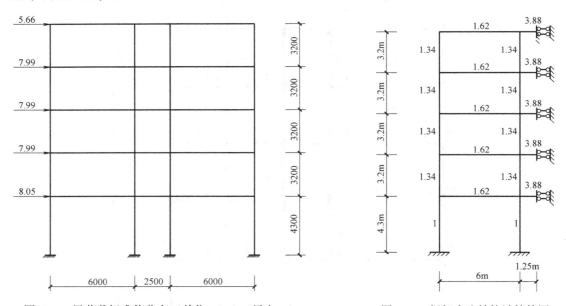

图 5-24　风荷载标准值分布（单位：kN）（风向→）　　　图 5-25　框架半边结构计算简图

永久荷载作用下的内力计算采用分层法。需计算图 5-25 所示顶层、中间层和底层三种情况竖向荷载作用下内力。

内力正负号采用如下规定：节点弯矩以逆时针为正，杆端弯矩以顺时针为正；杆端剪力以顺时针为正，轴力以压为正。

1）顶层。计算简图如图 5-26 所示。

①计算各杆件的分配系数。

$$\mu_{CD} = \frac{4 \times 1.62}{4 \times 1.62 + 4 \times (0.9 \times 1.34)} = 0.573$$

$$\mu_{CA} = \frac{4 \times (0.9 \times 1.34)}{4 \times 1.62 + 4 \times (0.9 \times 1.34)} = 0.427$$

$$\mu_{DC} = \frac{4 \times 1.62}{4 \times 1.62 + 4 \times (0.9 \times 1.34) + 1 \times 3.88} = 0.241$$

$$\mu_{DB} = \frac{4 \times (0.9 \times 1.34)}{4 \times 1.62 + 4 \times (0.9 \times 1.34) + 1 \times 3.88} = 0.180$$

$$\mu_{DE} = \frac{1 \times 3.88}{4 \times 1.62 + 4 \times (0.9 \times 1.34) + 1 \times 3.88} = 0.579$$

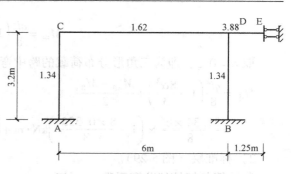

图 5-26 分层法计算简图（顶层）

②计算固端弯矩。梁上分布荷载由矩形和梯形（或三角形）荷载两部分组成，在求固端弯矩时可直接根据图示荷载计算，也可根据固端弯矩相等的原则，先将梯形或三角形荷载化为等效均布荷载，等效荷载的计算式如图 5-27 所示。

$$M_{AB}^{g} = M_{BA}^{g} = \frac{1}{12}(1 - 2\alpha^2 + \alpha^3)ql^2$$

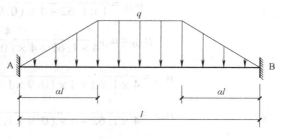

图 5-27 荷载的等效

当 $\alpha = 0.5$ 时，即为三角形分布荷载的固端弯矩：

$$M_{AB}^{g} = M_{BA}^{g} = \frac{1}{12} \times \frac{5}{8}ql^2$$

$$M_{CD} = M_{DC} = \frac{1}{12} \times 2.756 \times 6^2 \text{kN} \cdot \text{m} + \frac{1}{12}(1 - 2 \times 0.325^2 + 0.325^3) \times 21.34 \times 6^2 \text{kN} \cdot \text{m} = 60.96 \text{kN} \cdot \text{m}$$

$$M_{DE} = \frac{1}{3} \times 2.067 \times 1.25^2 \text{kN} \cdot \text{m} + \frac{1}{3} \times \frac{5}{8} \times 13.68 \times 1.25^2 \text{kN} \cdot \text{m} = 5.53 \text{kN} \cdot \text{m}$$

$$M_{ED} = \frac{1}{6} \times 2.067 \times 1.25^2 \text{kN} \cdot \text{m} + \frac{1}{6} \times \frac{5}{8} \times 13.68 \times 1.25^2 \text{kN} \cdot \text{m} = 5.53 \text{kN} \cdot \text{m}$$

③分配与传递。经过三轮分配与传递，精度已达到设计要求，计算过程如图 5-28 所示。

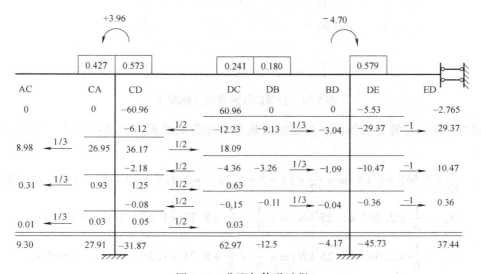

图 5-28 分配与传递过程

④最后杆端弯矩。将各杆的固端弯矩和各次分配、传递的弯矩相加，即得到杆端的最终弯矩。

⑤跨中弯矩。在梁的杆端弯矩基础上叠加相应简支梁弯矩，得到跨中弯矩。

$$M_{中} = \frac{ql^2}{8}\left(1 - \frac{8\alpha^2}{3}\right) + \frac{M_{AB} - M_{BA}}{2}$$

取 $\alpha = 0.5$，即为三角形分布荷载的跨中弯矩。

$$M_{中} = \frac{ql^2}{8}\left(1 - \frac{8\alpha^2}{3}\right) + \frac{M_{AB} - M_{BA}}{2}$$

$$= \frac{21.34 \times 6^2}{8} \times \left(1 - \frac{8 \times 0.325^2}{3}\right)\mathrm{kN \cdot m} + \frac{2.756 \times 6^2}{8}\mathrm{kN \cdot m} + \frac{-31.87 - 62.97}{2}\mathrm{kN \cdot m} = 33.96\mathrm{kN \cdot m}$$

2）标准层（图5-29）。

①计算各杆件的分配系数。

$$\mu_{AB} = \frac{4 \times 1.62}{4 \times 1.62 + 4 \times (0.9 \times 1.34) + 4 \times (0.9 \times 1.34)} = 0.402$$

$$\mu_{AD} = \mu_{AF}\frac{4 \times (0.9 \times 1.34)}{4 \times 1.62 + 4 \times (0.9 \times 1.34) + 4 \times (0.9 \times 1.34)} = 0.299$$

$$\mu_{BA} = \frac{4 \times 1.62}{4 \times 1.62 + 4 \times (0.9 \times 1.34) + 4 \times (0.9 \times 1.34) + 1 \times 3.88} = 0.205$$

$$\mu_{BC} = \frac{1 \times 3.88}{4 \times 1.62 + 4 \times (0.9 \times 1.34) + 4 \times (0.9 \times 1.34) + 1 \times 3.88} = 0.490$$

$$\mu_{BE} = \mu_{BG}\frac{4 \times (0.9 \times 1.34)}{4 \times 1.62 + 4 \times (0.9 \times 1.34) + 4 \times (0.9 \times 1.34) + 1 \times 3.88} = 0.1525$$

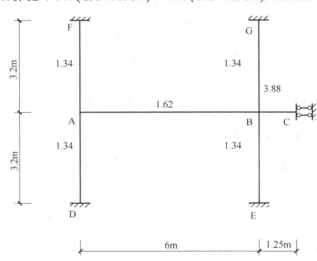

图5-29　分层法计算简图（标准层）

②计算固端弯矩。计算方法同前，即根据固端弯矩相等的原则，先将梯形或三角形荷载化为等效均布荷载。

$$M_{AB} = M_{BA} = \frac{1}{12} \times 7.545 \times 6^2\mathrm{kN \cdot m} + \frac{1}{12} \times (1 - 2 \times 0.325^2 + 0.325^3) \times 13.59 \times 6^2\mathrm{kN \cdot m} = 56.19\mathrm{kN \cdot m}$$

$$M_{BC} = \frac{1}{3} \times 2.067 \times 1.25^2\mathrm{kN \cdot m} + \frac{1}{3} \times \frac{5}{8} \times 8.71 \times 1.25^2\mathrm{kN \cdot m} = 3.91\mathrm{kN \cdot m}$$

$$M_{ED} = \frac{1}{6} \times 2.067 \times 1.25^2\mathrm{kN \cdot m} + \frac{1}{6} \times \frac{5}{8} \times 8.71 \times 1.25^2\mathrm{kN \cdot m} = 1.96\mathrm{kN \cdot m}$$

③分配与传递。经过三轮分配与传递，精度已达到设计要求，计算过程如图5-30所示。

④最后杆端弯矩。将各杆的固端弯矩和各次分配、传递的弯矩相加，即得到杆端的最终弯矩。

⑤跨中弯矩。

$$M_{中} = \frac{ql^2}{8}\left(1 - \frac{8\alpha^2}{3}\right) + \frac{M_{AB} - M_{BA}}{2}$$

$$= \frac{13.59 \times 6^2}{8} \times \left(1 - \frac{8 \times 0.325^2}{3}\right) kN \cdot m + \frac{7.545 \times 6^2}{8} kN \cdot m + \frac{-39.48 - 56.09}{2} kN \cdot m = 30.10 kN \cdot m$$

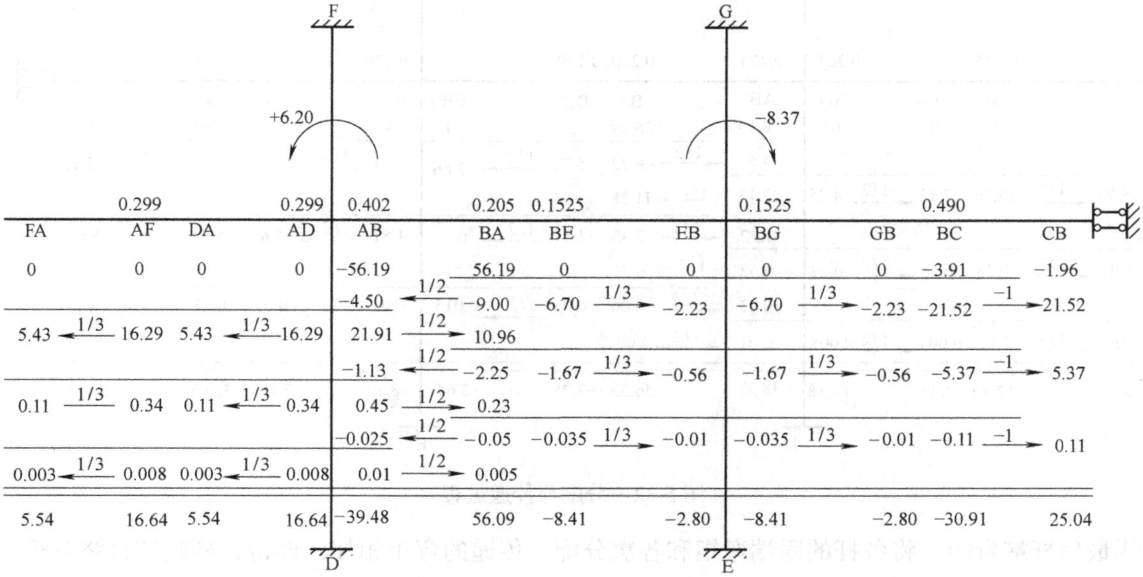

F（+6.20）　　　　　G（-8.37）

	FA	AF	DA	AD	AB	BA	BE	EB	BG	GB	BC	CB
分配系数		0.299		0.299	0.402	0.205	0.1525		0.1525		0.490	
	0	0	0	0	-56.19	56.19	0	0	0	0	-3.91	-1.96
					-4.50 (←1/2)	-9.00	-6.70 (1/3→)	-2.23	-6.70 (1/3→)	-2.23	-21.52 (-1→)	21.52
	5.43 (1/3←)	16.29	5.43 (1/3←)	16.29	21.91 (1/2→)	10.96						
					-1.13 (←1/2)	-2.25	-1.67 (1/3→)	-0.56	-1.67 (1/3→)	-0.56	-5.37 (-1→)	5.37
	0.11 (1/3←)	0.34	0.11 (1/3←)	0.34	0.45 (1/2→)	0.23						
					-0.025 (←1/2)	-0.05	-0.035 (1/3→)	-0.01	-0.035 (1/3→)	-0.01	-0.11 (-1→)	0.11
	0.003 (1/3←)	0.008	0.003 (1/3←)	0.008	0.01 (1/2→)	0.005						
	5.54	16.64	5.54	16.64	-39.48	56.09	-8.41	-2.80	-8.41	-2.80	-30.91	25.04

D　　　　　E

图 5-30　分配与传递过程

3）底层（图5-31）。

①计算各杆件的分配系数。

$$\mu_{AB} = \frac{4 \times 1.62}{4 \times 1.62 + 4 \times (0.9 \times 1.34) + 4 \times 1.0} = 0.424$$

$$\mu_{AD} = \frac{4 \times 1.0}{4 \times 1.62 + 4 \times (0.9 \times 1.34) + 4 \times 1.0} = 0.261$$

$$\mu_{AF} = \frac{4 \times (0.9 \times 1.34)}{4 \times 1.62 + 4 \times (0.9 \times 1.34) + 4 \times 1.0} = 0.315$$

$$\mu_{BA} = \frac{4 \times 1.62}{4 \times 1.62 + 4 \times (0.9 \times 1.34) + 4 \times 1.0 + 1 \times 3.88} = 0.21$$

$$\mu_{BC} = \frac{1 \times 3.88}{4 \times 1.62 + 4 \times (0.9 \times 1.34) + 4 \times 1.0 + 1 \times 3.88} = 0.504$$

$$\mu_{BE} = \frac{4 \times 1.0}{4 \times 1.62 + 4 \times (0.9 \times 1.34) + 4 \times 1.0 + 1 \times 3.88} = 0.130$$

$$\mu_{BG} = \frac{4 \times (0.9 \times 1.34)}{4 \times 1.62 + 4 \times (0.9 \times 1.34) + 4 \times 1.0 + 1 \times 3.88} = 0.156$$

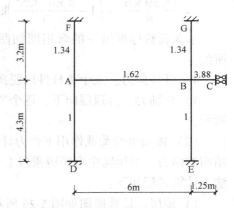

图 5-31　分层法计算简图（底层）

②计算固端弯矩。梁端固端弯矩大小同标准层梁端固端弯矩，即

$$M_{AB} = M_{BA} = \frac{1}{12} \times 7.545 \times 6^2 kN \cdot m + \frac{1}{12} \times (1 - 2 \times 0.325^2 + 0.325^3) \times 13.59 \times 6^2 kN \cdot m = 56.19 kN \cdot m$$

$$M_{BC} = \frac{1}{3} \times 2.067 \times 1.25^2 kN \cdot m + \frac{1}{3} \times \frac{5}{8} \times 8.71 \times 1.25^2 kN \cdot m = 3.91 kN \cdot m$$

$$M_{ED} = \frac{1}{6} \times 2.067 \times 1.25^2 kN \cdot m + \frac{1}{6} \times \frac{5}{8} \times 8.71 \times 1.25^2 kN \cdot m = 1.96 kN \cdot m$$

③分配与传递。经过三轮分配与传递，精度已达到设计要求，计算过程如图5-32所示。

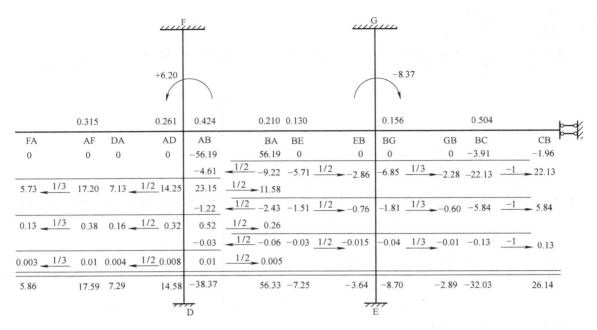

图 5-32　分配与传递过程

④最后杆端弯矩。将各杆的固端弯矩和各次分配、传递的弯矩相加,即得到杆端的最终弯矩。

⑤跨中弯矩。

$$M_{中} = \frac{ql^2}{8}\left(1 - \frac{8\alpha^2}{3}\right) + \frac{M_{AB} - M_{BA}}{2}$$

$$= \frac{13.59 \times 6^2}{8} \times \left(1 - \frac{8 \times 0.325^2}{3}\right)\text{kN·m} + \frac{7.545 \times 6^2}{8}\text{kN·m} + \frac{-38.37 - 56.33}{2}\text{kN·m} = 30.53\text{kN·m}$$

永久荷载标准值下的弯矩图如图 5-33a 所示,图中节点弯矩之和并不完全等于零,系计算误差所致。

4）杆件剪力。逐个将杆件取脱离体,利用力矩平衡条件可求出杆件剪力,如图 5-33b 所示。

5）柱轴力。自顶层向下,逐个节点取脱离体,利用竖向力平衡条件,可求得柱轴力,如图 5-33c 所示。

（2）楼面可变荷载作用下内力计算　可变荷载不考虑最不利布置,而将满布活荷载一次性计算出结构的内力,对梁跨中弯矩应乘以 1.1 ~ 1.2 的系数予以增大。楼面可变荷载作用下的内力仍采用分层法,计算过程如下:

1）顶层。计算简图如图 5-26 所示。

①计算各杆件的分配系数:

$$\mu_{CD} = 0.573 \text{、} \mu_{CA} = 0.427 \text{、} \mu_{DC} = 0.241 \text{；} \mu_{DB} = 0.180 \text{、} \mu_{DE} = 0.579$$

②计算固端弯矩。计算方法同前,即根据固端弯矩相等的原则,将梯形或三角形荷载化为等效均布荷载。

$$M_{CD} = M_{DC} = \frac{1}{12} \times (1 - 2 \times 0.325^2 + 0.325^3) \times 1.95 \times 6^2 \text{kN·m} = 4.82\text{kN·m}$$

$$M_{DE} = \frac{1}{3} \times \frac{5}{8} \times 1.25 \times 1.25^2 \text{kN·m} = 0.41\text{kN·m}$$

$$M_{ED} = \frac{1}{6} \times \frac{5}{8} \times 1.25 \times 1.25^2 \text{kN·m} = 0.20\text{kN·m}$$

③分配与传递。经过三轮分配与传递,精度已达到设计要求,计算过程如图 5-34 所示。

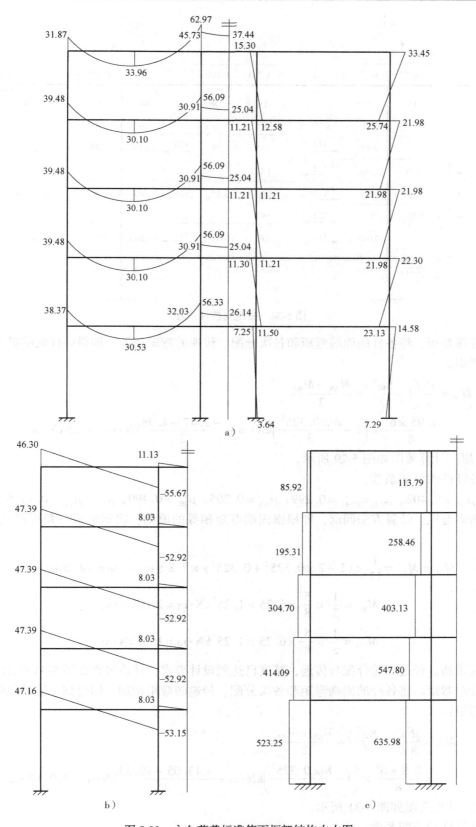

图 5-33　永久荷载标准值下框架结构内力图

a）弯矩图（单位：kN·m）　b）梁剪力图（单位：kN）　c）柱轴力图（单位：kN）

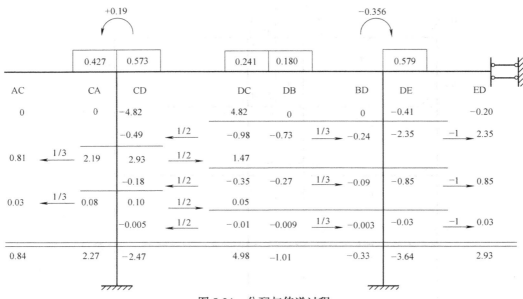

图 5-34 分配与传递过程

④最后杆端弯矩。将各杆的固端弯矩和各次分配、传递的弯矩相加，即得到杆端的最终弯矩。

⑤跨中弯矩。

$$M_{中} = \frac{ql^2}{8}\left(1 - \frac{8\alpha^2}{3}\right) + \frac{M_{AB} - M_{BA}}{2}$$

$$= \frac{1.95 \times 6^2}{8} \times \left(1 - \frac{8 \times 0.325^2}{3}\right)\text{kN} \cdot \text{m} + \frac{-2.47 - 4.98}{2}\text{kN} \cdot \text{m} = 4.25\text{kN} \cdot \text{m}$$

2）标准层。计算简图如图 5-29 所示。

①计算各杆件的分配系数：

$$\mu_{AB} = 0.402 、 \mu_{AD} = \mu_{AF} = 0.299 ; \mu_{BA} = 0.205 、 \mu_{BC} = 0.490 、 \mu_{BE} = \mu_{BG} = 0.1525$$

②计算固端弯矩。计算方法同前，即根据固端弯矩相等的原则，将梯形或三角形荷载化为等效均布荷载。

$$M_{AB} = M_{BA} = \frac{1}{12} \times (1 - 2 \times 0.325^2 + 0.325^3) \times 7.8 \times 6^2\text{kN} \cdot \text{m} = 19.26\text{kN} \cdot \text{m}$$

$$M_{BC} = \frac{1}{3} \times \frac{5}{8} \times 6.25 \times 1.25^2\text{kN} \cdot \text{m} = 2.03\text{kN} \cdot \text{m}$$

$$M_{ED} = \frac{1}{6} \times \frac{5}{8} \times 6.25 \times 1.25^2\text{kN} \cdot \text{m} = 1.02\text{kN} \cdot \text{m}$$

③分配与传递。经过三轮分配与传递，精度已达到设计要求，计算过程如图 5-35 所示。

④最后杆端弯矩。将各杆的固端弯矩和各次分配、传递的弯矩相加，即得到杆端的最终弯矩。

⑤跨中弯矩：

$$M_{中} = \frac{ql^2}{8}\left(1 - \frac{8\alpha^2}{3}\right) + \frac{M_{AB} - M_{BA}}{2}$$

$$= \frac{7.8 \times 6^2}{8} \times \left(1 - \frac{8 \times 0.325^2}{3}\right)\text{kN} \cdot \text{m} + \frac{-13.05 - 19.33}{2}\text{kN} \cdot \text{m} = 9.02\text{kN} \cdot \text{m}$$

3）底层。计算简图如图 5-31 所示。

①计算各杆件的分配系数：

$$\mu_{AB} = 0.424 、 \mu_{AD} = 0.261 、 \mu_{AF} = 0.315 ; \mu_{BA} = 0.21 、 \mu_{BC} = 0.504 、 \mu_{BE} = 0.130 、 \mu_{BG} = 0.156$$

②计算固端弯矩。梁端固端弯矩大小同标准层梁端固端弯矩，即

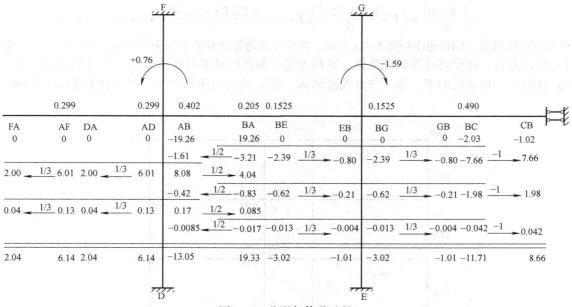

图 5-35　分配与传递过程

$$M_{AB} = M_{BA} = \frac{1}{12} \times (1 - 2 \times 0.325^2 + 0.325^3) \times 7.8 \times 6^2 \text{kN} \cdot \text{m} = 19.26 \text{kN} \cdot \text{m}$$

$$M_{BC} = \frac{1}{3} \times \frac{5}{8} \times 6.25 \times 1.25^2 \text{kN} \cdot \text{m} = 2.03 \text{kN} \cdot \text{m}$$

$$M_{ED} = \frac{1}{6} \times \frac{5}{8} \times 6.25 \times 1.25^2 \text{kN} \cdot \text{m} = 1.02 \text{kN} \cdot \text{m}$$

③分配与传递。经过三轮分配与传递，精度已达到设计要求，计算过程如图 5-36 所示。

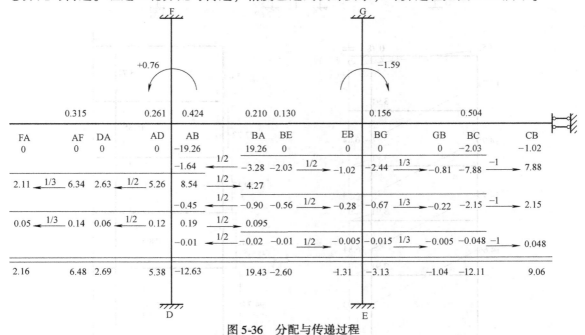

图 5-36　分配与传递过程

④最后杆端弯矩。将各杆的固端弯矩和各次分配、传递的弯矩相加，即得到杆端的最终弯矩。

⑤跨中弯矩：

$$M_{\text{中}} = \frac{ql^2}{8}\left(1 - \frac{8\alpha^2}{3}\right) + \frac{M_{AB} - M_{BA}}{2}$$

$$= \frac{7.8 \times 6^2}{8} \times \left(1 - \frac{8 \times 0.325^2}{3}\right) \text{kN} \cdot \text{m} + \frac{-12.63 - 19.43}{2} \text{kN} \cdot \text{m} = 9.18 \text{kN} \cdot \text{m}$$

可变荷载标准值下的弯矩图如图 5-37a 所示，图中节点弯矩之和并不完全等于零，系计算误差所致。

4）杆件剪力。逐个将杆件取脱离体，利用力矩平衡条件可求出杆件剪力，如图 5-37b 所示。

5）柱轴力。自顶层向下，逐个节点取脱离体，利用竖向力平衡条件，可求得柱轴力，如图 5-37c 所示。

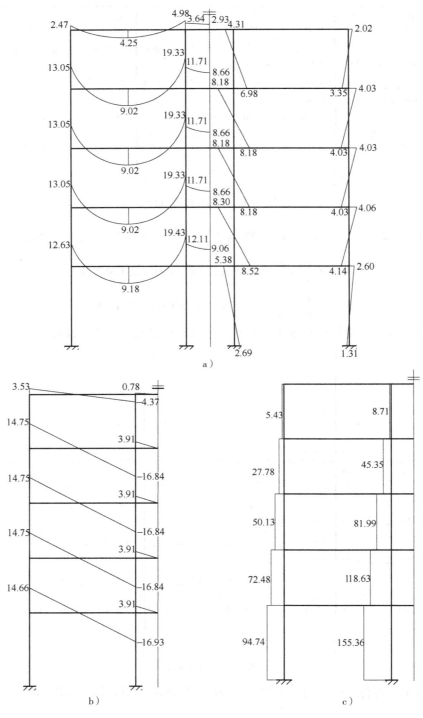

图 5-37　可变荷载标准值下框架结构内力图

a）弯矩图（单位：kN·m）　　b）梁剪力图（单位：kN）　　c）柱轴力图（单位：kN）

5. 水平荷载作用下的内力计算

水平荷载作用下的内力计算采用 D 值法。

1）计算各柱的修正抗侧刚度，见表 5-9。

表 5-9　柱的修正抗侧刚度

柱号	楼层	柱线刚度 i_c/(kN·m)	梁柱线刚度比 $\overline{K} = \dfrac{\sum i_b}{2 i_c}$（一般层）；$\overline{K} = \dfrac{\sum i_b}{i_c}$（底层）	修正系数 $\alpha_c = \dfrac{\overline{K}}{2+\overline{K}}$（一般层）；$\alpha_c = \dfrac{0.5+\overline{K}}{2+\overline{K}}$（底层）	层高 h/m	修正抗侧刚度 $D = \alpha_c \dfrac{12 i_c}{h^2}$/(kN/m)	相对抗侧刚度
边柱	一般层	$7.19 \times 10^{-4} E_c$	$\overline{K} = \dfrac{1.62+1.62}{2 \times 1.34} = 1.209$	$\alpha_c = \dfrac{1.209}{2+1.209} = 0.377$	3.2	$3.177 \times 10^{-4} E_c$	1.561
	底层	$5.35 \times 10^{-4} E_c$	$\overline{K} = \dfrac{1.62}{1.0} = 1.620$	$\alpha_c = \dfrac{0.5+1.620}{2+1.620} = 0.586$	4.3	$2.035 \times 10^{-4} E_c$	1
中柱	一般层	$7.19 \times 10^{-4} E_c$	$\overline{K} = \dfrac{2 \times 1.62 + 2 \times 1.94}{2 \times 1.34} = 2.657$	$\alpha_c = \dfrac{2.657}{2+2.657} = 0.571$	3.2	$4.811 \times 10^{-4} E_c$	2.364
	底层	$5.35 \times 10^{-4} E_c$	$\overline{K} = \dfrac{1.62+1.94}{1.0} = 3.56$	$\alpha_c = \dfrac{0.5+3.56}{2+3.56} = 0.730$	4.3	$2.535 \times 10^{-4} E_c$	1.246

2）将楼层剪力按修正抗侧刚度分配给每根柱，将各柱的剪力乘以反弯点到柱端的距离得到柱端弯矩，将节点弯矩之和按梁的线刚度分配给与该节点相连的梁，梁左、右端弯矩之和除以梁跨得到梁的剪力。

3）自顶层向下，逐个节点取脱离体，利用竖向力的平衡条件，可求得柱的轴力。计算过程详见表 5-10。

表 5-10　风荷载标准值作用下内力计算

楼层	楼层风荷载 F_{wi}/kN	层间剪力 $F_j = \sum F_{wi}$/kN	层高 h_j/m	柱/梁号	柱相对抗侧刚度 D_{ji}	楼层刚度 $D_j = \sum D_{ji}$	柱剪力/kN $V_{cji} = F_j \times \dfrac{D_{ji}}{\sum D_j}$	反弯点高度 y_{ji}/m
五	5.65	5.65	3.20	边跨	1.561	7.850	$5.65 \times \dfrac{1.561}{7.850} = 1.124$	0.36
				中跨	2.364	7.850	$5.65 \times \dfrac{2.364}{7.850} = 1.702$	0.43
四	7.99	13.64	3.20	边跨	1.561	7.850	$13.64 \times \dfrac{1.561}{7.850} = 2.712$	0.37
				中跨	2.364	7.850	$13.64 \times \dfrac{2.364}{7.850} = 4.108$	0.48
三	7.99	21.63	3.20	边跨	1.561	7.850	$21.63 \times \dfrac{1.561}{7.850} = 4.301$	0.46
				中跨	2.364	7.850	$21.63 \times \dfrac{2.364}{7.850} = 6.514$	0.50
二	7.99	29.62	3.20	边跨	1.561	7.850	$29.62 \times \dfrac{1.561}{7.850} = 5.890$	0.50
				中跨	2.364	7.850	$29.62 \times \dfrac{2.364}{7.850} = 8.920$	0.50
一	8.05	37.67	4.30	边跨	1	4.492	$37.67 \times \dfrac{1}{4.492} = 8.386$	0.65
				中跨	1.246	4.492	$37.67 \times \dfrac{1.246}{4.492} = 10.449$	0.55

（续）

楼层	柱端弯矩/(kN·m)		柱节点弯矩之和/(kN·m) $M = \sum (M_{cu} + M_{cb})$	梁相对线刚度 i_{bi}	梁端弯矩/(kN·m) $M_b = M \dfrac{i_{bi}}{\sum i_{bi}}$		梁跨 l_i/m	梁剪力/kN $V_{byi} = \dfrac{M_{bl} + M_{br}}{l_i}$	柱轴力/kN $N_c = \sum V_{byi}$
	上端 $M_{cu} =$ $V_{ji} \times (1 - y_{ji}) \times h_j$	下端 $M_{cb} =$ $V_{ji} \times y_{ji} \times h_j$			左端 M_{bl}	右端 M_{br}			
五	2.302	1.295	2.302	1.62	2.302	1.413	6.0	−0.619	−0.619
	3.105	2.342	3.105	0.94	1.692	1.692	2.5	−1.354	−0.735
四	5.467	3.210	6.762	1.62	6.762	4.177	6.0	−1.823	−2.442
	6.836	6.310	9.178	0.94	5.002	5.002	2.5	−4.002	−2.914
三	7.432	6.331	10.642	1.62	10.642	7.614	6.0	−3.043	−5.485
	10.422	10.422	16.732	0.94	9.118	9.118	2.5	−7.294	−7.165
二	9.424	9.424	15.755	1.62	15.755	11.237	6.0	−4.499	−9.984
	14.272	14.272	24.694	0.94	13.457	13.457	2.5	−10.766	−13.432
一	12.621	23.439	22.045	1.62	22.045	15.695	6.0	−6.290	−16.274
	20.219	24.712	34.491	0.94	18.800	18.800	2.5	−15.040	−22.182

风荷载标准值作用下框架结构内力如图 5-38 所示。

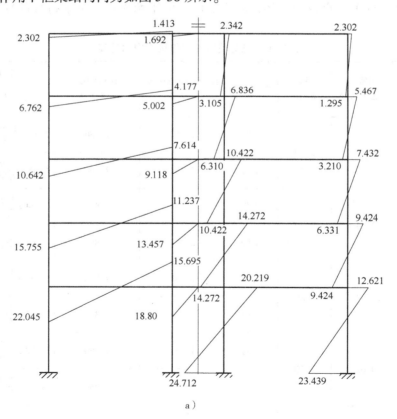

图 5-38　风荷载标准值作用下框架结构内力图

a) 弯矩图（单位：kN·m）

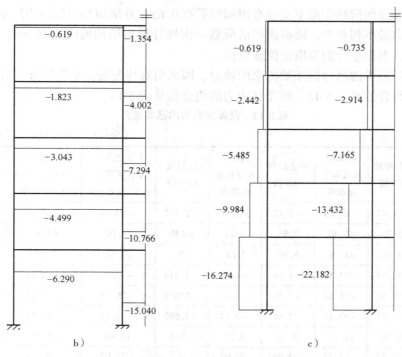

图 5-38　风荷载标准值作用下框架结构内力图（续）

b）梁剪力图（单位：kN）　　c）柱轴力图（单位：kN）

6. 风荷载作用下的侧移计算

将层间剪力除以层间刚度即得层间位移，各层间位移累加得到顶点位移。考虑到混凝土构件的开裂，将柱抗侧刚度乘以 0.85，C20 混凝土 $E_c = 25.5 \text{kN/m}^2$。计算过程见表 5-11，层间位移和顶点位移均满足要求。

表 5-11　风荷载作用下侧移计算

楼层	层间剪力/kN	楼层刚度/(kN/m)	层间位移 δ_i/m	允许位移/m
五	5.65	$0.85 \times 7.850 \times 2.035 \times 10^{-4} \times$ $25.5 \times 10^6 = 3.4625 \times 10^4$	1.632×10^{-4}	$3.2/550 = 5.82 \times 10^{-3}$
四	13.64	3.4625×10^4	3.939×10^{-4}	$3.2/550 = 5.82 \times 10^{-3}$
三	21.63	3.4625×10^4	6.247×10^{-4}	$3.2/550 = 5.82 \times 10^{-3}$
二	29.62	3.4625×10^4	8.555×10^{-4}	$3.2/550 = 5.82 \times 10^{-3}$
一	37.67	1.9814×10^4	19.012×10^{-4}	$4.3/550 = 5.82 \times 10^{-3}$
顶点位移 $\Delta = \sum \delta_i$			0.00394	$17.1/550 = 0.031$

5.2.4　梁、柱构件设计

1. 内力组合

多层框架内力组合一般由可变荷载效应控制，基本组合可考虑以下三种情况：

1）1.3×永久荷载标准值产生的内力 +1.5×楼面可变荷载标准值产生的内力 +1.5×0.6×风荷载标准值产生的内力

2）1.3×永久荷载标准值产生的内力 +1.5×风荷载标准值产生的内力 +1.5×0.7×楼面可变荷载标准值产生的内力

3）1.3×永久荷载标准值产生的内力 +1.5×0.7×楼面可变荷载标准值产生的内力

竖向荷载下框架结构的弯矩可以调幅，降低支座弯矩，相应增加跨中弯矩。当跨中为负弯矩时，不作调幅。这里考虑竖向荷载作用下支座弯矩调幅系数 0.85，并增加相应荷载作用下的跨中弯矩。

可变荷载不考虑最不利布置，而将满布活荷载一次性计算出结构的内力参与组合。风荷载作用下结构内力可以反号，根据组合需要取正值或负值。

组合柱轴力时尚需考虑纵向框架梁传来的轴力。因采用对称配筋，不再区分正负弯矩。

框架梁内力的组合值见表 5-12，框架柱内力的组合值见表 5-13。

表 5-12　框架梁内力的基本组合

（单位：弯矩 kN·m，剪力 kN，轴力 kN）

梁号	截面	内力	永久荷载标准值	调幅后永久荷载标准值	可变荷载标准值	调幅后可变荷载标准值	风荷载标准值	1.3 永久 + 1.5 可变 + 1.5×0.6×风	1.3 永久 + 1.5 风 +1.5× 0.7×可变	1.3 永久 +1.5×0.7×可变	选取内力
五层边梁	左端	−M	−31.87	−27.09	−2.47	−2.10	−2.302	−40.44	−40.88	−37.42	−40.88
		V	46.30	46.30	3.53	3.53	0.619	66.04	64.83	63.90	66.04
	跨中	M	33.96	41.08	5.25	5.81	0	62.12	59.51	59.51	62.12
	右端	−M	−62.97	−53.52	−4.98	−4.23	−1.413	−77.19	−76.14	−74.02	−77.19
		V	−55.67	−55.67	−4.37	−4.37	−0.619	−79.48	−77.89	−76.96	−79.48
五层中梁	左端	−M	−45.73	−45.73	−3.64	−3.64	−1.692	−66.43	−65.81	−63.27	−66.43
		V	11.13	11.13	0.78	0.78	1.354	16.86	17.32	15.29	17.32
	跨中	−M	−37.44	−37.44	−2.93	−2.93	0	−53.07	−51.75	−51.75	−53.07
四层边梁	左端	−M	−39.48	−33.56	−13.05	−11.09	−6.762	−66.35	−65.42	−55.27	−66.35
		V	47.39	47.39	14.75	14.75	1.823	85.37	79.83	77.10	85.37
	跨中	M	30.10	37.27	9.02	11.45	0	65.63	60.47	60.47	65.63
	右端	−M	−56.09	−47.68	−19.33	−16.43	−4.177	−90.39	−85.50	−79.24	−90.39
		V	−52.92	−52.92	−16.84	−16.84	−1.823	−95.70	−89.21	−86.48	−95.70
四层中梁	左端	−M	−30.91	−30.91	−11.71	−11.71	−5.002	−62.25	−59.98	−52.48	−62.25
		V	8.03	8.03	3.91	3.91	4.002	19.91	20.55	14.55	20.56
	跨中	−M	−25.04	−25.04	−8.66	−8.66	0	−45.54	−41.65	−41.65	−45.54
三层边梁	左端	−M	−39.48	−33.56	−13.05	−11.09	−10.642	−69.84	−71.24	−55.27	−71.24
		V	47.39	47.39	14.75	14.75	3.043	86.47	81.66	77.10	86.47
	跨中	M	30.10	37.27	9.02	11.45	0	65.63	60.47	60.47	65.63
	右端	−M	−56.09	−47.68	−19.33	−16.43	−7.614	−93.48	−90.66	−79.24	−93.45
		V	−52.92	−52.92	−16.84	−16.84	−3.043	−96.80	−91.04	−86.48	−96.80
三层中梁	左端	−M	−30.91	−30.91	−11.71	−11.71	−9.118	−65.95	−66.16	−52.48	−66.16
		V	8.03	8.03	3.91	3.91	7.294	22.87	25.49	14.55	25.49
	跨中	−M	−25.04	−25.04	−8.66	−8.66	0	−45.54	−41.65	−41.65	−45.54
二层边梁	左端	−M	−39.48	−33.56	−13.05	−11.09	−15.755	−74.44	−78.91	−55.27	−78.91
		V	47.39	47.39	14.75	14.75	4.499	87.78	83.84	77.10	87.78
	跨中	M	30.10	37.27	9.02	11.45	0	65.63	60.47	60.47	65.63
	右端	−M	−56.09	−47.68	−19.33	−16.43	−11.237	−96.74	−96.09	−79.24	−96.74
		V	−52.92	−52.92	−16.84	−16.84	−4.499	−98.11	−93.23	−86.48	−98.11
二层中梁	左端	−M	−30.91	−30.91	−11.71	−11.71	−13.457	−69.86	−72.66	−52.48	−72.66
		V	8.03	8.03	3.91	3.91	10.766	25.99	30.69	14.55	30.69
	跨中	−M	−25.04	−25.04	−8.66	−8.66	0	−45.54	−41.65	−41.65	−45.54

（续）

梁号	截面	内力	永久荷载标准值	调幅后永久荷载标准值	可变荷载标准值	调幅后可变荷载标准值	风荷载标准值	1.3永久+1.5可变+1.5×0.6×风	1.3永久+1.5风+1.5×0.7×可变	1.3永久+1.5×0.7×可变	选取内力
一层边梁	左端	-M	-38.37	-32.61	-12.63	-10.74	-22.045	-78.34	-86.74	-53.67	-86.74
		V	47.16	47.16	14.66	14.66	6.290	88.96	86.14	76.70	88.96
	跨中	M	30.53	37.64	9.18	11.58	0	66.30	61.09	61.09	66.30
	右端	-M	-56.33	-47.88	-19.43	-16.52	-15.695	-101.15	-103.13	-79.59	-103.13
		V	-53.15	-53.15	-16.93	-16.93	-6.290	-100.15	-96.31	-86.87	-100.15
一层中梁	左端	-M	-32.03	-32.03	-12.11	-12.11	-18.800	-76.72	-82.56	-54.36	-82.56
		V	8.03	8.03	3.91	3.91	15.040	29.84	37.11	14.55	37.11
	跨中	-M	-26.14	-26.14	-9.06	-9.06	0	-47.57	-43.50	-43.50	-47.57

表 5-13　框架柱内力的基本组合值

（单位：弯矩 kN·m，剪力 kN，轴力 kN）

柱号	截面	内力	永久荷载标准值	可变荷载标准值	风荷载标准值	1.3永久+1.5可变+1.5×0.6×风	1.3永久+1.5风+1.5×0.7×可变	1.3永久+1.5×0.7×可变	1.3永久-1.5风+1.5×0.7×可变	最大内力组合	选取内力
五层边柱	上端	M	33.45	2.20	2.302	48.86	49.25	45.80	42.34	49.25	$M_{max}=49.25$，相应 $N=118.33$
		N	85.92	5.43	0.619	120.40	118.33	117.40	116.47	120.40	$N_{max}=120.40$，相应 $M=48.86$
	下端	M	25.74	3.35	1.295	39.65	38.92	36.98	35.04	39.65	$N_{min}=117.40$，相应 $M=45.80$
		N	85.92	5.43	0.619	120.40	118.33	117.40	116.47	120.40	
五层中柱	上端	M	15.30	4.31	2.342	28.46	27.93	24.42	20.90	28.46	$M_{max}=29.62$，相应 $N=161.65$
		N	113.79	8.71	0.735	161.65	158.18	157.07	155.97	161.65	$N_{max}=161.65$，相应 $M=29.62$
	下端	M	12.58	6.98	3.105	29.62	28.34	23.68	19.03	29.62	$N_{min}=155.97$，相应 $M=20.90$
		N	113.79	8.71	0.735	161.65	158.18	157.07	155.97	161.65	
四层边柱	上端	M	21.98	4.03	5.467	39.54	41.01	32.81	24.61	41.01	$M_{max}=41.01$，相应 $N=286.74$
		N	195.31	27.78	2.442	297.77	286.74	283.07	279.41	297.77	$N_{max}=297.77$，相应 $M=39.54$
	下端	M	21.98	4.03	3.210	37.50	37.62	32.81	27.99	37.62	$N_{min}=279.41$，相应 $M=27.99$
		N	195.31	27.78	2.442	297.77	286.74	283.07	279.41	297.77	
四层中柱	上端	M	11.21	8.18	6.836	33.00	33.42	23.16	12.91	33.42	$M_{max}=33.42$，相应 $N=387.99$
		N	258.46	45.35	2.914	406.65	387.99	383.62	379.25	406.65	$N_{max}=406.65$，相应 $M=33.00$
	下端	M	11.21	8.18	6.310	32.52	32.63	23.16	13.70	32.63	$N_{min}=379.25$，相应 $M=13.70$
		N	258.46	45.35	2.914	406.65	387.99	383.62	379.25	406.65	
三层边柱	上端	M	21.98	4.03	7.432	41.31	43.95	32.81	21.66	43.95	$M_{max}=43.95$，相应 $N=456.97$
		N	304.70	50.13	5.485	476.24	456.97	448.75	440.52	476.24	$N_{max}=476.24$，相应 $M=41.31$
	下端	M	21.98	4.03	6.331	40.32	42.30	32.81	23.31	42.30	$N_{min}=440.52$，相应 $M=23.31$
		N	304.70	50.13	5.485	476.24	456.97	448.75	440.52	476.24	
三层中柱	上端	M	11.21	8.18	10.422	36.22	38.80	23.16	7.53	38.80	$M_{max}=38.80$，相应 $N=620.91$
		N	403.13	81.99	7.165	653.50	620.91	610.16	599.41	653.50	$N_{max}=653.50$，相应 $M=36.22$
	下端	M	11.21	8.18	10.422	36.22	38.80	23.16	7.53	38.80	$N_{min}=599.41$，相应 $M=7.53$
		N	403.13	81.99	7.165	653.50	620.91	610.16	599.41	653.50	

（续）

柱号	截面	内力	永久荷载标准值	可变荷载标准值	风荷载标准值	1.3永久+1.5×可变+1.5×0.6×风	1.3永久+1.5风+1.5×0.7×可变	1.3永久+1.5×0.7×可变	1.3永久-1.5风+1.5×0.7×可变	最大内力组合	选取内力
二层边柱	上端	M	22.30	4.06	9.424	43.56	47.39	33.25	19.12	47.39	$M_{\max}=48.55$，相应 $N=629.40$
		N	414.09	72.48	9.984	656.02	629.40	614.42	599.45	656.02	$N_{\max}=656.02$，相应 $M=44.76$
	下端	M	23.13	4.14	9.424	44.76	48.55	34.42	20.28	48.55	$N_{\min}=599.45$，相应 $M=20.28$
		N	414.09	72.48	9.984	656.02	629.40	614.42	599.45	656.02	
二层中柱	上端	M	11.30	8.30	14.272	39.99	44.81	23.41	2.00	44.81	$M_{\max}=45.30$，相应 $N=856.85$
		N	547.80	118.63	13.432	902.17	856.85	836.70	816.55	902.17	$N_{\max}=902.17$，相应 $M=40.58$
	下端	M	11.50	8.52	14.272	40.58	45.30	23.90	2.49	45.30	$N_{\min}=816.55$，相应 $M=2.49$
		N	547.80	118.63	13.432	902.17	856.85	836.70	816.55	902.17	
一层边柱	上端	M	14.58	2.60	12.621	34.21	40.62	21.68	2.75	40.62	$M_{\max}=50.21$，相应 $N=804.11$
		N	523.25	94.74	16.274	836.98	804.11	779.70	755.29	836.98	$N_{\max}=836.98$，相应 $M=38.54$
	下端	M	7.29	5.31	23.439	38.54	50.21	15.05	−20.11	50.21	$N_{\min}=755.29$，相应 $M=-20.11$
		N	523.25	94.74	16.274	836.98	804.11	779.70	755.29	836.98	
一层中柱	上端	M	7.25	5.38	20.219	35.69	45.40	15.07	−15.26	45.40	$M_{\max}=45.40$，相应 $N=1023.18$
		N	635.98	155.36	22.182	1079.78	1023.18	989.90	956.63	1079.78	$N_{\max}=1079.78$，相应 $M=35.69$
	下端	M	3.64	2.69	23.439	29.86	42.72	7.56	−27.60	42.72	$N_{\min}=952.83$，相应 $M=-27.60$
		N	635.98	155.36	24.712	1082.06	1026.97	989.90	952.83	1082.06	

2. 截面设计

混凝土强度等级 C20，$\alpha_1=1.0$，$f_c=9.6\text{N/mm}^2$，$f_t=1.1\text{N/mm}^2$；一类环境，梁、柱的混凝土保护层厚度为 30mm。纵向钢筋采用 HRB400 级，$f_y=360\text{N/mm}^2$；箍筋采用 HPB300 级，$f_y=270\text{N/mm}^2$。

（1）框架梁正截面承载力计算　框架梁跨中截面的正截面受弯承载力按 T 形截面考虑，翼缘宽度对于边跨梁取 $l_0/3=2000\text{mm}$、$b+s_n=3900\text{mm}$ 和 $b+12h_f'=1450\text{mm}$ 的较小值，即 $b_f'=1450\text{mm}$；对于中跨梁取 $l_0/3=833\text{mm}$、$b+s_n=3900\text{mm}$ 和 $b+12h_f'=1450\text{mm}$ 的较小值，即 $b_f'=833\text{mm}$。翼缘厚度 $h_f'=100\text{mm}$。支座截面的正截面承载力按矩形截面考虑。

梁纵向钢筋的最小配筋率取 0.2% 和 $0.45f_t/f_y=0.1375\%$ 的较大值，即 $\rho_{\min}=0.2\%$。

考虑到梁端最危险截面应在梁端柱边，而不是在结构计算简图中的柱轴线处。因此，梁端控制截面的组合用内力可按下式取值：

$$M' = M - V'\frac{b}{2}$$

$$V' = V - (g+p)\frac{b}{2}$$

式中　V'、M'——梁端柱边截面的剪力和弯矩；

　　　V、M——内力计算得到的柱轴线处的梁端剪力和弯矩；

　　　g、p——作用于梁上的竖向恒荷载和活荷载。

当计算水平荷载或竖向集中荷载产生的内力时，则 $V'=V$。

框架梁的纵向钢筋配筋计算见表 5-14。

（2）框架梁斜截面承载力计算　当 $300\text{mm}<h\leq500\text{mm}$ 的梁，箍筋最大间距为 200mm，最小直径为 6mm。现取 $\phi8@100$，$\rho_{sv}=\dfrac{nA_{sv}}{bs}=\dfrac{2\times50.3}{250\times100}=0.402\%$，大于 $0.24f_t/f_{yv}=0.098\%$，满足最小配箍率的要求。

表 5-14　框架梁纵向配筋计算

梁号	截面	弯矩值 M /(kN·m)	b 或 b'_f /mm	h_0 /mm	$\alpha_s = \dfrac{M}{\alpha_1 f_c b h_0^2}$	$\xi = 1 - \sqrt{1-2\alpha_s}$	$\gamma_s = 1 - 0.5\xi$	$A_s = \dfrac{M}{f_y \gamma_s h_0}$	$A_{smin} = \rho_{min} bh$ /mm²	选用钢筋	实际钢筋面积 /mm²
五层边跨梁	左端	40.88	250	460	0.081	0.085	0.958	257.68	250.00	2Φ14	307.8
	跨中	62.12	1450	460	0.021	0.021	0.99	378.91	250.00	2Φ16	402.2
	右端	77.19	250	460	0.152	0.166	0.917	508.31	250.00	4Φ14	615.6
五层中跨梁	左端	66.43	250	360	0.214	0.244	0.878	583.80	200.00	4Φ14	615.6
	跨中负弯矩	53.07	250	360	0.171	0.189	0.906	451.98	200.00	3Φ14	461.7
四层边跨梁	左端	66.35	250	460	0.131	0.141	0.930	430.82	250.00	3Φ14	461.7
	跨中	65.63	1450	460	0.022	0.022	0.989	400.72	250.00	2Φ16	402.2
	右端	90.39	250	460	0.178	0.198	0.901	605.81	250.00	4Φ14	615.6
四层中跨梁	左端	62.25	250	360	0.200	0.225	0.888	540.91	200.00	4Φ14	615.6
	跨中负弯矩	45.54	250	360	0.146	0.159	0.921	381.53	200.00	3Φ14	461.7
三层边跨梁	左端	71.24	250	460	0.140	0.152	0.924	465.58	250.00	3Φ14	461.7
	跨中	65.63	1450	460	0.022	0.022	0.989	400.72	250.00	2Φ16	402.2
	右端	93.45	250	460	0.184	0.205	0.898	628.41	250.00	3Φ14+1Φ16	662.8
三层中跨梁	左端	66.16	250	360	0.213	0.242	0.879	580.77	200.00	3Φ14+1Φ16	662.8
	跨中负弯矩	45.54	250	360	0.146	0.159	0.921	381.53	200.00	3Φ14	461.7
二层边跨梁	左端	78.91	250	460	0.155	0.169	0.916	520.21	250.00	2Φ16+1Φ14	556.1
	跨中	65.63	1450	460	0.022	0.022	0.989	400.18	250.00	2Φ16	402.2
	右端	96.74	250	460	0.191	0.214	0.893	654.18	250.00	2Φ16+2Φ14	710.0
二层中跨梁	左端	72.66	250	360	0.234	0.271	0.865	648.15	200.00	2Φ16+2Φ14	710.0
	跨中负弯矩	45.54	250	360	0.146	0.159	0.921	381.53	200.00	2Φ16	402.2
一层边跨梁	左端	86.74	250	460	0.171	0.189	0.906	578.14	250.00	3Φ16	603.3
	跨中	66.30	1450	460	0.023	0.023	0.989	404.82	250.00	2Φ16	402.2
	右端	103.13	250	460	0.203	0.229	0.886	702.90	250.00	3Φ16+1Φ14	757.2
一层中跨梁	左端	82.56	250	360	0.265	0.314	0.843	755.68	200.00	3Φ16+1Φ14	757.2
	跨中负弯矩	47.57	250	360	0.153	0.167	0.917	400.28	200.00	2Φ16	402.2

斜截面受剪承载力 $\qquad\qquad\qquad V_u = 0.7 f_t b h_0 + 1.0 f_{yv} \dfrac{n A_{sv}}{s} h_0$

边跨梁： $\quad V_u = 0.7 \times 1.1 \times 250 \times 460\text{N} + 1.0 \times 270 \times \dfrac{2 \times 50.3}{100} \times 460\text{N} = 213.50 \times 10^3\,\text{N}$

中跨梁： $\quad V_u = 0.7 \times 1.1 \times 250 \times 360\text{N} + 1.0 \times 270 \times \dfrac{2 \times 50.3}{100} \times 360\text{N} = 167.08 \times 10^3\,\text{N}$

注：边跨梁 $h_0 = 500\text{mm} - 40\text{mm} = 460\text{mm}$，中跨梁 $h_0 = 400\text{mm} - 40\text{mm} = 360\text{mm}$。

可见边跨梁、中跨梁的斜截面受剪承载力均大于相应的剪力设计值。

（3）框架梁正常使用极限状态的验算　当框架梁的高跨比在常用范围内时，正常使用极限状态的挠度可以不验算。框架梁裂缝宽度的验算方法参考第 2 章，此处略。

（4）框架柱正截面承载力计算　框架柱的计算长度，底层 $l_0 = 1.0H$，其余层 $l_0 = 1.25H$。框架柱采用对称配筋，纵向钢筋计算过程见表 5-15。

柱的最小配筋面积 $A_{smin} = \rho_{min} b h = 0.2\% \times 300\text{mm} \times 450\text{mm} = 270\text{mm}^2$，当计算的配筋量小于 A_{smin} 时，按 A_{smin} 配置钢筋，选配 2Φ14（$A_s = 308\text{mm}^2$）。

柱箍筋按构造配置。箍筋间距不应大于 400mm 及截面短边尺寸（300mm），且不大于 15d（15 × 14mm = 210mm）；在纵向钢筋搭接区，箍筋间距不应大于 10d（10 × 14mm = 140mm）和 200mm；箍筋直径不应小于 $d/4$，且不应小于 6mm。本算例取 Φ8@200，纵向钢筋搭接区 Φ8@100。

5.2.5　绘制框架结构施工图

绘制框架结构施工图时需要表示纵向钢筋的搭接与锚固。纵向钢筋的基本锚固长度 $l_{ab} = \alpha \left(\dfrac{f_y}{f_t} \right) d =$

$0.14 \times \left(\dfrac{360}{1.1} \right) \times d = 46d$。

按图 5-15 确定框架梁、柱节点纵向受力钢筋的锚固要求。

框架梁上部纵向钢筋伸入端节点的直线锚固长度 $\geqslant l_a$，且伸过柱中心线的长度不宜小于 5d（d 为梁纵向钢筋直径）。折线锚固时，梁上部纵向钢筋应伸至节点对边并向下弯折，锚固段弯折前的水平投影长度 $\geqslant 0.4 l_{ab}$。弯折后的竖直投影长度取 15d（d 为柱纵向钢筋直径）。

当计算中不利用梁下部纵向钢筋的强度时，其伸入节点内的锚固长度 12d（d 为梁纵向钢筋直径）。当计算中充分利用梁下部钢筋的抗拉强度时，直线锚固情况下，梁下部纵向钢筋的锚固长度 $\geqslant l_a$；弯折锚固情况下，锚固段的水平投影长度 $\geqslant 0.4 l_{ab}$，竖直投影长度取 15d（d 为梁纵向钢筋直径）。

直线锚固时，顶层中节点柱纵向钢筋和边节点柱内侧纵向钢筋锚固长度 $\geqslant l_a$；折线锚固时，应向柱内或梁、板内水平弯折，当充分利用柱纵向钢筋的抗拉强度时，其锚固段弯折前的竖向投影长度 $\geqslant 0.5 l_{ab}$，弯折后的水平投影长度 $\geqslant 12d$（d 为柱纵向钢筋直径）。

顶层端节点处，在梁宽范围内的柱外侧纵向钢筋与梁上部纵向钢筋的搭接长度 $\geqslant 1.5 l_{ab}$，在梁宽范围外的柱外侧纵向钢筋可伸入现浇板内，其伸入长度与伸入梁内的相同。

框架柱的受力钢筋中距不应大于 300mm，故在两长边中间加 2Φ12 附加钢筋。需要说明的是，框架柱短边方向的配筋需要根据纵向框架的计算确定。

根据现行国家标准《建筑抗震设计规范》GB 50011，框架结构总高度 14.95m 小于 30m，抗震设防烈度 6 度（0.05g），框架的抗震等级为四级。

四级框架梁端箍筋加密区长度取 1.5h_b 和 500mm 较大值。箍筋最大间距取 $h_b/4$，8d（d 为梁纵向钢筋的直径）和 150mm 的较小值，箍筋最小直径 6mm。

四级框架柱端箍筋加密范围取截面高度 h_c、柱净高 $H_n/6$ 和 500mm 三者的较大值；底层柱根不小于柱净高 $H_n/3$，当有刚性地面时，除柱端外尚应取刚性地面上下各 500mm。箍筋的最大间距取 8d（d 为柱纵向钢筋最小直径）和 150mm 的较小值，箍筋最小直径 6mm（柱根 8mm）。

表 5-15　框架柱纵向配筋计算

柱号	设计内力 M₂ /(kN·m)	N/kN	M₁ /(kN·m)	$C_m = 0.7 + 0.3\dfrac{M_1}{M_2}$	$\dfrac{M_2}{N}$ /mm	$\dfrac{M_2}{N}+e_a$ /mm	$\dfrac{l_0}{h}$	$\zeta_c = \dfrac{0.5f_cA}{N}$	$\eta_{ns}=1+\dfrac{(l_0/h)^2}{1300(M_2/N+e_a)/h_0}\zeta_c$	$M=C_m\eta_{ns}M_2$	$e=e_i+\dfrac{h}{2}-a_s'$ /mm	$x=\dfrac{N}{\alpha_1 f_c b}$ /mm	$A_s=A_s'=\dfrac{Ne-\alpha_1 f_c bx(h_0-0.5x)}{f_y(h_0-a_s')}$ /mm²
五层边柱	49.25	118.33	38.92	<0.7,0.7	416.21	436.21	8.889	1.000	1.000	49.25	606.21	41.087	200.93,选配 2Φ14(308)
	48.86	120.40	39.65	0.7	405.81	425.81	8.889	1.000	1.000	48.86	595.81	41.086	200.96,选配 2Φ14(308)
	45.80	117.40	36.98	0.7	390.12	410.12	8.889	1.000	1.000	45.80	580.12	40.764	176.69,选配 2Φ14(308)
五层中柱	29.62	161.65	28.46	0.7	183.24	203.24	8.889	1.000	1.000	29.62	373.24	56.129	16.98,选配 2Φ14(308)
	20.90	155.97	19.03	0.7	134.00	154.00	8.889	1.000	1.000	20.90	324.00	54.156	<0,选配 2Φ14(308)
四层边柱	41.01	286.74	37.62	0.7	143.02	163.02	8.889	1.000	1.000	41.01	333.02	99.563	36.85,选配 2Φ14(308)
	39.54	297.77	37.50	0.7	132.79	152.79	8.889	1.000	1.000	39.54	322.79	103.392	24.34,选配 2Φ14(308)
	27.99	279.41	24.61	0.7	100.18	120.18	8.889	1.000	1.000	27.99	290.18	97.017	<0,选配 2Φ14(308)
四层中柱	33.42	387.99	32.63	0.7	86.14	106.14	8.889	1.000	1.000	33.42	276.14	134.719	<0,选配 2Φ14(308)
	33.00	406.65	32.52	0.7	81.15	101.15	8.889	1.000	1.000	33.00	271.15	141.198	<0,选配 2Φ14(308)
	13.70	379.25	12.91	0.7	36.12	56.12	8.889	1.000	1.000	13.70	226.12	131.684	<0,选配 2Φ14(308)
三层边柱	43.95	456.97	42.30	0.7	96.18	116.18	8.889	1.000	1.000	43.95	286.18	158.670	99.71,选配 2Φ14(308)
	41.31	476.24	40.32	0.7	86.74	106.74	8.889	1.000	1.000	41.31	276.74	165.361	94.35,选配 2Φ14(308)
	23.31	440.52	21.66	0.7	52.92	72.92	8.889	1.000	1.000	23.31	242.92	152.958	<0,选配 2Φ14(308)
三层中柱	38.80	620.91	38.80	0.7	62.49	82.49	8.889	1.000	1.000	38.80	252.49	215.594	244.94,选配 2Φ14(308)
	36.22	653.50	36.22	0.7	55.43	75.43	8.889	0.992	1.000	36.22	245.43	226.910	273.92,选配 2Φ14(308)
	7.53	599.41	7.53	0.7	12.56	32.56	8.889	1.000	1.000	7.53	202.56	208.129	<0,选配 2Φ14(308)

（续）

柱号	设计内力 M₂ /(kN·m)	N/kN	M₁ /(kN·m)	$C_m = 0.7 + 0.3\frac{M_1}{M_2}$	$\frac{M_2}{N}$ /mm	$\frac{M_2}{N} + e_a$ /mm	$\frac{l_0}{h}$	$\zeta_c = \frac{0.5f_cA}{N}$	$\eta_{ns} = 1 + \frac{(l_0/h)^2}{1300(M_2/N+e_a)/h_0}\zeta_c$	$M = C_m \eta_{ns} M_2$	$e = e_i + \frac{h}{2} - a'_s$ /mm	$x = \frac{N}{\alpha_1 f_c b}$ /mm	$A_s = A'_s = \frac{Ne - \alpha_1 f_c bx(h_0 - 0.5x)}{f'_y(h_0 - a'_s)}$ /mm²
二层边柱	48.55	629.40	47.39	0.7	77.14	97.14	8.889	1.000	1.000	48.55	267.14	218.542	325.20，选配3Φ14(461.7)
	44.76	656.02	43.56	0.7	68.23	88.23	8.889	1.000	1.000	44.76	258.23	227.785	340.55，选配3Φ14(461.7)
	20.28	599.45	19.12	0.7	33.83	53.83	8.889	0.988	1.000	20.28	223.83	208.142	74.37，选配3Φ14(461.7)
二层中柱	45.30	856.85	44.81	0.7	52.87	72.87	8.889	1.000	1.000	45.30	242.87	297.517	785.37，选配2Φ14+3Φ16 (911.0)
	40.58	902.17	39.99	0.7	44.98	64.98	8.889	0.756	1.000	40.58	234.98	313.254	878.65，选配2Φ14+3Φ16 (911.0)
	2.49	816.55	2.00	0.7	3.05	23.05	8.889	0.718	1.000	2.49	193.05	283.524	367.53，选配2Φ14+3Φ16 (911.0)
一层边柱	50.21	804.11	40.62	0.7	62.44	82.44	9.556	0.794	1.000	50.21	252.44	279.205	685.64，选配2Φ14+2Φ16 (710.0)
	38.54	836.98	34.21	0.7	46.05	66.05	9.556	0.806	1.000	38.54	236.05	290.618	683.22，选配2Φ14+2Φ16 (710.0)
	20.11	755.29	2.75	0.7	26.63	46.63	9.556	0.774	1.000	20.11	216.63	262.254	352.71，选配2Φ14+2Φ16 (710.0)
一层中柱	45.40	1023.18	42.72	0.7	44.37	64.37	9.556	0.858	1.000	45.40	234.37	355.271	1306.21，选配3Φ14+3Φ20 (1404.2)
	35.69	1079.78	29.86	0.7	33.05	53.05	9.556	0.633	1.000	35.69	223.05	374.924	1444.24，选配3Φ14+3Φ20 (1404.2)
	27.60	952.83	15.26	0.7	28.97	48.97	9.556	0.600	1.000	27.60	218.97	330.844	989.00，选配3Φ14+3Φ20 (1404.2)

横向框架的施工图如图 5-39 所示。

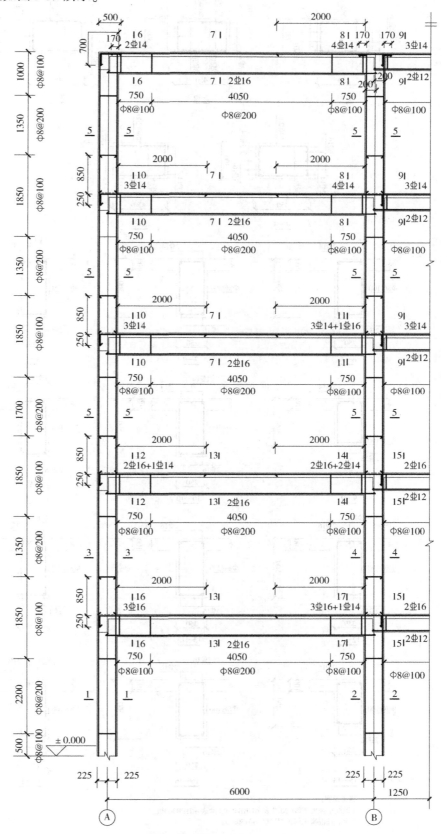

图 5-39　横向框架配筋图

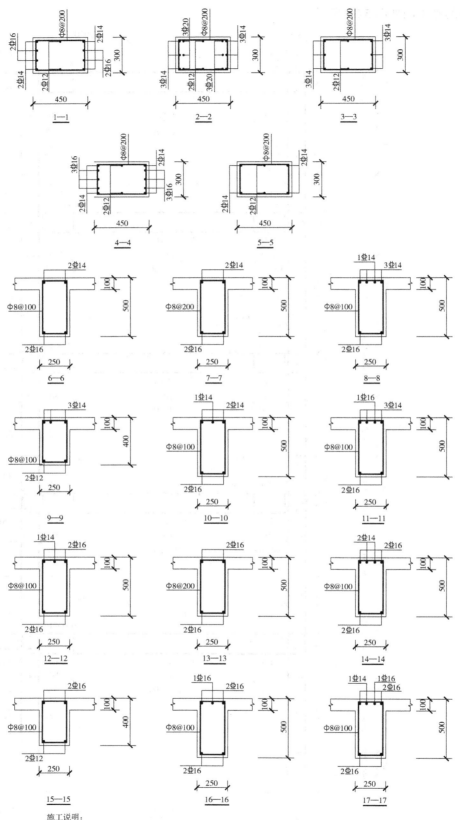

施工说明：

1.混凝土强度等级C20，Φ表示HRB400级，Φ表示HPB300级。

2.梁、柱混凝土保护层厚度均为30mm。

图 5-39　横向框架配筋图（续）

思　考　题

［5-1］框架柱截面尺寸应符合哪些要求？

［5-2］如何确定框架结构的计算简图？

［5-3］在计算框架梁截面惯性矩 I 时，如何考虑楼板的影响？

［5-4］试说明竖向荷载作用下分层法计算框架内力的要点。

［5-5］试说明水平荷载作用下 D 值法计算框架内力的要点。

［5-6］ D 值法中 D 值的物理意义是什么？

［5-7］试分析单层单跨框架结构承受水平荷载作用，当梁、柱的线刚度比由零变到无穷大时，柱反弯点高度是如何变化的。

［5-8］某多层多跨框架结构，层高、跨度、各层的梁、柱截面尺寸都相同，试分析该框架底层、顶层柱的反弯点高度与中间层的柱反弯点高度分别有何区别。

［5-9］一般多层框架结构计算时可不考虑活荷载的不利布置，但理论上应按最不利布置计算截面最不利内力。请指出图 5-40 所示框架中 A 截面的 $|M_{max}|$ 及相应的 N；B 截面负弯矩；C 截面正弯矩的竖向均布活荷载的不利布置。

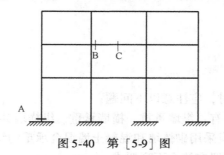

图 5-40　第 ［5-9］图

［5-10］框架结构设计时，如何对梁端负弯矩进行调幅？现浇框架梁与装配整体式框架梁的负弯矩调幅系数取值是否一致？哪个大？为什么？

［5-11］框架柱的控制截面最不利内力如何确定？

［5-12］非抗震设计时，框架梁、柱纵向钢筋在节点内的锚固有何要求？

［5-13］抗震设计时，框架梁、柱纵向钢筋在节点内的锚固有何要求？

第6章 砌体结构设计

【知识与技能点】

1. 正确理解砌体结构荷载传递途径，建立砌体结构空间工作的概念。
2. 掌握砌体房屋静力计算方案的判别方法。
3. 掌握纵、横墙体稳定的计算方法以及墙体相应的构造要求。
4. 掌握墙（或柱）计算单元、计算简图的选取。
5. 掌握墙（或柱）最不利截面确定、控制截面内力计算以及受压承载力验算方法。
6. 掌握梁端砌体局部受压承载力的验算方法。
7. 掌握墙下条形刚性基础的设计方法及其构造措施。

6.1 设计解析

6.1.1 砌体房屋结构布置

多层砌体房屋承重结构布置时，应注意以下问题：

1）多层砌体房屋的结构体系有：纵墙承重、横墙承重、纵横墙共同承重。应优先选用横墙承重或纵横墙共同承重的结构体系。不应采用砌体墙和混凝土墙混合承重的结构体系。

2）纵、横向砌体抗震墙的布置应符合下列要求：

①纵、横向砌体抗震墙宜均匀对称，沿平面内宜对齐，沿竖向应上下连续，且纵、横向墙体的数量不宜相差过大。

②平面轮廓凹凸尺寸，不应超过典型尺寸的50%；当超过典型尺寸的25%时，房屋转角处应采取加强措施。

③楼板局部大洞口的尺寸不宜超过楼板宽度的30%，且不应在墙体两侧同时开洞。

④同一轴线上的窗间墙宽度宜均匀；墙面洞口的面积，6、7度时不宜大于墙面总面积的55%，8、9度时不宜大于50%。

⑤在房屋宽度方向的中部应设置内纵墙，其累计长度不宜小于房屋总长度的60%（高宽比大于4的墙段不计入）。

3）现行国家标准《建筑抗震设计规范》GB 50011规定，多层砌体房屋的层数和总高度不应超过表6-1的规定。

横墙较少（指同一楼层内开间大于4.2m的房间占该层总面积的40%以上）的多层砌体房屋，总高度应按表6-1的规定降低3m，层数相应减少一层；各层横墙很少（指开间不大于4.2m的房间占该层总面积不到20%，且开洞大于4.8m的房间占该层总面积的50%以上）的多层砌体房屋，还应再减少一层。

6、7度时，横墙较少的丙类多层砌体房屋，当按规定采取加强措施并满足抗震承载力要求时，其高度和层数应允许仍按表6-1的规定采用。

多层砌体承重房屋的层高，不应超过3.6m。

表 6-1　砌体房屋的层数和总高度限值　　　　　　　　　　　　(单位：m)

多层砌体房屋	最小抗震墙厚度/mm	烈度和设计基本地震加速度										
		6 度		7 度				8 度				9 度	
		0.05g		0.10g		0.15g		0.20g		0.30g		0.40g	
		高度	层数	高度	层数	高度	层数	高度	层数	高度	层数	高度	层数
普通砖	240	21	7	21	7	21	7	18	6	15	5	12	4
多孔砖	240	21	7	21	7	18	6	18	6	15	5	9	3
多孔砖	190	21	7	18	6	15	5	15	5	12	4	—	—
小砌块	190	21	7	21	7	18	6	18	6	15	5	9	3

注：1. 房屋的总高度指室外地面到主要屋面板顶或檐口的高度，半地下室从地下室内地面算起，全地下室和嵌固条件好的半地下室应允许从室外地面算起；对带阁楼的坡屋面应算到山尖墙的 1/2 高度处。

2. 室内外高差大于 0.6m 时，房屋总高度应允许比表中数据适当增加，但增加量应少于 1.0m。

3. 乙类的多层砌体房屋仍按本地区设防烈度查表，其层数应减少一层且总高度应降低 3m。

4. 本表小砌块砌体房屋不包括配筋混凝土小型空心砌块砌体房屋。

4）现行国家标准《建筑抗震设计规范》GB 50011 规定，多层砌体房屋的总高度与总宽度的最大比值应符合表 6-2 的要求。

表 6-2　房屋最大高宽比

烈度	6 度	7 度	8 度	9 度
最大高宽比	2.5	2.5	2.0	1.5

注：1. 单面走廊房屋的总宽度不包括走廊宽度。

2. 建筑平面接近正方形时，其高宽比宜适当减小。

5）现行国家标准《建筑抗震设计规范》GB 50011 规定，多层砌体房屋抗震横墙的间距不应超过表 6-3 的规定。

表 6-3　抗震横墙最大间距　　　　　　　　　　　　(单位：m)

楼屋盖类别	烈度			
	6 度	7 度	8 度	9 度
现浇及装配整体式钢筋混凝土楼、屋盖	15	15	11	7
装配式钢筋混凝土楼、屋盖	11	11	9	4
木屋盖	9	9	4	—

注：1. 多层砌体房屋的顶层，除木屋盖外的最大横墙间距应允许适当放宽，但应采取相应加强措施。

2. 多孔砖抗震墙厚度为 190mm 时，最大横墙间距应比表中数值减少 3m。

6）现行国家标准《建筑抗震设计规范》GB 50011 规定，多层砌体房屋墙段的局部尺寸宜符合表 6-4 的规定。

表 6-4　房屋的局部尺寸限值　　　　　　　　　　　　(单位：m)

部位 \ 烈度	6 度	7 度	8 度	9 度
承重窗间墙最小宽度	1.0	1.0	1.2	1.5
承重外墙尽端至门窗洞边的最小距离	1.0	1.0	1.2	1.5
非承重外墙尽端至门窗洞边的最小距离	1.0	1.0	1.0	1.0
内墙阳角至门窗洞边的最小距离	1.0	1.0	1.5	2.0
无锚固女儿墙（非出入口）的最大高度	0.5	0.5	0.5	0

注：1. 局部尺寸不足时应采取局部加强措施弥补，且最小宽度不宜小于 1/4 层高和表列数据的 80%。

2. 出入口处的女儿墙应有锚固。

7）各类多层砌体房屋，应按下列要求设置现浇钢筋混凝土构造柱。

①构造柱的设置部位，一般情况下应符合表 6-5 的要求。

表 6-5　多层砖砌体房屋构造柱设置要求

房屋层数				设置部位	
6 度	7 度	8 度	9 度		
四、五	三、四	二、三		楼电梯间四角，楼梯斜梯段上下端对应的墙体处 外墙四角和对应转角 错层部位横墙与纵墙交接处 大房间内外墙交接处 较大洞口两侧	隔 12m 或单元横墙与外纵墙交接处 楼梯间对应的另一侧内横墙与外纵墙交接处
六	五	四	二		隔开间横墙（轴线）与外墙交接处 山墙与内纵墙交接处
七	≥六	≥五	≥三		内墙（轴线）与外墙交接处 内墙的局部较小墙垛处 内纵墙与横墙（轴线）交接处

注：较大洞口，内墙指不小于 2.1m 的洞口；外墙在内外墙交接处已设置构造柱时应允许适当放宽，当洞侧墙体应加强。

②对于外廊式和单面走廊式的多层房屋，应根据房屋增加一层后的层数，按表 6-5 的要求设置构造柱，且单面走廊两侧的纵墙均应按外墙处理。

③对横墙较少的房屋，应根据房屋增加一层后的层数，按表 6-5 的要求设置构造柱；当横墙较少的房屋为外廊式或单面走廊式时，应按上述要求设置构造柱，但 6 度不超过四层、7 度不超过三层和 8 度不超过二层时，应按增加二层后的层数对待。

④各层横墙很少的房屋，应按增加二层的层数设置构造柱。

8）多层砌体房屋的现浇钢筋混凝土圈梁设置应符合下列要求：

①装配式钢筋混凝土楼、屋盖或木屋盖的砖房，应按表 6-6 的要求设置圈梁；纵墙承重时，抗震横墙上的圈梁间距比表内要求适当加密。

表 6-6　多层砖砌体房屋现浇钢筋混凝土圈梁设置要求

墙类	烈度		
	6 度、7 度	8 度	9 度
外墙和内纵墙	屋盖处及每层楼盖处	屋盖处及每层楼盖处	屋盖处及每层楼盖处
内横墙	同上 屋盖处间距不应大于 4.5m 楼盖处间距不应大于 7.2m 构造柱对应部位	同上 各层所有横墙，且间距不应大于 4.5m 构造柱对应部位	同上 各层所有横墙

②现浇或装配整体式钢筋混凝土楼、屋盖与墙体有可靠连接的房屋，应允许不另设圈梁，但楼板沿墙体周边应加强配筋并应与相应的构造柱钢筋可靠连接。

6.1.2　砌体房屋静力计算方案

1. 房屋静力计算方案分类

现行国家标准《砌体结构设计规范》GB 50003，根据房屋空间刚度大小，规定砌体结构房屋的静力计算可分别按下列三种方案来进行：

（1）刚性方案（图 6-1a）　当房屋的横墙间距 s 较小，楼盖和屋盖的水平刚度较大，则房屋的空间刚度较大，在荷载作用下，房屋的水平位移较小（$y_{max} \approx 0$）。在确定墙柱的计算简图时，可以忽略房屋的水平位移，楼盖和屋盖均可作墙柱的不动铰支承（$y_{max} = 0$），墙柱内力可按上端为不动铰支座支承的竖向构件进行计算。这类房屋称为刚性方案房屋。

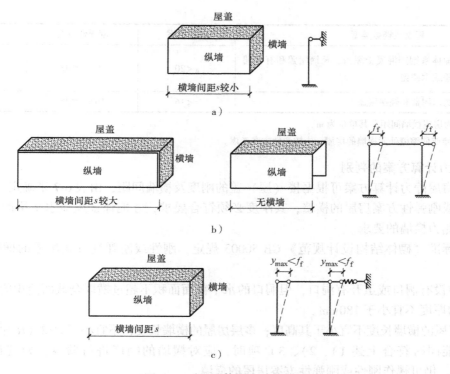

图 6-1　三种墙体内力计算简图

a) 刚性方案　b) 弹性方案　c) 刚弹性方案

（2）弹性方案（图 6-1b）　当房屋的横墙间距 s 较大，楼盖和屋盖的水平刚度较小，则房屋的空间刚度较小，在荷载作用下，房屋的水平位移较大而必须考虑，故在确定墙柱的计算简图时，就不能把楼盖和屋盖视为不动铰支承，而应视为可以位移的弹性支承，墙柱内力可按有侧移的平面排架或框架计算。纵墙在水平荷载作用下按平面排架算得的墙顶侧移为 f_t。这类房屋称为弹性方案房屋。

（3）刚弹性方案（图 6-1c）　当房屋的横墙间距 s 介于上述两种情况之间时，横墙对水平荷载作用下房屋的侧移有一定约束，但是这种作用较刚性方案时要小，即 $y_{max} \neq 0$，但 $y_{max} < f_t$，于是可以把横墙看作平面排架顶部的弹性水平支承，并按此计算简图进行墙体内力计算。这类房屋称为刚弹性方案房屋。

刚弹性方案房屋墙（柱）的内力计算可按考虑空间工作的平面排架或框架计算。通常可以用"空间性能影响系数 η"反映横墙在各类计算方案中所起的作用。η 的定义为：

$$\eta = \frac{y_{max}}{f_f} \quad (\eta < 1)\tag{6-1}$$

当 η 值较大时，表明 y_{max} 接近 f_f，房屋的空间性能较弱；反之，当 η 值较小时，表明房屋的空间性能较强。现行国家标准《砌体结构设计规范》GB 50003 根据实测结果确定了空间性能影响系数 η 值。

由此可见，房屋静力计算方案的确定，主要取决于房屋的空间刚度，而房屋空间刚度则与楼（屋）盖的刚度及横墙间距和横墙的刚度有关。为此，规范按各种不同类型的楼（屋）盖规定了三种不同方案的横墙间距，设计时可按表 6-7 来确定房屋的静力计算方案。

表 6-7　房屋的静力计算方案　　　　　　　　　　（单位：m）

	屋盖或楼盖类型	刚性方案	刚弹性方案	弹性方案
1	整体式、装配整体式和装配式无檩体系钢筋混凝土屋盖或钢筋混凝土楼盖	$s < 32$	$32 \leqslant s \leqslant 72$	$s > 72$

（续）

屋盖或楼盖类型	刚性方案	刚弹性方案	弹性方案
2	装配式有檩体系钢筋混凝土屋盖、轻钢屋盖和有密铺望板的木屋盖或木楼盖	$s<20$	$20 \leqslant s \leqslant 48$	$s>48$
3	瓦材屋面的木屋盖和轻钢屋盖	$s<16$	$16 \leqslant s \leqslant 36$	$s>36$

注：1. 表中 s 为房屋横墙间距，其单位为 m。

  2. 对无山墙或伸缩缝处无横墙的房屋，应按弹性方案考虑。

2. 房屋静力计算方案的判别

设计时，房屋静力计算方案可根据楼（屋）盖的刚度及横墙间距，由表 6-7 来确定。

作为刚性或刚弹性方案房屋的横墙，其刚度必须符合要求，才能保证屋盖水平梁的支座位移不致过大，满足抗侧力横墙的要求。

现行国家标准《砌体结构设计规范》GB 50003 规定，刚性或刚弹性方案房屋的横墙应符合下列要求：

1）横墙中没有洞口或虽开有洞口，但洞口的水平截面面积不超过横墙全截面面积的 50%。

2）横墙的厚度不宜小于 180mm。

3）单层房屋的横墙长度不宜小于其高度；多层房屋的横墙长度，不宜小于 $H/2$（H 为横墙总高度）。

当横墙不能同时符合上述 1）、2）、3）项时，应对横墙的刚度进行验算，如其最大水平位移 $\mu_{\max} \leqslant H/400$ 时，仍可视作刚性或刚弹性方案房屋的横墙。

凡符合上述刚度要求的一段横墙或其他结构构件（如框架等），也可视作刚性或刚弹性方案房屋的横墙。

6.1.3　墙（或柱）高厚比验算

设计砌体结构房屋时，除了进行墙（或柱）承载力计算外，还应进行高厚比验算和满足必要的构造要求。

验算墙（或柱）高厚比的目的是：①使墙（或柱）具有足够的稳定性；②避免墙（或柱）在使用阶段出现过大侧向挠曲变形；③使墙（或柱）在施工期间出现的轴线偏差不致过大。这是保证受压构件的稳定和侧向刚度的重要条件。验算的要求是墙（或柱）的计算高厚比必须小于等于高厚比的允许值 $[\beta]$。

墙（或柱）的高厚比 β 系指墙（或柱）的计算高度（H_0）与墙厚或边长（h）之比，即 $\beta = H_0/h$，应按以下几种情况验算：

1. 无壁柱的承重墙以及独立砖柱的墙（或柱）高厚比验算

$$\beta = \frac{H_0}{h} \leqslant \mu_1 \mu_2 [\beta] \tag{6-2}$$

式中　H_0——墙（或柱）的计算高度，按表 6-8 采用；

　　　h——墙厚或矩形柱与 H_0 相对应的边长；

　　$[\beta]$——墙（或柱）的允许高厚比，按表 6-9 采用；

　　　μ_1——自承重墙允许高厚比的修正系数，可根据墙的厚度取值：当 $h \geqslant 240$mm 时，$\mu_1 = 1.2$；当 $h \leqslant 90$mm 时，$\mu_1 = 1.5$；当 240mm $> h > 90$mm 时可按插入法取值。对上端为自由端的墙，其 $[\beta]$ 值除按上述规定提高外，μ_1 尚可提高 30%；对厚度小于 90mm 的墙，当双面用不低于 M10 的水泥砂浆抹面，包括抹面层的墙厚不小于 90mm 时，可按墙厚等于 90mm 验算高厚比。

　　　μ_2——有门窗洞墙允许高厚比的修正系数，按下式取用：

$$\mu_2 = 1 - 0.4\frac{b_s}{s} \tag{6-3}$$

式中　b_s——在宽度 s 范围内的门窗洞口宽度（图 6-2）；

　　　s——相邻窗间墙之间或壁柱之间距离。

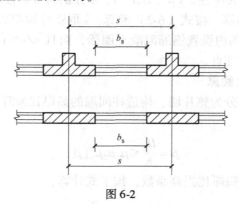

图 6-2

当按式（6-3）算得的 μ_2 值小于时 0.7 时，应采用 0.7。当洞口高度等于或小于墙高的 1/5 时，可取 $\mu_2 = 1.0$。

表 6-8　受压构件的计算高度 H_0　　　　（单位：m）

房屋类型		柱		带壁柱墙或周边拉结的墙		
		排架方向	垂直排架方向	$s > 2H$	$2H \geqslant s > H$	$s \leqslant H$
单跨	弹性方案	1.5H	1.0H	1.5H		
	刚弹性方案	1.2H	1.0H	1.2H		
多跨	弹性方案	1.25H	1.0H	1.25H		
	刚弹性方案	1.1H	1.0H	1.1H		
刚性方案		1.0H	1.0H	1.0H	0.4s + 0.2H	0.6s

注：1. 表中 s 为相邻横墙间的距离；H 为构件高度，按下列规定采用：①在房屋底层，为楼板顶面到构件下端支点的距离，下端支点的位置，可取在基础顶面。当埋置较深且有刚性地坪时，可取室外地面下 500mm 处。②在房屋其他层次，为楼板或其他水平支点间的距离。③对无壁柱的山墙，可取层高加山墙尖高度的 1/2；对带壁柱的山墙可取壁柱处的山墙高度。

　　2. 对于上端为自由端的构件，$H_0 = 2H$。

　　3. 独立砖柱，当无柱间支撑时，柱在垂直排架方向的 H_0 应按表中系数乘以 1.25 后采用。

　　4. 自承重墙的计算高度应根据周边支承或拉接条件确定。

表 6-9　墙柱允许高厚比 $[\beta]$ 值

砂浆强度等级	墙	柱
$\geqslant$ M7.5	26	17
M5	24	16
M2.5	22	15

注：1. 毛石墙、柱允许高厚比应按表中数值降低 20%。

　　2. 组合砖砌体构件的允许高厚比，可按表中数值提高 20%，但不得大于 28。

　　3. 验算施工阶段砂浆尚未硬化的新砌体高厚比时，允许高厚比对墙取 14，对柱取 11。

2. 带壁柱墙的承重墙高厚比验算

带壁柱墙的高厚比验算应分为整片墙、壁柱间墙的高厚比验算。

（1）整片墙的高厚比验算　将带壁柱承重墙看成 T 形或十字形截面柱进行高厚比验算，将式（6-2）中的 h 改为带壁柱墙的折算厚度 h_T，即

$$\beta = \frac{H_0}{h_T} \leqslant \mu_1 \mu_2 [\beta] \tag{6-4}$$

式中　h_T——带壁柱墙截面的折算厚度，可近似取 $h_T = 3.5i$；

　　　i——带壁柱墙截面的回转半径，$i = \sqrt{I/A}$。I、A 分别为带壁柱墙截面的惯性矩和截面面积。

（2）壁柱间的墙体高厚比验算　按式（6-2）验算，s 取壁柱间距离（图6-2），当壁柱间墙体较高以致超过 $[\beta]$ 时，可在墙高范围内设置钢筋混凝土圈梁，而且 $b/s \geqslant 1/30$（b 为圈梁的宽度）时，该圈梁可以作为壁柱间墙的不动铰支点。

3. 带构造柱的承重墙高厚比验算

带构造柱墙的高厚比验算应分为整片墙、构造柱间墙的高厚比验算。

（1）整片墙的高厚比验算

$$\beta = \frac{H_0}{h} \leqslant \mu_1 \mu_2 \mu_c [\beta] \tag{6-5}$$

式中　μ_c——带构造柱的墙允许高厚比提高系数，按下式计算：

$$\mu_c = 1 + \gamma \frac{b_c}{l} \tag{6-6}$$

b_c、l——分别为构造柱沿墙长方向的宽度和间距（图6-3）；当 $b_c/l > 0.25$ 时，取 $b_c/l = 0.25$；当
　　　　　$b_c/l < 0.05$ 时，取 $b_c/l = 0$；

　　γ——系数，对细料石、半细料石砌体，$\gamma = 0$；对混凝土砌块、粗料石、毛料石及毛石砌体，
　　　　　$\gamma = 1.0$；对其他砌体，$\gamma = 1.5$。

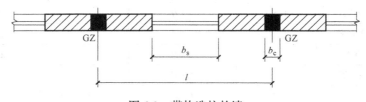

图6-3　带构造柱的墙

（2）构造柱间墙高厚比验算　由于在施工过程中大多数是先砌筑墙体后浇筑构造柱，因此应采取措施保证构造柱的墙在施工阶段的稳定性。

构造柱间墙的高厚比按式（6-2）验算，s 取构造柱间距离，H 取墙体实际高度。

6.1.4　承重墙计算

1. 承重墙计算单元

对承重纵墙，选取一个有代表性或较不利的开间墙作为墙体单元，其承受荷载范围的宽度取相邻两开间的平均值，长度取进深的一半。

对于承重横墙，沿墙轴线取宽度 1.0m 的墙作为墙体计算单元，其承受荷载范围的宽度取 1.0m，长度取相邻两开间的平均值。

2. 墙体计算截面确定

确定墙体计算截面的关键在于正确取用截面的翼缘宽度 b_f，按下列原则确定：

1）多层房屋中，当有门窗洞口时，带壁柱墙的计算截面翼缘宽度 b_f 可取窗间墙宽度；当无门窗洞口时，每侧翼缘宽度可取壁柱高度的 1/3（图6-4）。

2）单层房屋中，带壁柱墙的计算截面翼缘宽度 b_f 可取壁柱加墙高 H 的 2/3，即 $b_f = b + 2H/3$，但不大于窗间墙宽度（有门窗洞）或相邻壁柱间的距离（无门窗洞）。

3）计算带壁柱墙的条形基础时，计算截面翼缘宽度 b_f 可取相邻壁柱间的距离。

4）当转角墙段角部受竖向集中荷载时，计算截面的长度可从角点算起，每侧宜取层高的1/3；当上述墙体范围内有门窗洞口时，则计算截面取至洞边，但不宜大于层高的1/3。

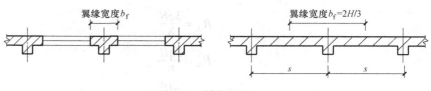

图 6-4　翼缘宽度 b_f

3. 单层砌体结构房屋承重墙的计算简图

（1）单层刚性方案房屋墙（或柱）　由于刚性方案单层房屋，纵墙顶端的水平位移很小，静力计算时可以认为水平位移为零。计算时采用下列假定（图6-5）：

1）纵墙、柱下端在基础顶面处固接，上端与屋盖大梁（或屋架）铰接。

2）屋盖结构可作为纵墙上端的不动铰支座。

根据上述假定，每片纵墙就可以按上端支承在不动铰支座和下端支承在固定支座上的竖向构件单独进行计算。

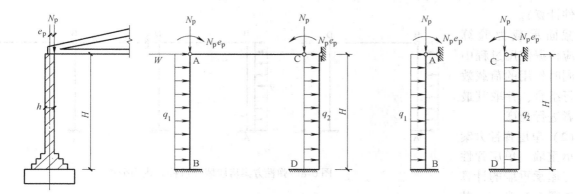

图 6-5　单层刚性方案房屋

作用于计算排架上的荷载及其所引起的内力有下述几种：

1）屋面荷载。包括屋盖构件自重、屋面活荷载（或雪荷载）。这些荷载通过屋架或屋面大梁作用于墙体顶端。由于屋架支承反力 N_p 作用点对墙体中心线来说，往往有一个偏心距 e_p（其中 $e_p = h/2 - 0.4a_0$，也即 N_p 到内墙边的距离取 $0.4a_0$），所以作用于墙体顶端的屋盖荷载可视为由轴心压力 N_p 和弯矩 $M = N_p e_p$ 组成，这时，其内力为（图6-6）：

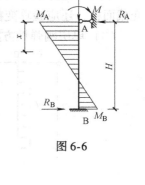

图 6-6

$$R_A = -R_B = -\frac{3M}{2H}$$

$$M_A = M$$

$$M_B = -\frac{M}{2} \qquad (6-7)$$

$$M(x) = \frac{M}{2}\left(2 - 3\frac{x}{H}\right)$$

2）风荷载。包括作用于墙面上和屋面上的风荷载。屋面上（包括女儿墙上）的风荷载一般简化为作用于屋架和墙体连结处的集中荷载 W_0，刚性方案房屋的屋面风荷载已通过屋盖直接传至横墙，再由横墙传至基础后传给地基，所以在纵墙上不产生内力。墙面风荷载为均匀荷载，应考虑两种方向，在迎风面为压力 q_1，在背风面为吸力 q_2。

在均布荷载 q 作用下，墙体的内力为（图6-7）：

$$R_A = \frac{3qH}{8}$$

$$R_B = \frac{5qH}{8}$$

$$M_B = \frac{qH^2}{8}$$

(6-8)

$$M(x) = -\frac{qH_x}{8}\left(3 - 4\frac{x}{H}\right)$$

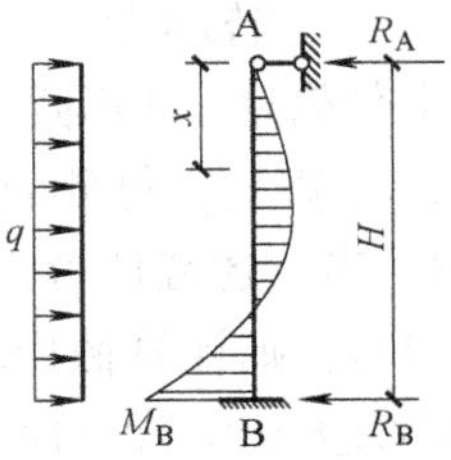

图 6-7

当 $x = \frac{3}{8}H$ 时，$M_{max} = -\frac{9qH^2}{128}$。

对迎风面，$q = q_1$；对背风面，$q = q_2$。

3）墙体自重。按砌体的实际自重（包括内外粉饰和门窗的自重）进行计算，作用于墙体轴线上。当墙柱为等截面柱时，自重将不会产生弯矩。但当墙柱为变截面时，上阶柱自重 G_1 对下阶柱各截面将产生弯矩 $M_1 = G_1 e_1$，此处 e_1 为上下阶柱轴线间的距离（因自重是在屋架未架设时就已存在，故应按悬臂构件计算）。

截面承载力验算时，应根据使用过程中可能同时作用的荷载效应进行组合，并取其最不利者进行验算。

（2）单层弹性方案房屋承重墙　单层弹性方案房屋承重墙的计算简图如图 6-8a 所示，其

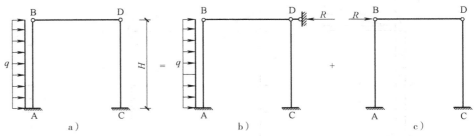

图 6-8　弹性方案房屋墙（或柱）内力分析

内力按屋架或屋面大梁与墙为铰接且不考虑空间工作的平面排架确定，其方法与钢筋混凝土单层厂房排架相同，如图 6-8b、c 所示。

单层弹性方案房屋承重墙的控制截面为墙顶和墙底截面，均按偏心受压验算墙体的承载力。对于变截面柱，还应验算变截面处截面的受压承载力。

（3）单层刚弹性方案房屋承重墙　单层刚弹性方案房屋承重墙的计算简图如图 6-9 所示。与单层

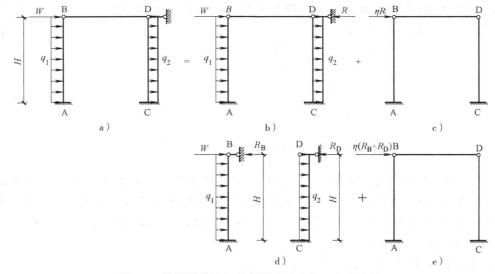

图 6-9　单层刚弹性方案房屋墙（或柱）内力分析

弹性方案房屋承重墙计算简图的主要区别在于柱顶附加了一个弹性支座，其内力分析如同一平面排架，只是引入 η 以反映结构的空间作用，η 为房屋的空间性能影响系数（表 6-10）。

表 6-10　房屋各层的空间性能影响系数 η_i

屋盖或楼盖类型	横墙间距 s/m														
	16	20	24	28	32	36	40	44	48	52	56	60	64	68	72
1	—	—	—	—	0.33	0.39	0.45	0.50	0.55	0.60	0.64	0.68	0.71	0.74	0.77
2	—	0.35	0.45	0.54	0.61	0.68	0.73	0.78	0.82	—	—	—	—	—	—
3	0.37	0.49	0.60	0.68	0.75	0.81	—	—	—	—	—	—	—	—	—

注：i 取 $1 \sim n$，n 为房屋的层数。

水平风荷载作用下，刚弹性方案房屋承重墙（或柱）的内力可按下列步骤计算：

1）在排架柱顶端附加一不动铰支承，按无侧移排架求出荷载作用下的支座反力和柱顶剪力（图 6-9d），即

$$R_{\mathrm{B}} = W + 3q_1 H/8$$
$$R_{\mathrm{D}} = 3q_2 H/8$$
$$V_{\mathrm{B}}^{(1)} = -3q_1 H/8 \tag{6-9}$$
$$V_{\mathrm{D}}^{(1)} = -3q_2 H/8$$

2）将 $\eta(R_{\mathrm{B}} + R_{\mathrm{D}})$ 反向施加在排架柱顶，然后按剪力分配法计算墙柱内力。此时，柱顶剪力（图 6-9e）为：

$$V_{\mathrm{B}}^{(2)} = \eta(R_{\mathrm{B}} + R_{\mathrm{D}})/2$$
$$V_{\mathrm{D}}^{(2)} = \eta(R_{\mathrm{B}} + R_{\mathrm{D}})/2 \tag{6-10}$$

3）将上述两种情况的内力叠加，即可得到单层刚弹性方案房屋墙、柱的最后内力。

柱顶剪力：

$$V_{\mathrm{B}} = V_{\mathrm{B}}^{(1)} + V_{\mathrm{B}}^{(2)} = -3q_1 H/8 + \eta(8W + 3q_1 H + 3q_2 H)/16$$
$$V_{\mathrm{D}} = V_{\mathrm{D}}^{(1)} + V_{\mathrm{D}}^{(2)} = -3q_2 H/8 + \eta(8W + 3q_1 H + 3q_2 H)/16 \tag{6-11}$$

柱底弯矩：

$$M_{\mathrm{A}} = M_{\mathrm{A}}^{(1)} + M_{\mathrm{A}}^{(2)} = \eta WH/2 + (2+3\eta)q_1 H^2/16 + 3\eta q_2 H^2/16$$
$$M_{\mathrm{B}} = M_{\mathrm{B}}^{(1)} + M_{\mathrm{B}}^{(2)} = -\eta WH/2 - (2+3\eta)q_2 H^2/16 - 3\eta q_1 H^2/16 \tag{6-12}$$

竖向对称荷载作用下，无论是弹性方案房屋还是刚弹性方案房屋，其墙（或柱）的内力计算方法均与刚性方案房屋相同。

4. 多层砌体结构房屋承重墙的计算简图

（1）多层刚性方案房屋承重纵墙　多层刚性方案房屋的承重纵墙按下列假定进行墙体内力分析（图 6-10）：

1）各层楼盖可视为承重墙的水平不动铰支承点。

2）纵墙本身为竖向连续构件，但由于在楼盖处墙体截面被伸入墙内的梁或板所削弱，该处不能承受较大的弯矩。为简化计算，假定每层楼盖处均为铰接。

3）底层墙体与基础连接处，为简化计算并偏于安全，也假定为不动铰支座。

砌体结构的纵墙一般比较长，设计时可仅取其中有代表性的一段墙柱（一个开间）作为计算单元。一般情况下，计算单元的受荷宽度 $B = (l_1 + l_2)/2$。有门窗洞口时，内外纵墙的计算截面宽度 B 一般取一个开间的门窗墙或窗间墙的宽度。

各层纵墙的计算单元所承受的竖向荷载有：

1）本层楼盖梁端或板端传来的支座反力 N_l。N_l 的作用点可取为离纵墙内边缘的 $0.4a_0$ 处。a_0 为

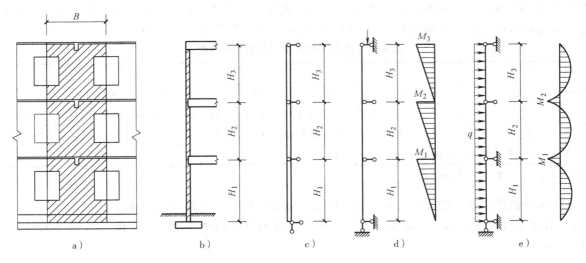

图 6-10　多层刚性方案房屋墙体计算简图

a）外纵墙计算单元　b）实际结构　c）计算假定　d）竖向荷载下计算简图及内力　e）水平荷载下计算简图及内力

梁或板的有效支承长度，取

$$a_0 = 10\sqrt{\frac{h_c}{f}} \leqslant a \tag{6-13}$$

式中　h_c——梁或板的截面高度；

　　　f——砌体抗压强度设计值；

　　　a——梁或板的实际支承长度。

2）上面各层传来的压力 N_u。当本层纵墙与上层纵墙的截面厚度一致时，N_u 为轴心压力（$e_0 = 0$）作用于本层。当本层纵墙与上层纵墙的截面厚度不一致时，N_u 以偏心距 e_0 作用于本层。这里 e_0 为上层与本层纵墙截面形心轴之间的距离。

3）本层纵墙的自重 N_G。在确定荷载后，可以按最不利的截面进行内力计算。承重纵墙的控制截面取每层墙的上端（1—1）和下端（2—2）截面，如图 6-11 所示。

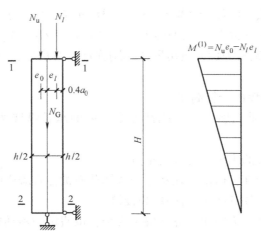

图 6-11　墙体荷载作用点位置

作用于每层墙体上端截面 1—1 的内力：

$$N^{(1)} = N_u + N_l \tag{6-14a}$$

$$M^{(1)} = N^{(1)}e^{(1)} \tag{6-14b}$$

式中　$e^{(1)}$——截面轴力的偏心距，$e^{(1)} = \dfrac{N_l e_l - N_u e_0}{N_u + N_l} = \dfrac{N_l e_l - N_u e_0}{N_u + N_l}$；

　　　　e_l——N_l 对本层墙体重心轴线的偏心距；

　　　　e_0——上、下层墙体重心轴线之间的距离，当上、下层纵墙截面厚度一致时，取 $e_0 = 0$。

作用于每层下端截面 2—2 的内力：

$$N^{(2)} = N_u + N_l + N_G \tag{6-15a}$$

$$M^{(2)} = 0 \tag{6-15b}$$

由上述分析可见，截面 1—1 的弯矩最大，轴向压力最小；截面 2—2 的弯矩最小，而轴向压力最大。

在水平荷载作用下，墙柱可视为竖向连续梁，为了简化起见，水平风荷载 q 引起的弯矩（图 6-10e）可近似按下式计算：

$$M = \frac{1}{12} q H_i^2 \tag{6-16}$$

式中　q——计算单元每层高墙体上作用的风荷载；

　　　　H_i——第 i 层层高。

计算时应考虑两种风向，而所采用的风向（迎风面和背风面）应使竖向荷载算得的弯矩在该截面组合后的代数和增加，而不减小。

当刚性方案多层房屋的外墙符合下列要求时，静力计算可不考虑风荷载的影响：

①洞口水平截面面积不超过全截面面积的 2/3。

②层高和总高不超过表 6-11 的规定。

③屋面自重不小于 0.8kN/m²。

表 6-11　外墙不考虑风荷载影响时的最大高度

基本风压值 /（kN/m²）	层高/m	总高/m	基本风压值 /（kN/m²）	层高/m	总高/m
0.4	4.0	28	0.6	4.0	18
0.5	4.0	24	0.7	3.5	18

注：对于多层砌块房屋 190mm 厚的外墙，当层高不大于 2.8m，总高不大于 19.6m，基本风压不大于 0.7kN/m² 时，可不考虑风荷载的影响。

每层墙体可取上、下两个控制截面，上截面（1—1）可取墙体顶部位于大梁或板底的砌体截面，该截面弯矩最大，即偏心距 $e^{(1)}$ 最大，对该截面应进行偏心受压和梁下局部受压承载力计算。下截面（2—2）可取墙体下部位于大梁或板底稍上的砌体截面（对于底层墙下截面应取基础顶面处墙体的截面），这些截面的轴力最大，弯矩为零。在此假定计算截面面积取窗间墙截面面积，并按墙高中部截面考虑纵向弯曲的影响，即按 e/h 或 e/h_T（1—1 截面按 e/h，2—2 截面按 $e/h = 0$）参照现行国家标准《砌体结构设计规范》GB 50003 附录 D 表 D.0.1-1～表 D.0.1.3 中采取 φ 进行承重墙受压承载力计算。

若几层墙体的截面和砂浆强度等级相同，则只需验算其中最下一层即可；若砂浆强度等级有变化，则对开始降低砂浆强度等级的这一层也应该验算。

（2）多层刚性方案房屋承重横墙　多层刚性方案房屋承重横墙的计算原理与承重纵墙相同，不同的是前者常沿轴线取宽度 1.0m 的墙体作为计算单元，如图 6-12a 所示。

构件高度 H，对于中间各楼层及底层，其取值和纵墙相同，但对于顶层，如为坡屋顶，则取层高加上山尖高度的一半。

当横墙的砌体材料和墙厚相同时，可只验算底层截面（2—2）处的承载力。当横墙的砌体材料或墙厚改变时，尚应对改变处进行承载力验算。当左右两开间不等或楼层荷载相差较大时，尚应对上端

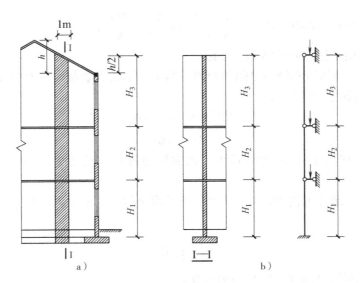

图 6-12　横墙计算简图

截面（1—1）按偏心受压进行承载力验算。当楼面梁支承于横墙上时，还应验算梁端下砌体的局部受压承载力。

（3）多层刚弹性方案承重墙　竖向荷载作用下，由于各楼层侧移较小，为简化计算，多层刚弹性方案房屋承重墙的内力可按刚性方案房屋的方法进行分析。

水平荷载作用下，多层刚弹性方案房屋承重墙的计算简图如图 6-13 所示，其内力分析方法与单层刚弹性方案房屋的方法相似。

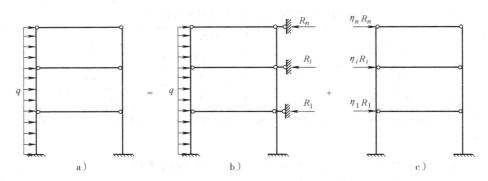

图 6-13　多层刚弹性方案房屋的计算简图

1）在平面计算简图（图 6-13）的各层横梁与柱连接点处加一水平铰支杆，计算其在水平荷载作用下的内力和各支杆反力 R_i。

当计算简图加上水平铰支杆后，成为刚性方案多层房屋。按式（6-16），在等效均布荷载作用下，除顶点处支座弯矩为零外，其余各层支座弯矩为 $\dfrac{1}{12}qh_i^2$，所以水平支杆反力为：

顶层

$$R_n = 0.4qh_n \tag{6-17a}$$

次顶层

$$R_{n-1} = (0.6h_n + 0.5h_{n-1})q \tag{6-17b}$$

其他层（$i = 1,2,\cdots,n-2$）

$$R_i = (0.5h_i + 0.5h_{i+1})q \tag{6-17c}$$

2）考虑房屋的空间作用，将各支杆反力 R_i 乘以相应的空间性能影响系数 η_i，并按反方向施加于节点上，计算其内力。

将 $\eta_i R_i$ （ $i=1$， n）反方向作用于框架上，同一层各墙（或柱）所分配的剪力按其线刚度 K_i 大小进行分配，考虑平衡条件，即可求出在均布荷载作用下墙（或柱）上、下端的弯矩。

顶层墙（或柱）

$$M_{nu} = 0 \tag{6-18a}$$

$$M_{nb} = \frac{K_{jn}}{\sum_{j=1}^{m} K_{jn}} \eta_n R_n h_n \tag{6-18b}$$

次顶层墙（或柱）

$$M_{(n-1)u} = -M_{nb} \tag{6-19a}$$

$$M_{(n-1)b} = \frac{K_{j(n-1)}}{\sum_{j=1}^{m} K_{j(n-1)}} (\eta_n R_n + \eta_{n-1} R_{n-1}) h_{n-1} - M_{(n-1)u} \tag{6-19b}$$

其他层墙（或柱）

$$M_{iu} = -M_{(i+1)b} \tag{6-20a}$$

$$M_{ib} = \frac{K_{ji}}{\sum_{j=1}^{m} K_{ji}} (\eta_n R_n + \eta_{n-1} R_{n-1} + \eta_i \sum_{i}^{n-2} R_i) h_i - M_{iu} \tag{6-20b}$$

式中　　　j——各层墙（或柱）编号，$j = 1$，2，$\cdots$，m；

　　　　　m——每层墙（或柱）在框架方向的总数；

　　　　　i——计算墙（或柱）所在的层数；

　　　　　K_{ji}——第 i 层第 j 墙（或柱）的线刚度，$K_{ji} = \dfrac{E_{ji} I_{ji}}{h_i}$；

　　$\sum_{j=1}^{m} K_{ji}$——第 i 层所有墙（或柱）的线刚度总和，$j = 1$，2，$\cdots$，m；

　　　　E、I——相应墙（或柱）的弹性模量和截面惯性矩；

　　M_{iu}、M_{ib}——第 i 层墙（或柱）上端和下端的弯矩；

　　　$M_{(i+1)u}$——第 $i+1$ 层墙（或柱）上端的弯矩。

3）叠加上述两种情况求得的内力，即得所求的内力。

6.1.5 承重墙受压承载力计算

1. 承重墙受压承载力计算

实际工程中的砌体构件大部分为受压构件（包括轴心受压和偏心受压），在承载力计算中，对轴心受压和偏心受压构件均采用同一计算公式：

$$N \leq N_u = \gamma_a \varphi A f \tag{6-21}$$

式中　N——轴向力设计值；

　　　γ_a——抗力调整系数；当受压构件截面面积 $A < 0.3\text{m}^2$ 时，$\gamma_a = 0.7 + A$（A 以 m^2 为单位）；当采用水泥砂浆砌筑构件时，$\gamma_a = 0.9$；当施工质量控制等级为 C 级时，$\gamma_a = 0.89$；当验算施工中房屋构件时，$\gamma_a = 1.1$；

　　　φ——高厚比 β 和轴向力的偏心距 e 对受压构件承载力的影响系数。轴向力的偏心距 e 按内力设计值计算，即 $e = M/N$。对于常用砂浆强度等级（M5、M2.5 及砂浆强度 0），φ 值可通过现行国家标准《砌体结构设计规范》GB 50003 附录 D 表 D.0.1-1～表 D.0.1-3 查取。

　　　A——受压构件截面面积，对各类砌体均按毛截面计算；

　　　f——砌体抗压强度设计值。

另外，现行国家标准《砌体结构设计规范》GB 50003 还规定，对矩形截面构件，当轴向力偏心方向的截面边长大于另一方向的边长时，除按偏心受压计算外，还应对较小边长方向按轴心受压进行验算。

2. 影响系数 φ 确定

影响系数 φ 主要考虑了高厚比 β 和轴向力偏心距 e 对受压构件承载力的影响。

（1）高厚比 β 的影响　受压构件的高厚比 β 系指构件的计算高度 H_0 与构件的厚度 h 或折算厚度 h_T 之比，即

$$对于矩形截面 \qquad\qquad \beta = \gamma_\beta \frac{H_0}{h} \tag{6-22}$$

$$对于 T 形截面 \qquad\qquad \beta = \gamma_\beta \frac{H_0}{h_T} \tag{6-23}$$

式中　γ_β——不同砌体材料的高度比修正系数，烧结普通砖和烧结多孔砖，取 $\gamma_\beta = 1.0$，混凝土砌块时，取 $\gamma_\beta = 1.1$，蒸压灰砂砖和蒸压粉煤灰砖、细料石、半细料石，取 $\gamma_\beta = 1.2$，粗料石、毛石时，取 $\gamma_\beta = 1.5$；

H_0——受压构件的计算高度，按表 6-9 取用；

h——矩形截面轴向力偏心方向的边长，轴心受压时则为截面较小边长；

h_T——T 形截面的折算厚度，可近似取 $h_T = 3.5i$，$i = \sqrt{I/A}$（i 为截面的回转半径，I 为截面惯性矩，A 为截面面积）。

当受压构件的高厚比 $\beta \leqslant 3$ 时称为短柱；当 $\beta > 3$ 时称为长柱。轴心受压长柱的承载力仅受高厚比 β 的影响，其影响系数可按下式计算：

$$\varphi = \frac{1}{1 + \alpha\beta^2} \tag{6-24}$$

式中　α——与砂浆强度等级有关的系数，对于常用砂浆强度等级 $\geqslant$ M5，取 $\alpha = 0.0015$；对于 M2.5，取 $\alpha = 0.002$；当砂浆强度等级等于 0 时，取 $\alpha = 0.009$。

（2）轴向力的偏心距 e 的影响　当构件承受偏心荷载时，随着荷载偏心距的增大，在远离荷载的截面边缘，由受压逐步过渡到受拉。由于砖砌体沿通缝截面的抗拉强度较低，截面受拉边缘相继产生水平裂缝，并不断地向荷载偏心方向延伸发展，使受压面积相应地减小，同时纵向弯曲的不利影响相应增大。所以，偏心受压构件的承载力随偏心距增大而相应降低。通过对大量试验结果的分析，$\beta \leqslant 3$ 的矩形截面偏心受压构件的影响系数可按下式计算：

$$\varphi = \frac{1}{1 + 12\left(\dfrac{e}{h}\right)^2} \tag{6-25}$$

对于 $\beta > 3$ 的偏心受压长柱，还应考虑高厚比 β 的影响。φ 的一般表达式为

$$\varphi = \frac{1}{1 + 12\left[\dfrac{e}{h} + \sqrt{\dfrac{1}{12}\left(\dfrac{1}{\varphi_0} - 1\right)}\right]^2} \tag{6-26}$$

式中　φ_0 按式（6-24）确定。

对于常用砂浆强度等级（M5、M2.5 及砂浆强度 0），φ 值可通过现行国家标准《砌体结构设计规范》GB 50003 附录 D 表 D.0.1-1 ~ 表 D.0.1-3 查取。

3. 偏心距 e 的限制条件

试验表明，偏心率越大，在构件截面受拉边出现水平裂缝的倾向就越明显。为了保证使用质量，规范规定按内力设计值计算的轴向力偏心距 e 不宜超过 $0.6y$，即

$$e \leqslant 0.6y \tag{6-27}$$

式中　y——截面重心到轴向力所在偏心方向截面边缘的距离。

当 e 超过上述限制要求时，可采取下列办法进行处理：

1）采取适当措施，以减小 e 值。例如在柱顶垫块上设置凸出的钢板（图 6-14a），或在垫块上边内侧预留缺口的措施（图 6-14b）来减小支座压力对柱的偏心距。

2）采用配筋砌体。

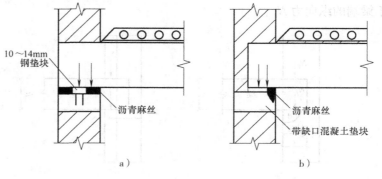

图 6-14　减小 e 值的措施

6.1.6　局部受压承载力计算

1. 局部均匀受压承载力验算

均匀局部受压承载力的计算式如下：

$$N_l \leqslant \gamma f A_l \tag{6-28}$$

式中　N_l——局部受压面积上轴向力设计值；

　　　γ——砌体局部抗压强度提高系数，$\gamma = 1 + 0.35 \sqrt{A_0/A_l - 1}$，计算所得的 γ 值尚应满足下列规定，以避免 A_0/A_l 大于某一限值时会出现危险的劈裂破坏。

对图 6-15a 的情况，$\gamma \leqslant 2.5$；对图 6-15b 的情况，$\gamma \leqslant 1.25$；对图 6-15c 的情况，$\gamma \leqslant 2.0$；对图 6-15d 的情况，$\gamma \leqslant 1.5$。

对多孔砖砌体，局部抗压强度提高系数 γ 应小于等于 1.5；对未灌孔混凝土砌块砌体，局部抗压强度提高系数 γ 为 1.0。

　　　A_l——局部受压面积；

　　　A_0——影响砌体局部抗压强度的计算面积，可按图 6-15 确定。

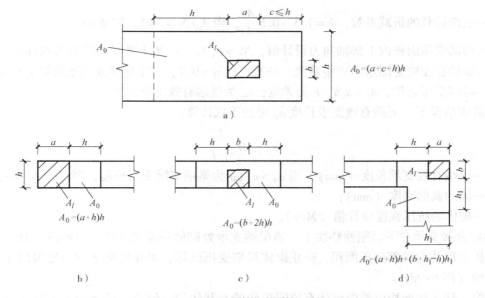

图 6-15　影响局部抗压强度的面积 A_0

2. 梁端支承处砌体的局部受压承载力验算

（1）梁端直接支承在砌体上　梁端局部受压是指梁端直接支承于砌体上的局部受压（图 6-16a），有如下特点：局部受压区域在砌体截面的边缘，其有效支承长度为 a_0，在此支承范围内梁底压应力分布图形为抛物曲线；局部受压面积上除大梁的荷载产生的梁端反力 N_l 外，还可能有上层砌体传来作用于梁端的纵向力 N_0。

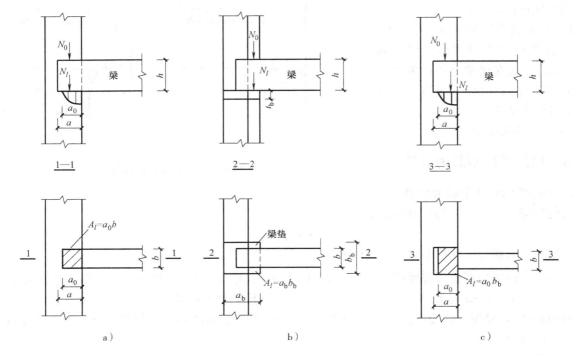

图 6-16   梁端砌体局部受压示意图

a）梁端支承处砌体局部受压   b）梁端设有垫块时砌体局部受压   c）垫块与梁整体时砌体局部受压

根据试验，梁端支承处砌体局部受压承载力按下式计算：

$$\psi N_0 + N_l \leqslant \eta \gamma A_l f \tag{6-29}$$

式中 ψ——上部荷载的折减系数，$\psi = 1.5 - 0.5 \dfrac{A_0}{A_l}$，当 $A_0 / A_l \geqslant 3$ 时，取 $\psi = 0$；

N_0——局部受压面积内上部轴向力设计值，$N_0 = \sigma_0 A_l$，σ_0 为上部平均压应力设计值；

η——梁端底面应力图形的完整系数，一般可取 $\eta = 0.7$，对于过梁或墙梁可取 $\eta = 1$；

A_l——局部受压面积，$A_l = a_0 b$，b 为梁宽，a_0 为梁端有效支承长度。

在常用跨度情况下，梁端有效支承长度 a_0 可按下式计算：

$$a_0 = 10 \sqrt{\dfrac{h_c}{f}} \tag{6-30}$$

式中 a_0——梁端有效支承长度（mm），当 $a_0 > a$（a 为梁端实际支承长度）时，取 $a_0 = a$；

h_c——梁的截面高度（mm）；

f——砌体的抗压强度设计值（MPa）。

（2）梁端直接支承在下面刚性垫块上   当梁端支承处砌体局部受压按式（6-29）计算不能满足要求时，为了扩大砌体的局部受压面积，防止砌体局部受压破坏，可在梁端下面设置混凝土或钢筋混凝土的刚性垫块（图 6-16b）。

试验表明，垫块底面积以外的砌体有协同工作的有利作用。但考虑到垫块下压应力分布不均匀的影响，为安全起见可取 $\gamma_1 = 0.8\gamma$。由于翼墙位于压应力较小的边，墙参加工作程度有限，所以在确定计算面积时，只取壁柱截面而不计翼墙从壁柱挑出的部分（图 6-16b），即 $A_0 = b_p h_p$，而取 $A_l = A_b = a_b b_b$。垫块下砌体的局部受压承载力按下式计算：

$$N_0 + N_l \leqslant \varphi \gamma_1 A_b f \tag{6-31}$$

式中　N_0——垫块面积 A_b 内上部轴向力设计值，$N_0 = \sigma_0 A_b$；

　　　φ——垫块上 N_0 及 N_l 合力的影响系数，应采用 $\beta \leqslant 3$ 时的 φ 值；

　　　γ_1——垫块外砌体面积的有利影响系数，$\gamma_1 = 0.8\gamma$，但不小于 1.0；

　　　A_b——垫块面积，$A_b = a_b b_b$；

　　　a_b——垫块伸入墙内的长度；

　　　b_b——垫块的宽度。

当垫块与梁浇成整体（图 6-16c）时，梁端支承处砌体的局部受压承载力计算仍按式（6-29）计算。这时 $A_l = a_0 b_b$，而在计算 a_0 时，应考虑刚性垫块的影响，按下式确定：

$$a_0 = \delta_1 \sqrt{\frac{h}{f}} \tag{6-32}$$

式中　δ_1——刚性垫块的影响系数，与 σ_0/f 比值有关，可按表 6-12 采用，其间的数值可采用插入法求得。垫块上 N_l 作用点的位置可取 $0.4a_0$ 处。

表 6-12　系数 δ_1 值表

σ_0/f	0	0.2	0.4	0.6	0.8
δ_1	5.4	5.7	6.0	6.9	7.8

设置刚性垫块应符合下列构造要求：

1）垫块高度 t_b 不宜小于 180mm，自梁边算起的垫块伸入翼墙内的长度不应小于 t_b。

2）在带壁柱墙的壁柱内设刚性垫块时，其计算面积应取壁柱范围内的面积，而不应计算翼缘部分，同时壁柱上垫块伸入翼缘内的长度不应小于 120mm。

3）当现浇垫块与梁端整体浇筑时，垫块可在梁高范围内设置。

（3）梁端直接支承在下面垫梁上　当梁端部支承处的砌体墙上设有连续的钢筋混凝土梁（如圈梁）时，此时支承梁也起垫梁作用。垫梁下砌体的局部受压承载力应按下式计算：

$$N_0 + N_l \leqslant 2.4\delta_2 f b_b h_0 \tag{6-33}$$

式中　N_0——垫梁上部轴向力设计值，$N_0 = \pi b_b h_0 \sigma_0 / 2$；

　　　b_b——垫梁在墙厚方向的宽度；

　　　δ_2——垫梁底面压应力分布系数，当荷载沿墙厚方向均匀分布时，$\delta_2 = 1.0$，不均匀时，$\delta_2 = 0.8$；

　　　σ_0——上部平均压力设计值；

　　　h_0——垫梁折算高度，$h_0 = 2\sqrt[3]{\dfrac{E_b I_b}{Eh}}$；

　　　E_b——垫梁的混凝土弹性模量；

　　　E——砌体的弹性模量；

　　　I_b——垫梁的截面惯性矩；

　　　h——墙厚。

6.1.7　墙、柱的一般构造要求

墙、柱构造上除满足高厚比要求外，还需注意满足其他一些构造要求，保证房屋工作的整体性和可靠性。

1. 砌体材料的最低强度等级要求

五层及五层以上房屋的外墙、潮湿房间的墙以及受振动或层高大于 6m 的墙、柱所用材料的最低强度等级为：砖 MU10；砌块 MU7.5；石材 MU30；砂浆 M5。对安全等级为一级或设计使用年限大于50 年的房屋，墙、柱所用材料的最低强度等级应至少提高一级。

在室内地面以下，室外散水坡顶面以上的砌体内，应铺设防潮层。防潮层材料一般情况下采用防水水泥砂浆。地面以下或防潮层以下的砌体，所用材料的最低强度等级应符合表 6-13 的要求。

表 6-13　地面以下或防潮层以下砌体所采用材料的最低强度等级

基土的潮湿程度	烧结普通砖、蒸压灰砂砖		混凝土砌块	石材	水泥砂浆
	严寒地区	一般地区			
稍潮湿的	MU10	MU10	MU7.5	MU30	M5
很潮湿的	MU15	MU10	MU7.5	MU30	M7.5
含水饱和的	MU20	MU15	MU10	MU40	M10

注：1. 在冻胀地区，地面以下或防潮层以下砌体，不宜采用多孔砖，如采用时，其孔洞应用水泥砂浆灌实。当采用混凝土砌块砌筑时，其孔洞应采用强度等级不低于 Cb20 的混凝土灌实。

　　 2. 对安全等级为一级或设计使用年限大于 50 年的房屋，表中材料强度等级应至少提高一级。

2. 墙、柱局部构造

1）承重的独立砖柱截面尺寸不应小于 240mm×370mm。毛石墙的厚度不宜小于 350mm，毛料石柱较小边长不宜小于 300mm。

2）填充墙、隔墙应分别采取措施与周边构件可靠连接。

3）现浇钢筋混凝土楼板或屋盖板伸进纵、横墙内的长度均不应小于 120mm。

装配式钢筋混凝土楼板，当圈梁未设在板的同一标高时，板端伸进外墙长度不应低于 120mm，伸进内墙的长度不应小于 100mm，在梁上不应小于 80mm。

4）当梁的跨度大于或等于下列数值时，其支承处宜加设壁柱或采取其他加强措施。

对 240mm 厚的砖墙为 6.0m，对 180mm 厚的砖墙为 4.8m。对砌块、料石墙为 4.8m。

5）支承在砖砌体上的起重机梁、屋架及跨度≥9m 的预制梁的端部，应采用锚固件与墙柱上的垫块锚固。

6）不宜在截面长边小于 500mm 的承重墙体、独立柱内埋设管线；不宜在墙体中穿行暗线或预留、开凿沟槽，无法避免时应采取必要的措施或按削弱后的截面验算墙体的承载力。对受力较小或未灌孔的砌块砌体，允许在墙体的竖向孔洞中设置管线。

7）构造柱的构造要求。

①构造柱最小截面尺寸可采用 180mm×240mm。纵向钢筋宜采用 4φ12，箍筋间距不宜大于 250mm，且在柱上下端宜适当加密；抗震设防烈度 6 度、7 度时超过六层、8 度时超过五层和 9 度时，构造柱纵向钢筋宜采用 4φ14，箍筋间距不应大于 200mm；房屋四角的构造柱应适当加大截面及配筋。

②构造柱与墙连接处应砌成马牙槎，沿墙高每隔 500mm 设 2φ6 水平钢筋和 φ4 分布短筋平面内电焊组成的拉结网片或 φ4 电焊钢筋网片，每边伸入墙内不宜小于 1m。抗震设防烈度 6 度、7 度时底部 1/3 楼层，8 度时底部 1/2 楼层，9 度时全部楼层，上述拉结钢筋网片应沿墙体水平通长设置。

③构造柱与圈梁连接处，构造柱的纵筋应在圈梁纵筋内侧穿过，保证构造柱纵筋上下贯通。

④构造柱可不单独设置基础，但应伸入室外地面下 500mm，或与埋深小于 500mm 的基础圈梁相连。

⑤房屋高度和层数接近表 6-1 的限值时，纵、横墙内构造柱间距尚应符合下列要求。

a. 横墙内的构造柱间距不宜大于层高的两倍；下部 1/3 楼层内构造柱间距适当减小。

b. 当外纵墙开间大于 3.9m 时，应另设加强措施。内纵墙的构造柱间距不宜大于 4.2m。

8）圈梁的构造要求。

①圈梁应封闭，遇到洞口圈梁应上下搭接。圈梁宜与预制板设置同一标高处或紧靠板底。

②圈梁的截面高度不应小于 120mm，配筋应符合表 6-14 的要求。为减小软弱黏性土、液化土、新近填土或严重不均匀土的土地基不均匀沉降而设置的基础圈梁，其截面高度不应小于 180mm，配筋不应少于 4φ12。

表 6-14　多层砖砌体房屋圈梁配筋要求

配筋	烈度		
	6度、7度	8度	9度
最小纵筋	4ϕ10	4ϕ12	4ϕ14
箍筋最大间距/mm	250	200	150

6.1.8　墙下条形基础的设计

无筋扩展基础通常是由砖、块石、毛石、素混凝土、三合土和灰土等材料建造的墙下无筋扩展条形基础（图 6-17a）和柱下无筋扩展独立基础（图 6-17b）。可用于六层和六层以下（三合土基础不宜超过四层）的民用建筑和砌体承重的厂房和轻型厂房。无筋扩展基础设计内容包括：选择基础的类型；确定基础埋置深度；按承载力要求计算基础底面面积和基础高度；绘制基础施工图。

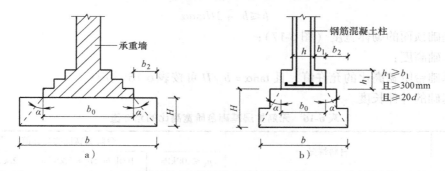

图 6-17　无筋扩展基础构造示意（d—柱中纵向钢筋直径）

a）墙下无筋扩展基础　b）柱下无筋扩展基础

1. 无筋扩展基础的设计原则

由于无筋扩展基础通常是由砖、块石、毛石、素混凝土、三合土和灰土等材料建造的，这些材料具有抗压强度高而抗拉、抗剪强度低的特点，所以在进行无筋扩展基础设计时必须使基础主要承受压应力，并保证基础内产生的拉应力和剪应力都不超过材料强度的设计值。具体设计中主要通过对基础的外伸宽度与基础高度的比值进行验算来实现。同时，其基础宽度还应满足地基承载力的要求。

2. 无筋扩展基础的构造要求

在设计无筋扩展基础时应根据其材料特点满足相应的构造要求。

（1）砖基础　砖基础采用的砖强度等级应不低于 MU10，砂浆强度等级应不低于 M5，在地下水位以下或地基土潮湿时应采用水泥砂浆砌筑。基础底面以下一般先做 100mm 厚的混凝土垫层，混凝土强度等级为 C10。

（2）毛石基础　毛石基础采用的材料为未加工或稍做修整的未风化的硬质岩石，其高度一般不小于 200mm。当毛石形状不规则时，其高度应不小于 150mm。

（3）石灰三合土基础　石灰三合土基础是由石灰、砂和骨料（矿渣、碎砖或碎石）加适量的水充分搅拌均匀后，铺在基槽内分层夯实而成。三合土的体积比为 1:2:4 或 1:3:6（石灰:砂:骨料），在基槽内每层虚铺 220mm，夯实至 150mm。

（4）灰土基础　灰土基础由熟化后的石灰和黏土按比例拌和并夯实而成。常用的配合比（体积比）为 3:7 或 2:8，铺在基槽内分层夯实，每层虚铺 220~250mm，夯实至 150mm。其最小干密度要求为：粉土 15.5kN/m³，粉质黏土 15.0kN/m³，黏土 14.5kN/m³。

（5）混凝土和毛石混凝土基础　混凝土基础一般用 C15 以上的素混凝土做成。毛石混凝土基础是在混凝土基础中埋入 25%~30%（体积比）的毛石形成，且用于砌筑的石块直径不宜大于 300mm。

3. 无筋扩展基础的设计计算步骤

（1）初步选定基础高度 H　混凝土基础的高度 H 不宜小于 200mm，一般为 300mm。对石灰三合土基础和灰土基础，基础高度 H 应为 150mm 的倍数。砖基础的高度应符合砖的模数，标准砖的规格为 240mm×115mm×53mm，八五砖的规格为 220mm×105mm×43mm。在布置基础剖面图时，大放脚的每皮宽度 b_1 和高度 h_1 值见表 6-15。

表 6-15　大放脚的每皮宽度 b_1 和高度 h_1 值　　　　　　　　（单位：mm）

宽度、高度	标准砖	八五砖
宽度 $b_1 = h_1/2$	60	55
高度 h_1	120	110

（2）基础底面宽度 b 的确定　先根据地基承载力条件确定基础宽度。再按下式进一步验算基础的宽度：

$$b \leqslant b_0 + 2H\tan\alpha \tag{6-34}$$

式中　b_0——基础顶面的砌体宽度（图 6-17）；

　　　H——基础高度；

　　$\tan\alpha$——基础台阶宽高比的允许值，且 $\tan\alpha = b_2/H$ 可按表 6-16 选用；

　　　b_2——基础的外伸长度。

表 6-16　无筋扩展基础台阶宽高比的允许值

基础材料	材料情况	台阶宽高比的允许值		
		$p_k \leqslant 100\text{kPa}$	$100\text{kPa} < p_k \leqslant 200\text{kPa}$	$200\text{kPa} < p_k \leqslant 300\text{kPa}$
混凝土基础	C15 混凝土	1:1.00	1:1.00	1:1.25
毛石混凝土基础	C15 混凝土	1:1.00	1:1.25	1:1.50
砖基础	砖不低于 MU10 砂浆不低于 M5	1:1.50	1:1.50	1:1.50
毛石基础	砂浆不低于 M5	1:1.25	1:1.50	—
灰土基础	体积比 3:7 或 2:8 的灰土 其最小密度： 粉土：1.55t/m^3 粉质黏土：1.50t/m^3 黏土：1.45t/m^3	1:1.25	1:1.50	—
三合土基础	体积比 1:2:4 或 1:3:6 （石灰:砂:骨料），每层 约虚铺 220mm，夯至 150mm	1:1.50	1:2.00	—

注：1. p_k 为荷载效应标准组合时，基础底面处的平均压力值（kPa）。

　　2. 阶梯形毛石基础的每阶伸出宽度，不宜大于 200mm。

　　3. 当无筋扩展基础由不同材料叠合而成时，应对叠合部分作抗压验算。

对混凝土基础，当基础底面平均压应力超过 300kPa 时，尚应按下式对台阶高度变化处的断面进行受剪承载力验算：

$$V_s \leqslant 0.366 f_t A \tag{6-35}$$

式中　V_s——相应于荷载效应基本组合时的地基土平均净反力产生的沿墙边缘或变阶处单位长度的剪力设计值；

　　　f_t——混凝土轴心抗拉强度设计值；

A——沿墙边缘或变阶处混凝土基础单位长度面积。

（3）地基承载力验算

1）轴心荷载作用。对于墙下基础，取1m墙体长度为计算单元，要求基础底面中心线与墙体截面中心线重合，为此，轴心荷载作用下基础底面宽度 b 应满足要求：

$$p_k = \frac{F_k + G_k}{1 \times b} \leqslant f_a \qquad (6-36)$$

式中　p_k——相应于荷载效应标准组合时，基础底面处的平均压力值（kN/m^2）；

F_k——相应于荷载效应标准组合时，上部结构传至基础顶面的竖向力值（kN）；

G_k——基础自重和基础上的土重（kN），$G_k = \gamma A d$；

γ——基础与台阶上土的平均重度（kN/m^3），可近似按 $20kN/m^3$ 计算；

d——基础埋深（m）；

b——基础底面宽度（m）。

由式（6-36）整理可得基础底面宽度 b：

$$b \geqslant \frac{F_k}{f_a - \gamma d} \qquad (6-37)$$

2）偏心荷载作用。根据地基承载力的要求，偏心受压条形基础（图6-19），基础底面宽度 b 应满足下列条件：

$$p_{k,max} = \frac{F_k + G_k}{1 \times b} + \frac{M_k}{W} \leqslant 1.2f_a \qquad (6-38a)$$

$$p_{k,min} = \frac{F_k + G_k}{1 \times b} - \frac{M_k}{W} \geqslant 0 \qquad (6-38b)$$

$$\frac{p_{k,max} + p_{k,min}}{2} \leqslant f_a \qquad (6-38c)$$

式中　M_k——相应于荷载效应标准组合时，作用于基础底面的力矩值；

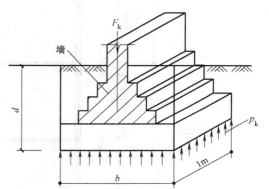

图6-18　轴心荷载作用下的基础

W——基础底面的抵抗矩，$W = b^2/6$；

$p_{k,min}$——相应于荷载效应标准组合时，基础底面边缘的最小压力设计值；

$p_{k,max}$——相应于荷载效应标准组合时，基础底面边缘的最大压力设计值。

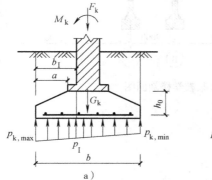
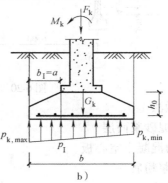

图6-19　偏心受压基础

a）砖墙情况　b）混凝土墙情况

对偏心荷载作用下的条形基础计算步骤为：

①按轴心荷载作用条件，利用式（6-37）初步估算所需的基础底面宽度 b。

②根据偏心距 e 的大小，将基础底面宽度 b 增大 20%~40%，并符合建筑模数。

③按式 (6-38a) 和式 (6-38b) 计算基底最大压力 $p_{k,max}$ 和最小压力 $p_{k,min}$，并应使其满足式 (6-38) 的要求。如不满足式 (6-38) 的要求时，应调整基础底面宽度，直到满足为止。

6.2 设计实例

6.2.1 设计资料

某四层教学楼剖面、标准层平面如图 6-20、图 6-21 所示，采用装配式钢筋混凝土楼、屋盖，多层砌体结构。该地区基本风压 $w_0 = 0.45kN/m^2$，基本雪压 $S_0 = 0.40kN/m^2$，楼面活荷载标准值 $q_k = 2.0kN/m^2$。施工质量等级 B 级，地震设防烈度 6 度 (0.05g)。试进行该教学楼结构布置、墙体验算和基础设计。

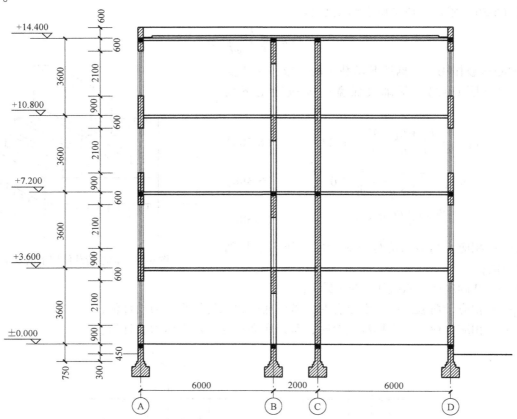

图 6-20 某教学楼剖面图

（1）楼面构造做法

20mm 厚 1:2 水泥砂浆面层

120mm 厚预应力混凝土空心板

15mm 厚混合砂浆粉底

（2）屋面构造做法

改性沥青防水层

20mm 厚 1:3 水泥砂浆

100mm 厚泡沫混凝土保温层

120mm 厚预应力混凝土空心板

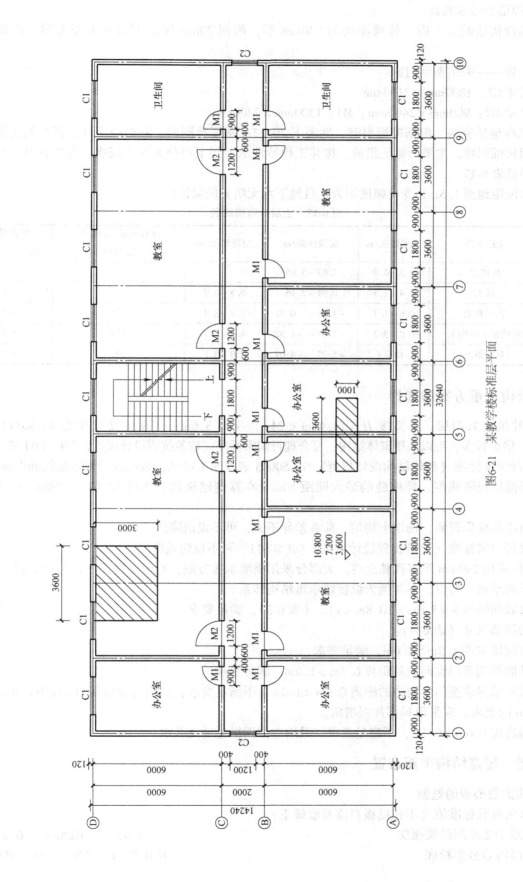

图6-21 某教学楼标准层平面

15mm 厚混合砂浆粉底

（3）墙面构造做法　内、外墙面均为 240mm 厚，两侧 20mm 厚的混合砂浆粉饰后，再刷以乳胶漆。

（4）门窗——采用塑钢门窗

窗洞尺寸 C1：1800mm×2100mm

门洞尺寸 M2：900mm×2400mm、M1：1200mm×2400mm

（5）工程地质资料　根据勘探揭露，地表下 20.23m 深度范围内，除根植土外，其余均为第四纪滨海、河湖相沉积物。主要由黏土组成，按其工程特性从上到下可分为 5 个层次，各层次分布厚度及结构特征详见表 6-17。

地下水位距地面 1.5m，变化幅度不大，且地下水无明显的腐蚀性。

表 6-17　土层分布情况表

土层编号	土层名称	土层厚度/m	层顶标高/m	层顶埋深/m	地基承载力特征值 f_{ak}/kPa	压缩模量 $E_{s0.1\sim0.2}$/MPa
①	根植土	0.5~0.9	2.63~3.05			
②	黏土	2.4~3.3	0.91~2.46	0.5~0.9	200	7.5
③	粉质黏土	0.6~1.7	-1.26~-0.32	3.2~3.9	170	6.5
④	粉质黏土夹粉土	0.0~3.2	-2.27~-1.52	4.5~5.2	140	5.5
⑤	粉质黏土	揭穿	-5.27~-4.07	7.0~8.1	100	3.5

6.2.2　结构承重方案的选择

1）该建筑物共四层，总高度 $H=14.40m<24m$，层高 3.6m；房屋的高宽比为 14.40/14.24 = 1.01<2.5；横墙较多，可以采用砌体结构，符合现行国家标准《建筑抗震设计规范》GB 50011 的要求。

2）现行国家标准《砌体结构设计规范》GB 50003 表 6.5.1 可见，装配式无檩体系钢筋混凝土楼、屋盖，无保温层或隔热层，伸缩缝的最大间距 50m。本算例建筑物总长度 32.64m<50m，可不设伸缩缝。

根据所给的地质资料，场地土均匀，荷载差异不大，可不设沉降缝。

根据现行国家标准《建筑抗震设计规范》GB 50011，可不设防震缝。

3）墙体采用 240mm 厚多孔黏土砖。大部分采用横墙承重方案，对于开间大于 3.6m 的房间，加设横梁，为纵向承重。所以，本算例为纵横墙承重结构体系。

最大横墙间距为 3×3.6m=10.8m<11m（表 6-3），满足要求。

房屋的局部尺寸（表 6-4）：

承重窗间墙宽度 1.8m>1.0m，满足要求。

承重外墙尽端至门窗洞边的距离 6.4m>1.0m，满足要求。

非承重外墙尽端至门窗洞边的距离 0.9m<1.0m，不满足要求，但满足≥层高/4=0.9m 和 1.0m×80%=0.8m 的要求，应采取局部加强措施。

女儿墙高度 0.6m>0.5m，不满足要求，采用有锚固措施的女儿墙。

6.2.3　楼、屋盖结构平面布置

1. 预应力空心板的选型

楼面永久荷载标准值（不包括板自重及灌缝重）：

20mm 厚 1:2 水泥砂浆面层　　　　　　　　　　　　　　　$0.02×20.0kN/m^2=0.4kN/m^2$

15mm 厚混合砂浆粉底　　　　　　　　　　　　　　　　　$0.015×17.0kN/m^2=0.255kN/m^2$

小计	0.655kN/m^2
楼面活荷载标准值	2.0kN/m^2

房间的开间为 3.6m，根据江苏省结构构件标准图集（苏 G9201），选用 YKB36-52 或 YKB36-62。

屋面永久荷载标准值（不包括板自重及灌缝重）：

改性沥青防水层：

20mm 厚 1∶3 水泥砂浆	$0.02\times20.0\text{kN/m}^2=0.4\text{kN/m}^2$
100mm 厚泡沫混凝土保温层	$0.10\times5.0\text{kN/m}^2=0.5\text{kN/m}^2$
15mm 厚混合砂浆粉底	$0.015\times17.0\text{kN/m}^2=0.255\text{kN/m}^2$
小计	1.155kN/m^2
屋面活荷载标准值	0.5kN/m^2

注：屋面活荷载 =（屋面雪荷载、屋面均布活荷载）max = 0.5kN/m^2

房间的开间为 3.6m，根据江苏省结构构件标准图集（苏 G9201），选用 YKB36-53 或 YKB36-63。

2. 构造柱的设置

本算例同一楼层内开间大于 4.2m 的房间占该层总面积为 47.62% >40%，属于横墙较少房屋，应根据房屋增加一层后的层数，按表 6-5 设置构造柱。

房屋层数按五层，设防烈度 6 度（0.05g），按表 6-5 确定构造柱的设置位置如下：

楼梯间四角、楼梯斜梯段上下端对应的墙体处、外墙四角、大房间内外墙交接处、楼梯间对应的另一侧内横墙与外纵墙交接处。

构造柱与墙连接处应砌成马牙槎，沿墙高每隔 500mm 设 2φ6 水平钢筋和φ4 分布短筋平面内电焊组成的拉结网片，每边伸入墙内不宜小于 1m。6 度时底部 1/3 楼层，上述拉结钢筋网片应沿墙体水平通长设置。

构造柱与圈梁连接处，构造柱的纵筋应在圈梁纵筋内侧穿过，保证构造柱纵筋上下贯通。

构造柱可不单独设置基础，与埋深小于 500mm 的基础圈梁相连。

构造柱截面尺寸 240mm×240mm。设防烈度 6 度，纵向钢筋 4φ12，箍筋φ6@250，且在柱上、下端宜适当加密。

3. 圈梁的设置

本算例设防烈度 6 度（0.05g），按表 6-6 确定圈梁的设置位置如下：

外墙、内纵墙：屋盖处及每层楼盖处。

内横墙：屋盖处及每层楼盖处；构造柱对应部位的内横墙；楼盖处间距不应大于 7.2m；屋盖处间距不应大于 4.5m。

圈梁应封闭，遇到洞口圈梁应上下搭接。圈梁宜与预制板设置同一标高处或紧靠板底。

圈梁截面尺寸 240mm×180mm，由表 6-14 可知，圈梁纵向受力钢筋 4φ10，箍筋φ6@250（设防烈度为 6 度）。

二~四层楼面结构布置图、屋面结构布置图分别如图 6-22、图 6-23 所示。

6.2.4　楼面梁（L-1）的计算

1. 截面尺寸估选

$$h=\left(\frac{1}{8}\sim\frac{1}{12}\right)l=\left(\frac{1}{8}\sim\frac{1}{12}\right)\times6000\text{mm}=500\sim750\text{mm}，取\ h=500\text{mm}$$

$$b=\left(\frac{1}{2}\sim\frac{1}{3}\right)h=\left(\frac{1}{2}\sim\frac{1}{3}\right)\times500\text{mm}=166.7\sim250\text{mm}，取\ b=250\text{mm}$$

2. 计算简图

梁 L-1 两端支承在砖墙上，支承长度 $a=240\text{mm}$，净跨 $l_n=6000\text{mm}-240\text{mm}=5760\text{mm}$。

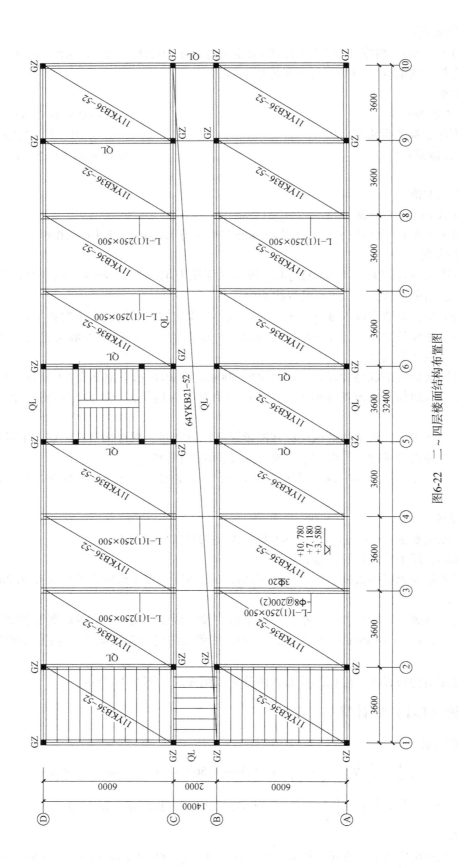

图6-22　二～四层楼面结构布置图

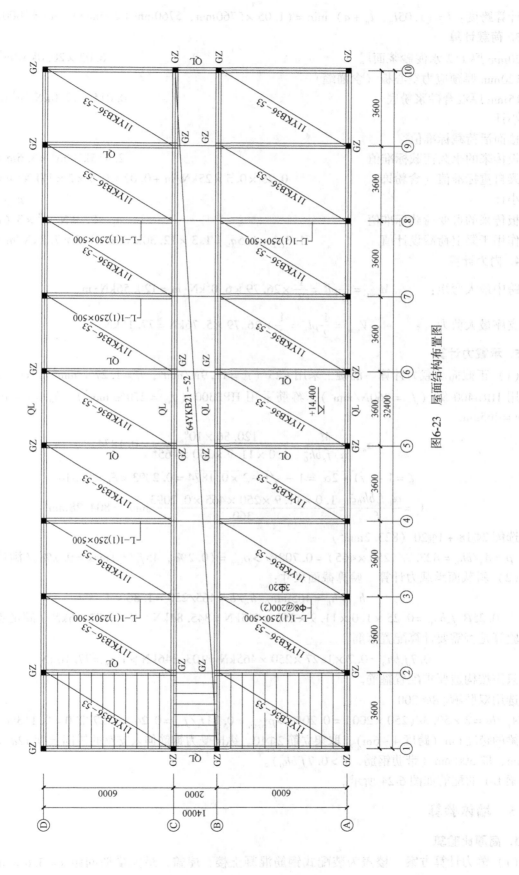

图6-23　屋面结构布置图

计算跨度：$l = (1.05l_n, \ l_n + a) \min = (1.05 \times 5760\text{mm}, \ 5760\text{mm} + 240\text{mm}) \min = 6000\text{mm}$

3. 荷载计算

20mm 厚1:2 水泥砂浆面层	$0.02 \times 20.0\text{kN/m}^2 = 0.4\text{kN/m}^2$
120mm 厚预应力空心板（含灌缝）	1.8kN/m^2
15mm 厚混合砂浆粉底	$0.015 \times 17.0\text{kN/m}^2 = 0.255\text{kN/m}^2$
小计	2.455kN/m^2
楼面活荷载标准值	2.0kN/m^2
板传来的永久荷载标准值	$2.455\text{kN/m}^2 \times 3.6\text{m} = 8.838\text{kN/m}$
梁自重标准值（含粉饰）	$0.25 \times 0.5 \times 25\text{kN/m} + 0.02 \times 0.5 \times 2 \times 17\text{kN/m} = 3.465\text{kN/m}$
小计	$g_k = 12.30\text{kN/m}$
板传来的可变荷载标准值	$q_k = 2.0\text{kN/m}^2 \times 3.6\text{m} = 7.2\text{kN/m}$
作用于梁上荷载设计值	$1.3g_k + 1.5q_k = 1.3 \times 12.30\text{kN/m} + 1.5 \times 7.2\text{kN/m} = 26.79\text{kN/m}$

4. 内力计算

跨中最大弯矩：$\quad M_{max} = \dfrac{1}{8}pl^2 = \dfrac{1}{8} \times 26.79 \times 6.0^2\text{kN} \cdot \text{m} = 120.56\text{kN} \cdot \text{m}$

支座最大剪力：$\quad V_{max} = \dfrac{1}{2}pl_n = \dfrac{1}{2} \times 26.79 \times 5.76\text{kN} = 77.16\text{kN}$

5. 承载力计算

（1）正截面承载力计算　混凝土采用 C25（$f_c = 11.9\text{N/mm}^2$，$f_t = 1.27\text{N/mm}^2$），$\alpha_1 = 1.0$；受力钢筋采用 HRB400 级（$f_y = 360\text{N/mm}^2$），箍筋采用 HPB300（$f_{yv} = 270\text{N/mm}^2$）。$h_0 = h - a_s = 500\text{mm} - 35\text{mm} = 465\text{mm}$。

$$\alpha_s = \frac{M}{\alpha_1 f_c b h_0^2} = \frac{120.56 \times 10^6}{1.0 \times 11.9 \times 250 \times 465^2} = 0.1874$$

$$\xi = 1 - \sqrt{1 - 2\alpha_s} = 1 - \sqrt{1 - 2 \times 0.1874} = 0.2093 < \xi_b = 0.518$$

$$A_s = \frac{\alpha_1 f_c b h_0 \xi}{f_y} = \frac{1.0 \times 11.9 \times 250 \times 465 \times 0.2093}{360}\text{mm}^2 = 804.28\text{mm}^2$$

选配 2Φ18 + 1Φ20（823.2mm^2）

$\rho = A_s / b h_0 = 823.2/(250 \times 465) = 0.708\% > \rho_{min} = (0.2\%, \ 45f_t/f_y) \max = 0.2\%$（满足要求）

（2）斜截面承载力计算　验算截面尺寸：

$$h_w = h_0 = 465\text{mm}。\quad h_w/b = 465/250 = 1.86 < 4$$

$0.25\beta_c f_c b h_0 = 0.25 \times 1.0 \times 11.9 \times 250 \times 465\text{kN} = 345.84\text{kN} > V_{max} = 77.16\text{kN}$（满足要求）

验算是否需要计算配置箍筋

$$0.7f_t b h_0 = 0.7 \times 1.27 \times 250 \times 465\text{kN} = 103.346\text{kN} > V_{max} = 77.16\text{kN}$$

只需按构造要求配置箍筋。

选用双肢箍ϕ8@200

$\rho_{sv} = A_{sv}/bs = 2 \times 50.3/(250 \times 200) = 0.20\% > \rho_{svmin} = 0.24f_t/f_{yv} = 0.24 \times 1.27/270 = 0.113\%$（满足要求）

梁的跨度 6m（跨度 4~6m），取架立筋 2ϕ10。纵向受力钢筋伸入支座的锚固长度 $12d = 12 \times 20\text{mm} = 240\text{mm}$，取 300mm（带肋钢筋，$V > 0.7f_t b h_0$）。

梁 L-1 的配筋如图 6-24 所示。

6.2.5　墙体验算

1. 高厚比验算

（1）静力计算方案　楼盖为装配式钢筋混凝土楼、屋盖，最大横墙间距 $s = 3.6 \times 3\text{m} = 10.8\text{m} <$

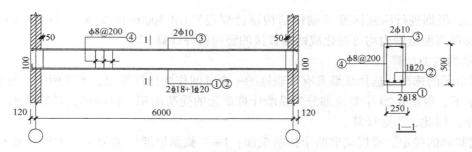

图 6-24　梁 L-1 配筋图

32m，由表 6-7 可知，本算例属于刚性方案。

（2）外纵墙高厚比验算　一层水泥混合砂浆采用 M5.0，由表 6-9 允许高厚比$[\beta]=24$；其他层水泥混合砂浆采用 M7.5，允许高厚比$[\beta]=26$。

二层：

$$s=3.6\times3\mathrm{m}=10.8\mathrm{m}>2H=2\times3.6\mathrm{m}=7.2\mathrm{m},\ H_0=1.0H=3.6\mathrm{m}$$

外墙为自承重墙，$\mu_1=1.2$（240mm 墙厚），$\mu_2=1-0.4b_s/s=1-0.4\times1.8/3.6=0.80>0.7$

$$\beta=\frac{H_0}{h}=\frac{3.6}{0.24}=15.0<\mu_1\mu_2[\beta]=1.2\times0.8\times24=23.04\ \text{（满足要求）}$$

一层：

$$H=3.6\mathrm{m}+0.45\mathrm{m}+0.35\mathrm{m}=4.4\mathrm{m},\ s=3.6\times3\mathrm{m}=10.8\mathrm{m}>2H=2\times4.4\mathrm{m}=8.8\mathrm{m},\ H_0=1.0H=4.4\mathrm{m}$$

外墙为自承重墙，$\mu_1=1.2$（240mm 墙厚），$\mu_2=1-0.4b_s/s=1-0.4\times1.8/3.6=0.80>0.7$

$$\beta=\frac{H_0}{h}=\frac{4.4}{0.24}=18.3<\mu_1\mu_2[\beta]=1.2\times0.8\times26=24.96\ \text{（满足要求）}$$

（3）内纵墙高厚比验算

二层：

$$H_0=1.0H=3.6\mathrm{m},\ \mu_1=1.0,\ \mu_2=1-0.4b_s/s=1-0.4\times0.9/3.6=0.90>0.7$$

$$\beta=\frac{H_0}{h}=\frac{3.6}{0.24}=15.0<\mu_1\mu_2[\beta]=1.0\times0.9\times24=21.6\ \text{（满足要求）}$$

一层：

$$H_0=1.0H=4.4\mathrm{m},\ \mu_1=1.0,\ \mu_2=1-0.4b_s/s=1-0.4\times0.9/3.6=0.90>0.7$$

$$\beta=\frac{H_0}{h}=\frac{4.4}{0.24}=18.3<\mu_1\mu_2[\beta]=1.0\times0.9\times26=23.4\ \text{（满足要求）}$$

（4）承重横墙高厚比验算

二层：

$$s=6.0\mathrm{m},\ H=3.6\mathrm{m},\ H=3.6\mathrm{m}<s=6.0\mathrm{m}<2H=7.2\mathrm{m},\ \text{所以}\ H_0=0.4s+0.2H=3.12\mathrm{m}$$

$$\mu_1=1.0,\ \mu_2=1.0$$

$$\beta=\frac{H_0}{h}=\frac{3.12}{0.24}=13.0<\mu_1\mu_2\ [\beta]=1.0\times1.0\times24=24\ \text{（满足要求）}$$

一层：

$$s=6.0\mathrm{m},\ H=4.4\mathrm{m},\ H=4.4\mathrm{m}<s=6.0\mathrm{m}<2H=8.8\mathrm{m},\ \text{所以}\ H_0=0.4s+0.2H=3.28\mathrm{m}$$

$$\mu_1=1.0,\ \mu_2=1.0$$

$$\beta=\frac{H_0}{h}=\frac{3.28}{0.24}=13.67<\mu_1\mu_2[\beta]=1.0\times1.0\times26=26\ \text{（满足要求）}$$

2. 墙体承载力验算

本算例建筑物的静力计算方案为刚性方案，基本风压$w_0=0.45\mathrm{kN/m^2}$，层高 3.6m < 4.0m，高度

14.85m＜28m，根据现行国家标准《砌体结构设计规范》GB 50003 的要求，可以不考虑风荷载的影响。墙体在每层高度范围内均可简化成两端铰接的竖向构件计算。

（1）纵墙的内力计算

1）计算单元的选择。选择纵墙具有代表性的一个开间作为计算单元。本算例中，最危险纵墙位于①轴线梁 L-1 下。取图 6-20 中斜线部分为纵墙计算单元的受荷面积，窗间墙为计算截面。内纵墙由于开洞面积较小，因此，不必计算。

2）控制截面的确定。每层墙取两个控制截面：1—1 截面取墙体顶部位于大梁（或板）底的砌体截面，该截面承受弯矩 M_1 和轴力 N_1，因此需要进行偏心受压承载力和梁下局部受压承载力验算。2—2 截面取墙体下部位于大梁（或板）底稍上的砌体截面，底层取在基础顶面，该截面轴力较大，按轴心受压验算。

本算例中，二～四层材料相同，所以仅需验算底层及二层墙体的承载力。二～四层用 M5 砂浆、MU10 黏土空心砖，抗压强度 $f = 1.5\text{N/mm}^2$；底层用 M7.5 砂浆，MU15 黏土空心砖，抗压强度 $f = 2.07\text{N/mm}^2$。

3）各层墙体内力标准值的计算。

①墙体自重。双面粉刷（每侧 20mm 厚混合砂浆）240mm 厚墙体自重标准值

$$0.24 \times 18\text{kN/m}^2 + 2 \times 0.02 \times 17\text{kN/m}^2 = 5.0\text{kN/m}^2$$

塑钢门窗自重标准值： 0.4kN/m^2

女儿墙和顶层梁高范围内墙重：

$$G_k = (0.5 + 0.12 + 0.6) \times 3.6 \times 5.0\text{kN} = 21.96\text{kN}$$

二～四层墙重：

$$G_{2k} = G_{3k} = G_{4k} = (3.6 \times 3.6 - 1.8 \times 1.8) \times 5.0\text{kN} + 1.8 \times 1.8 \times 0.4\text{kN} = 49.90\text{kN}$$

底层墙重（算至大梁底）：

$$G_{1k} = (3.6 \times 3.68 - 1.8 \times 1.8) \times 5.0\text{kN} + 1.8 \times 1.8 \times 0.4\text{kN} = 51.34\text{kN}$$

②梁端传来的支座反力。屋面梁支座反力：

永久荷载传来 $N_{l4gk} = \dfrac{1}{2} \times 2.955 \times 3.6 \times 6.0\text{kN} + \dfrac{1}{2} \times 3.465 \times 6.0\text{kN} = 42.31\text{kN}$

可变荷载传来 $N_{l4gk} = \dfrac{1}{2} \times 0.5 \times 3.6 \times 6.0\text{kN} = 5.4\text{kN}$

楼面梁支座反力：

永久荷载传来

$$N_{l1gk} = N_{l2gk} = N_{l3gk} = \dfrac{1}{2} \times 2.455 \times 3.6 \times 6.0\text{kN} + \dfrac{1}{2} \times 3.465 \times 6.0\text{kN} = 36.91\text{kN}$$

可变荷载传来

$$N_{l1qk} = N_{l2qk} = N_{l3qk} = \dfrac{1}{2} \times 2.0 \times 3.6 \times 6.0\text{kN} = 21.6\text{kN}$$

③梁端有效支承长度计算。二～四层楼面梁有效支承长度

$$a_{02} = a_{03} = a_{04} = 10\sqrt{\dfrac{h}{f}} = 10 \times \sqrt{\dfrac{500}{1.50}}\text{mm} = 182.57\text{mm} < a = 240\text{mm}$$

底层楼面梁有效支承长度

$$a_{01} = 10\sqrt{\dfrac{h}{f}} = 10 \times \sqrt{\dfrac{500}{1.69}}\text{mm} = 172.0\text{mm} < a = 240\text{mm}$$

4）内力组合。各层墙体承受轴向力及计算截面如图 6-25 所示。

①二层墙 1—1 截面。内力组合（$\gamma_G = 1.3$、$\gamma_Q = 1.5$）

$$N_{21} = \gamma_G (G_k + G_{4k} + G_{3k} + N_{l4gk} + N_{l3gk}) + \gamma_Q (N_{l4qk} + N_{l3qk})$$
$$= 1.3 \times (21.96 + 49.90 + 49.90 + 42.31 + 36.91) \text{kN} + 1.5 \times (5.4 + 21.6) \text{kN} = 301.77 \text{kN}$$

梁端传来的支座反力设计值：

$$N_{l2} = \gamma_G N_{l2gk} + \gamma_Q N_{l2qk} = 1.3 \times 36.91 \text{kN} + 1.5 \times 21.6 \text{kN} = 80.38 \text{kN}$$

$$e_{l2} = h/2 - 0.4 a_{02} = 240/2 \text{mm} - 0.4 \times 182.57 \text{mm} = 46.97 \text{mm}$$

$$e = \frac{N_{l2} e_{l2}}{N_{21}} = \frac{80.38 \times 46.97}{301.77} \text{mm} = 12.51 \text{mm}$$

②二层墙 2—2 截面。内力组合（$\gamma_G = 1.3$、$\gamma_Q = 1.5$）

$$N_{22} = \gamma_G G_{2k} + N_{21} = 1.3 \times 49.9 \text{kN} + 301.77 \text{kN} = 366.64 \text{kN}$$

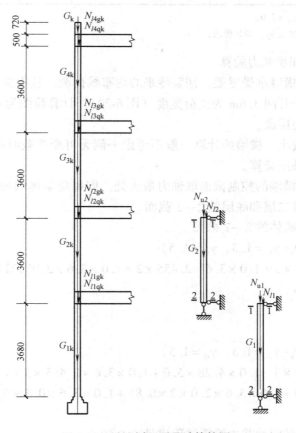

图 6-25　纵墙剖面图及计算简图

③底层墙 1—1 截面（考虑 2~3 层楼面活荷载折减系数 0.85，4~5 层楼面活荷载折减系数 0.70）。
内力组合：$\gamma_G G_k + \gamma_Q Q_k$（$\gamma_G = 1.3$、$\gamma_Q = 1.5$）

$$N_{11} = \gamma_G (G_k + G_{4k} + G_{3k} + G_{2k} + N_{l4gk} + N_{l3gk} + N_{l2gk} + N_{l1gk}) + \gamma_Q (0.7 N_{l4qk} + 0.85 N_{l3qk} + 0.85 N_{l2qk} + N_{l1qk})$$
$$= 1.3 \times (21.96 + 49.90 \times 3 + 42.31 + 3 \times 36.91) \text{kN} + 1.5 \times (0.7 \times 5.4 + 0.85 \times 2 \times 21.6 + 21.6) \text{kN}$$
$$= 515.26 \text{kN}$$

$$N_{l1} = \gamma_G N_{l1gk} + \gamma_Q N_{l1qk} = 1.3 \times 36.91 \text{kN} + 1.5 \times 21.6 \text{kN} = 80.38 \text{kN}$$

$$e_{l1} = h/2 - 0.4 a_{01} = 240/2 \text{mm} - 0.4 \times 172 \text{mm} = 51.2 \text{mm}$$

$$e = \frac{N_{l1} e_{l1}}{N_{11}} = \frac{80.38 \times 51.2}{515.26} \text{mm} = 7.99 \text{mm}$$

④底层墙 2—2 截面（考虑 2~3 层楼面活荷载折减系数 0.85，4~5 层楼面活荷载折减系数 0.70）。
内力组合：$\gamma_G G_k + \gamma_Q Q_k$（$\gamma_G = 1.3$、$\gamma_Q = 1.5$）

$$N_{12} = \gamma_G G_{1k} + N_{11} = 1.3 \times 49.9\text{kN} + 515.26\text{kN} = 580.13\text{kN}$$

5）截面承载力验算。截面承载力验算过程详见表6-18。

表6-18　纵墙截面承载力验算

控制截面		N/kN	e/mm	e/h	H_0/m	β ($\gamma_\beta H_0/h$)	φ	f/MPa	$\varphi A f$/kN	结论
二层	1—1	301.77	12.51	0.052	3.6	15	0.631	1.50	408.89	满足要求
	2—2	366.64	0	0			0.745		482.76	满足要求
底层	1—1	515.26	7.99	0.033	4.4	18.3	0.597	2.07	533.86	满足要求
	2—2	580.13	0	0			0.663		592.88	满足要求

注：1. 本设计实例为砖砌体，$\gamma_\beta = 1.0$。

　　2. 轴向力偏心距 e 均不超过 $0.6y$，满足要求。

（2）横墙的内力计算和承载力验算

1）计算单元的选取。横墙承受屋盖、楼盖传来的均布线荷载，且很少开设洞口，取1m宽墙体作为计算单元，沿纵向取一个开间3.6m为受荷宽度（图6-20）。计算简图为每层横墙视为两端不动铰接的竖向构件，构件的高度为层高。

由于楼面的可变荷载较小，横墙的计算一般不考虑一侧无可变荷载时的偏心受力情况，由于房屋的开间相同，因此近似按轴压验算。

2）控制截面的确定。横墙的控制截面取轴力最大处，即每层墙体的底部2—2截面。由于二~四层材料相同，所以只需验算二层和底层的2—2截面。

3）内力计算。第二层墙体的2—2截面

内力组合：$\gamma_G G_k + \gamma_Q Q_k$（$\gamma_G = 1.3$、$\gamma_Q = 1.5$）

$$N_{22} = 1.3 \times (1.0 \times 3.6 \times 5.0 \times 3 + 1.0 \times 3.6 \times 2.455 \times 2 + 1.0 \times 3.6 \times 2.955)\text{kN} + 1.5 \times (1.0 \times 3.6 \times 0.5 + 1.0 \times 3.6 \times 2.0 \times 2)\text{kN}$$

$$= 131.31\text{kN}$$

底层墙体2—2截面

内力组合：$\gamma_G G_k + \gamma_Q Q_k$（$\gamma_G = 1.3$、$\gamma_Q = 1.5$）

$$N_{12} = 1.3 \times (1.0 \times 3.6 \times 5.0 \times 3 + 1.0 \times 4.28 \times 5.0 + 1.0 \times 3.6 \times 2.455 \times 3 + 1.0 \times 3.6 \times 2.955)\text{kN} + 1.5 \times (1.0 \times 3.6 \times 2.0 \times 1.0 + 1.0 \times 3.6 \times 2.0 \times 2 \times 0.85 + 1.0 \times 3.6 \times 0.5 \times 0.70)\text{kN}$$

$$= 177.37\text{kN}$$

4）截面承载力验算。截面承载力验算过程详见表6-19。

表6-19　横墙截面承载力验算

控制截面		N/kN	e/mm	e/h	H_0/m	β ($\gamma_\beta H_0/h$)	φ	f/MPa	$\varphi A f$/kN	结论
二层	2—2	131.31	0	0	3.12	13	0.795	1.50	286.2	满足要求
底层	2—2	177.37	0	0	3.28	13.67	0.778	2.07	368.51	满足要求

注：本设计实例为砖砌体，$\gamma_\beta = 1.0$。

根据以上计算结果，该教学楼底层采用 MU15 多孔砖，M7.5 水泥混合砂浆；二层及以上采用 MU10 多孔砖，M5 水泥混合砂浆，满足要求。

6.2.6　大梁下局部受压承载力验算

1. 二~四层梁端局部受压验算

梁端支承处砌体局部受压承载力按下式计算：

$$\psi N_0 + N_l \le \eta \gamma A_l f$$

其中

$$a_{02} = a_{03} = a_{04} = 10 \sqrt{\frac{h}{f}} = 10 \times \sqrt{\frac{500}{1.50}} \text{mm} = 182.57 \text{mm}$$

$$A_l = a_0 b = 182.57 \times 250 \text{mm}^2 = 45642.5 \text{mm}^2$$

$$A_0 = (b + 2h) \times h = (250 + 2 \times 240) \times 240 \text{mm}^2 = 175200 \text{mm}^2$$

$$A_0 / A_l = 175200 / 45642.5 = 3.84 > 3,\ 取\ \psi = 0$$

$$\eta = 0.7,\ \gamma = 1 + 0.35 \sqrt{A_0 / A_l - 1} = 1.59 < 2.0$$

$$\eta \gamma A_l f = 0.7 \times 1.59 \times 45642.5 \times 1.50 \text{kN} = 76.2 \text{kN}$$

$$> N_{l4} = 1.3 \times 42.31 \text{kN} + 1.5 \times 5.4 \text{kN} = 63.10 \text{kN}$$

$$< N_{l2} = N_{l3} = 1.3 \times 36.91 \text{kN} + 1.5 \times 21.6 \text{kN} = 80.38 \text{kN}\ （不满足要求）$$

即 2 层、3 层梁端局部受压不满足要求，可采取在梁端设置刚性垫块等措施。

2. 底层梁端局部受压验算

$$a_{01} = 172.0 \text{mm},\ A_l = a_0 b = 172.0 \times 250 \text{mm}^2 = 43000 \text{mm}^2$$

$$A_0 = (b + 2h) \times h = (250 + 2 \times 240) \times 240 \text{mm}^2 = 175200 \text{mm}^2$$

$$A_0 / A_l = 175200 / 43000 = 4.07 > 3,\ 取\ \psi = 0$$

$$\eta = 0.7,\ \gamma = 1 + 0.35 \sqrt{A_0 / A_l - 1} = 1.61 < 2.0$$

$$\eta \gamma A_l f = 0.7 \times 1.61 \times 43000 \times 2.07 \text{kN} = 100.3 \text{kN}$$

$$> N_{l1} = 1.3 \times 36.91 \text{kN} + 1.5 \times 21.6 \text{kN} = 80.38 \text{kN}\ （满足要求）$$

6.2.7　墙下条形基础设计

根据地质资料，选择②黏土层为基础的持力层，地基承载力特征值 $f_{ak} = 200 \text{kPa}$。根据上部结构形式，拟采用刚性条形基础形式。

本算例多层砌体房屋中的所有横墙均为承重墙体，而纵墙只有轴线②~④、⑤~⑥之间的纵墙为承重墙体。为便于施工，所有横墙采用同一种基础形式，所有纵墙采用同一种基础形式。

1. 横墙基础设计

（1）计算单元的选取　取中间任一开间横墙的 1m 长度的基础为计算单元。

（2）基础埋深的确定　初步确定基础的埋置深度 –1.450m（从室内地坪算起），根据现行国家标准《地基基础设计规范》GB 50007 表 5.2.4，$\eta_b = 0$，$\eta_d = 1.0$；$\gamma_m = 20 \text{kN/m}^3$。

修正后的地基承载力特征值 f_a：

$$f_a = f_{ak} + \eta_b \gamma (b - 3) + \eta_d \gamma_m (d - 0.5)$$

$$= 200 \text{kPa} + 1.0 \times 20.0 \times (1.45 - 0.5) \text{kPa}$$

$$= 219.0 \text{kPa}$$

（3）基础尺寸的确定　采用荷载标准组合值，基础顶面以上墙体传下来的荷载为：

$$F_k = (1.0 \times 3.6 \times 5.0 \times 3 + 1.0 \times 4.28 \times 5.0)\ \text{kN} + 1.0 \times 3.6 \times 2.455 \times 3 \text{kN} + 1.0 \times 3.6 \times 2.955 \text{kN} +$$

$$(1.0 \times 3.6 \times 2.0 \times 1.0 + 1.0 \times 3.6 \times 2.0 \times 2 \times 0.85 + 1.0 \times 3.6 \times 0.5 \times 0.70)\ \text{kN}$$

$$= 109.46 \text{kN}$$

素混凝土基础的宽度 b：

$$b \geqslant \frac{F_k}{f_a - \gamma d} = \frac{109.46}{219.0 - 20 \times 1.45} m = 0.576 m$$

取基础宽度 $b = 700mm$

（4）复核是否满足刚性角要求

砖大放脚部分：

$$\frac{2 \times 60}{2 \times 120} = \frac{1}{2} < \frac{1}{1.5}（满足要求）$$

素混凝土垫层部分：

$$\frac{110}{460} = 0.24 < 1.0（满足要求）$$

基础详图如图 6-26a 所示。

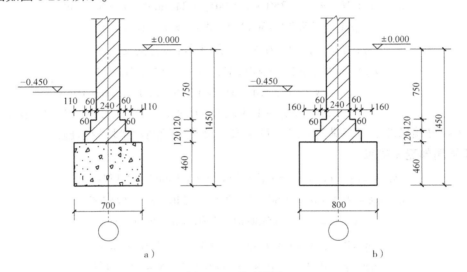

图 6-26　基础详图

a）横墙基础　b）外纵墙基础

2. 外纵墙基础设计

（1）基础尺寸的确定　采用荷载标准组合值，基础顶面以上墙体传下来的荷载为：

$$F_k = [(G_k + G_{4k} + G_{3k} + G_{2k} + G_{1k} + N_{l4gk} + N_{l3gk} + N_{l2gk} + N_{l1gk}) + (0.7N_{l4qk} + 0.85N_{l3qk} + 0.85N_{l2qk} + N_{l1qk})]/3.6$$
$$= (21.96 + 49.9 \times 3 + 51.43 + 42.31 + 36.91 \times 3)kN/m + (0.7 \times 5.4 + 0.85 \times 21.6 \times 2 + 21.6)kN/m$$
$$= 438.23/3.6 kN/m = 121.73 kN/m$$

素混凝土基础的宽度为：

$$b \geqslant \frac{F_k}{f_a - \gamma d} = \frac{121.73}{219.0 - 20 \times 1.45} m = 0.640 m$$

取基础宽度 $b = 800mm$

（2）复核是否满足刚性角要求

砖大放脚部分：

$$\frac{2 \times 60}{2 \times 120} = \frac{1}{2} < \frac{1}{1.5}（满足要求）$$

素混凝土垫层部分：

$$\frac{160}{460} = 0.35 < 1.0（满足要求）$$

基础详图如图 6-26b 所示。

3. 变形验算

本算例属于丙类建筑，地基承载力特征值 $f_{ak} = 200kPa$，砌体承重结构四层，根据现行国家标准《建筑地基基础设计规范》GB 50007，表 3.0.2 可知，可不作地基变形计算。

思 考 题

［6-1］影响无筋砌体受压构件承载力的主要因素有哪些？

［6-2］梁端局部受压分哪几种情况？各种情况应如何计算？试比较其异同点。

［6-3］什么是砌体局部抗压强度提高系数 γ？现行国家标准《砌体结构设计规范》GB 50003 是如何取值的？

［6-4］什么是梁端有效支承长度？

［6-5］当梁端支承处局部承载力不满足要求时，可采取哪些措施？

［6-6］刚性方案、弹性方案、刚弹性方案在受力分析中的基本区别是什么？划分混合结构房屋静力计算方案的依据是什么？

［6-7］现行国家标准《砌体结构设计规范》GB 50003 规定，刚性和刚弹性方案房屋的横墙应符合哪些要求？何时应验算横墙水平位移？

［6-8］怎样确定单层刚性方案房屋墙、柱的计算简图？并简述其理由。

［6-9］为什么要验算墙、柱高厚比 β？写出验算公式，并说明参数的意义。

［6-10］怎样验算带壁柱墙的高厚比 β？

［6-11］基础底面尺寸是根据什么确定的？

［6-12］什么是刚性角？不满足刚性角要求的基础在什么部位可能发生怎样的破坏？

第7章　课程设计任务书

7.1　混凝土单向板肋梁楼盖设计任务书

7.1.1　设计题目

某多层工业厂房楼盖结构设计。

7.1.2　设计条件

1）某多层工业厂房，采用内框架结构，标准层建筑平面如图7-1所示，墙厚240mm，混凝土柱截面尺寸400mm×400mm。房屋的安全等级为二级，拟采用钢筋混凝土单向板肋梁楼盖。

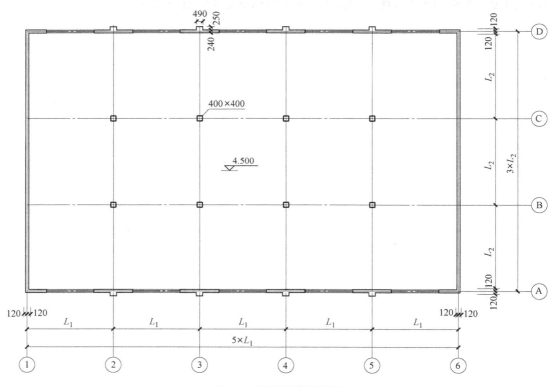

图7-1　标准层建筑平面

2）楼面构造做法。采用水泥砂浆楼面，构造做法见苏J01-2019-2/3，即10mm厚1∶2水泥砂浆面层；20mm厚1∶3水泥砂浆找平层；现浇钢筋混凝土楼面；20mm厚混合砂浆粉刷。

3）柱网尺寸和楼面可变荷载标准值见表7-1，准永久值系数均为 $\psi_q = 0.5$。

4）材料要求。

①混凝土：钢筋混凝土结构的混凝土强度等级不应低于C20，当采用400MPa及以上的钢筋时，混凝土强度等级不应低于C25。

②钢筋：梁内受力主筋采用HRB400级钢筋，其余均采用HPB300级钢筋。

5）该厂房无特殊要求，楼梯位于楼盖外部的相邻部分。

表 7-1　各题号的设计条件（一）

柱网 $L_1 \times L_2$ /mm×mm	可变荷载标准值/(kN/m²)						
	5.0	5.5	6.0	6.5	7.0	7.5	8.0
6000×6600	42	41	40	39	38	37	36
6600×6900	35	34	33	32	31	30	29
6600×7200	28	27	26	25	24	23	22
6600×7500	21	20	19	18	17	16	15
6900×7200	14	13	12	11	10	9	8
6900×7500	7	6	5	4	3	2	1

7.1.3　设计内容

1）确定结构平面布置。

2）板的设计（按塑性理论）。

3）次梁设计（按塑性理论）。

4）主梁设计（按弹性理论）。

5）绘制施工图，包括：

①结构平面布置图（1:200 或 1:100）。内容：轴线号、板（区格）、梁、柱的编号，断面尺寸，梁中心距离，边界及尺寸，纵横折倒剖面（涂黑）等。

②板的配筋图（1:50）（可以直接画在结构平面图上）。内容：受力钢筋和构造钢筋的编号、形式、位置、直径和间距；正确表示钢筋及其弯钩的位置；四种构造钢筋；分布钢筋（垂直于板底和板面的受力钢筋），垂直主梁及板边、边角的构造负筋，它们的直径、间距和面积要求详见现行国家标准《混凝土结构设计规范》GB 50010。分布钢筋可不绘出，统一用文字注明。

③次梁的配筋图。

a. 立面图（1:30～1:50）。内容：轴线号，支承（砖墙、主梁的位置、尺寸），钢筋编号，纵向钢筋切断点至支座边缘的距离，箍筋的直径、间距，构造钢筋不用画。

b. 断面图（1:20～1:30）。内容：钢筋的编号，纵向钢筋（受力、构造）的直径、根数、断面尺寸。

④主梁的配筋图。内容：在图中绘出弯矩包络图及材料抵抗弯矩图，确定纵向钢筋的布置，并画纵向钢筋大样图，其余参照次梁。

⑤施工说明。内容：混凝土强度等级、钢筋强度等级、构造钢筋、混凝土保护层厚度、板厚等。

7.1.4　成果要求

1）进度安排（1 周），其中

布置设计任务及结构布置	0.5 天
设计计算及整理计算书	2.5 天
绘制施工图	2.0 天

2）计算正确，计算书必须统一格式并用钢笔抄写清楚。

3）每人需完成 1 号图一张，用铅笔绘图。要求图面布局均匀、比例适当、线条流畅、整洁美观，标注及说明用仿宋体书写，严格按照建筑制图标准作图。

4）在完成上述设计任务后方可参加课程设计答辩。

7.1.5　参考资料

1. 东南大学，天津大学，同济大学．混凝土结构（第6版）（中册）［M］．北京：中国建筑工业出版社，2016
2. 《建筑结构静力计算手册》编写组．建筑结构静力计算手册（第2版）［M］．北京：中国建筑工业出版社，1998
3. GB 50009—2012 建筑结构荷载规范［S］
4. GB/T 50105—2010 建筑结构制图标准［S］
5. GB 50010—2010 混凝土结构设计规范（2015年版）［S］

7.2　混凝土双向板肋梁楼盖设计任务书

7.2.1　设计题目

某多层工业厂房楼盖结构设计。

7.2.2　设计条件

1）某多层工业厂房，采用内框架结构，标准层建筑平面如图7-2所示，墙厚370mm，混凝土柱截面尺寸为400mm×400mm。房屋的安全等级为二级，拟采用钢筋混凝土双向板肋梁楼盖。

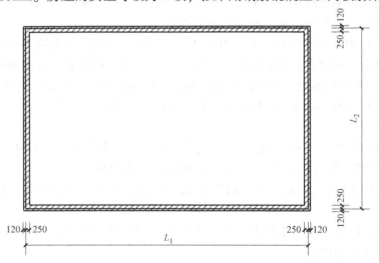

图7-2　楼盖建筑平面

2）楼面构造做法。采用水磨石楼面，构造做法见苏J01-2019-5/3，即15mm厚1:2白石子磨光打蜡；刷素水泥浆结合层一道；20mm厚1:3水泥砂浆找平层；现浇钢筋混凝土楼面；20mm厚混合砂浆粉刷。

3）建筑平面尺寸和楼面可变荷载标准值见表7-2，准永久值系数均为 $\psi_q = 0.5$。

表7-2　各题号的设计条件（二）

$L_1 \times L_2$/(m×m)	可变荷载标准值/(kN/m²)						
	5.0	5.5	6.0	6.5	7.0	7.5	8.0
14.0×9.0	42	41	40	39	38	37	36
16.0×10.5	35	34	33	32	31	30	29
13.5×10.5	28	27	26	25	24	23	22
13.5×12.0	21	20	19	18	17	16	15

（续）

$L_1 \times L_2$/(m × m)	可变荷载标准值/(kN/m²)						
	5.0	5.5	6.0	6.5	7.0	7.5	8.0
20.0 × 12.0	14	13	12	11	10	9	8
20.0 × 13.5	7	6	5	4	3	2	1

4）材料要求。

① 混凝土：钢筋混凝土结构的混凝土强度等级不应低于 C20，当采用 400MPa 及以上的钢筋时，混凝土强度等级不应低于 C25。

②钢筋：梁内受力主筋采用 HRB400 级钢，其余均采用 HPB300 级钢。

5）该厂房无特殊要求，楼梯位于楼盖外部的相邻部分。

7.2.3　设计内容

1）确定结构平面布置。

2）板的设计（按弹性理论）。

3）板的设计（按塑性理论）。

4）支承梁设计（按弹性理论）。

5）绘制施工图，包括：

①结构平面布置图（1:100）。内容：轴线号、板（区格）、梁、柱的编号，断面尺寸，梁中心距离，边界及尺寸，纵横折倒剖面（涂黑）等。

②板的配筋图（1:50）。内容：受力钢筋和构造钢筋的编号、形式、位置、直径和间距；正确表示钢筋及其弯钩的位置。

③支承梁的配筋图。

a. 立面图（1:30～1:50）。内容：轴线号，支承（砖墙、主梁的位置、尺寸），钢筋编号，纵向钢筋切断点至支座边缘的距离，箍筋的直径、间距，构造钢筋不用画。

b. 断面图（1:20～1:30）。内容：钢筋的编号，纵向钢筋（受力、构造）的直径、根数、断面尺寸。

④施工说明。内容：混凝土强度等级、钢筋强度等级、构造钢筋、混凝土保护层厚度、板厚等。

7.2.4　成果要求

1）进度安排（1 周），其中

布置设计任务及结构布置　　　　　　　0.5 天

设计计算及整理计算书　　　　　　　　2.5 天

绘制施工图　　　　　　　　　　　　　2.0 天

2）计算正确，计算书必须统一格式并用钢笔抄写清楚。

3）每人需完成 1 号图一张，用铅笔绘图。要求图面布局均匀、比例适当、线条流畅、整洁美观，标注及说明用仿宋体书写，严格按照建筑制图标准作图。

4）在完成上述设计任务后方可参加课程设计答辩。

7.2.5　参考资料

1. 东南大学，天津大学，同济大学. 混凝土结构（第 6 版）（中册）. 北京：中国建筑工业出版社，2016

2.《建筑结构静力计算手册》编写组. 建筑结构静力计算手册（第 2 版）[M]. 北京：中国建筑工业出版社，1998

3. GB 50009—2012 建筑结构荷载规范［S］

4. GB/T 50105—2010 建筑结构制图标准［S］

5. GB 50010—2010 混凝土结构设计规范（2015 年版）［S］

7.3 单层厂房排架结构设计任务书

7.3.1 设计题目

某单层工业厂房装配式钢筋混凝土排架结构设计。

7.3.2 设计条件

1）建设地点：某市郊外（抗震设防烈度 6 度）。

2）主要工艺参数。

①单跨，跨度见表 7-3。

②柱间 6m，不抽柱，厂房纵向总长度 66m。

③设有两台桥式双钩起重机，A5（中级）工作制，额定起重量及轨顶标高详见表 7-3。大连起重有限公司 DSQD 型吊钩桥式起重机 A5/A6，起重机技术参数见表 7-4。

④室内外高差 150～250mm。

表 7-3 各题号的设计条件（三）

厂房跨度/m		18				21				24			30		
起重量/t		16	20	25	32	16	20	25	32	16	20	25	16	20	25
轨顶标高/m	8.4	1	2	3	4	5	6	7	8	9	10	11	12	13	14
	9.6	15	16	17	18	19	20	21	22	23	24	25	26	27	28
	10.2	29	30	31	32	33	34	35	36	37	38	39	40	41	42
	11.4	43	44	45	46	47	48	49	50	51	52	53	54	55	56
	12.0	57	58	59	—	60	61	62	—	63	64	65	66	67	68
风荷载/(kN/m²)		0.7	0.6	0.5	0.4	0.7	0.6	0.5	0.4	0.7	0.6	0.5	0.6	0.5	0.4

注：1. 轨顶标高由工艺要求确定。

2. 表中荷载均为标准值。屋面可变荷载按不上人考虑，不考虑积灰荷载。

3. 起重机跨度等于厂房跨度减去 1.5m。

表 7-4 大连起重有限公司 DSQD 型吊钩桥式起重机 A5/A6

起重量/t	起重机跨度/m	起升高度/m	主要尺寸				起重机总重/t	小车重/t	最大轮压/kN
			B/mm	K/mm	H/mm	B_1/mm			
5	10.5	16/16	5050/5150	3400/3400	1754/1764	230/230	12.715/12.991	2.126/2.224	74/75
	13.5						14.233/14.509		79/80
	16.5						16.061/16.337		85/93
	19.5		5200/5204	3550/3550			18.616/19.027		92/93
	22.5						20.977/21.395		98/100
	25.5		6024/6264	5000/5000			25.393/25.584		110/111
	28.5						28.516/28.077		118/119
	31.5						31.405/31.596		125/126

（续）

起重量 /t	起重机 跨度/m	起升 高度/m	主要尺寸				起重机总重/t	小车重/t	最大轮压 /kN
			B/mm	K/mm	H/mm	B_1/mm			
10	16/16	10.5	5700/5704	4050/4050	1876/1876	230/230	14.270/14.719	3.424/3.562	102/104
		13.5					16.151/16.600		109/111
		16.5					18.881/19.330		118/120
		19.5	5930/5934				20.677/21.034		123/125
		22.5					23.175/23.523		130/132
		25.5	6284/6504	5000/5000	1926/1926		27.605/27.889		142/144
		28.5					30.986/31.280		151/152
		31.5					34.405/34.699		160/162
16/3.2	16/16	10.5	5940/6274	4000/4400	2095/2095	230/230	19.128/20.045	6.227/6.427	141/145
		13.5			2095/2097		20.344/21.474		148/152
		16.5					23.391/23.629		155/160
		19.5	5944/6274	4100/4400			26.384/27.912		168/172
		22.5					28.810/30.413		175/180
		25.5	6434/7004	5000/5000	2185/2187	230/230	33.103/34.464		187/191
		28.5					36.372/37.967		196/202
		31.5					39.428/41.315		205/211
20/5	12/12	10.5	5940/6274	4000/4400	2097/2097	230/230	19.947/20.984	6.856/7.180	163/167
		13.5			2097/2099		21.375/22.802		169/174
		16.5					23.541/25.190		178/183
		19.5	5944/6274	4100/4400			26.384/27.912		191/197
		22.5	5944/7004	4100/5000			28.810/30.413		199/205
		25.5	6434/7004	5000/5000	2187/2189	260/260	33.103/30.413		211/218
		28.5					36.372/34.464		222/229
		31.5					39.428/41.315		231/239
32/5	16	10.5	6474/6574	4650/4650	2343/2347	260/260	26.901/28.061	10877/11.652	237/242
		13.5			2345/2347		29.037/30.292		250/255
		16.5					32.121/33.412		262/268
		19.5	6620/6744	4700/4700			35.522/38.607		275/285
		22.5					39.844/42.832		289/299
		25.5	6924/7044	5000/5000	2475/2477	300/300	44.962/47.023		305/312
		28.5					49.211/50.586		317/322
		31.5					52.748/55.272		327/335
50/10	12	10.5	6724/6944	4800/4800	2726/2726	300/300	35.317/36.075	15.425/15.765	333/336
		13.5			2726/2728		37.788/38.929		354/357
		16.5					42.042/43.314		373/377
		19.5	6824/6944				46.140/47.720		385/395
		22.5			2732/2734		50.082/51.746		404/410
		25.5	7024/7144	5000/5000			55.590/57.614		421/428
		28.5					59.592/61.723		434/441
		31.5					64.880/67.242		450/457

注：表中"重"量均指质量。

3）屋盖结构。选用预应力混凝土折线形屋架，1.5m×6.0m 预应力混凝土屋面板。不设天窗。

4）屋面构造。外天沟排水。三毡四油防水层，20mm 厚水泥砂浆找平层。

5）围护砖墙 240mm 厚，禁用实心黏土砖。外墙水泥砂浆抹灰，内墙混合砂浆抹灰，均涂料饰面。

6）工程地质：厂区地形平坦，土层分布：

①素填土，地表下 1.20 ~ 1.50m 厚，稍密，软塑，$\gamma = 17.5 \text{kN/m}^3$。

②灰色黏土层，10 ~ 12m 厚，层位稳定，呈可塑-硬塑，可作持力层，$f_a = 200 \text{kN/m}^2$，$\gamma = 19.2 \text{kN/m}^3$。

③粉砂，中密，$f_a = 240 \text{kN/m}^2$。

地下水位在自然地面以下 3.5m。

7.3.3　设计内容

1）方案设计与材料选择。内容：厂房平面、剖面设计；结构构件选型；材料选择。

2）设计排架边柱、柱下独立基础、抗风柱、起重机梁与排架柱连接处的预埋件。

3）结构施工图，包括：

①屋盖结构布置图（1:200）。内容：屋面板、天沟板、嵌板、屋架的位置、型号、数量；屋盖支撑；排水孔。上述标准构件的编号应与标准图集一致，并统一说明所采用的标准图集号。

②柱网、起重机梁布置图（1:200）。内容：轴线、纵向柱列、抗风柱、柱间支撑。

上述两项可利用对称性合画在一张平面图上。

③柱模板及配筋图（1:30 ~ 1:40）。内容：柱与屋架、起重机梁的连接预埋件及详图索引号，详图符号应与标准图集编号及选用的预埋件型号一致，详图可不画。

④基础平面布置图（1:200），基础详图（1:30 ~ 1:40）。内容：轴线编号；基础、基础梁的编号、边界及尺寸；柱下独立基础的模板、配筋图等。

⑤施工说明。内容：材料强度等级；混凝土保护层厚度；排架柱的吊装方式；预制构件汇总表；地基承载力等。

7.3.4　成果要求

1）进度安排（1.5 周），其中

布置设计任务及结构布置	1.0 天
排架结构分析	2.0 天
排架柱设计	0.5 天
独立基础设计	1.0 天
绘制施工图、整理计算书	3.0 天

2）计算正确，计算书必须统一格式并用钢笔抄写清楚。

3）每人需完成 1 号图一张或 2 号图 2 ~ 3 张，用铅笔绘图。要求图面布局均匀、比例适当、线条流畅、整洁美观，标注及说明用仿宋体书写，严格按照建筑制图标准作图。

4）在完成上述设计任务后方可参加课程设计答辩。

7.3.5　参考资料

1. 东南大学，天津大学，同济大学. 混凝土结构（第 6 版）（中册）[M]. 北京：中国建筑工业出版社，2016

2. 罗福午. 单层工业厂房结构设计（第 2 版）[M]. 北京：清华大学出版社，1996

3.《建筑结构静力计算手册》编写组. 建筑结构静力计算手册（第 2 版）[M]. 北京：中国建筑工业出版社，1998

4. GB 50009—2012 建筑结构荷载规范 [S]

5. GB/T 50105—2010 建筑结构制图标准 [S]

6. GB 50010—2010 混凝土结构设计规范（2015 年版）［S］

7. GB 50007—2011 建筑地基基础设计规范［S］

7.4　混凝土框架结构设计任务书

7.4.1　设计题目

某内廊式多层办公楼结构设计。

7.4.2　设计条件

1）办公楼标准层建筑平面如图 7-3 所示，层高均为 3.6m，室内外高差 0.45m。房屋安全等级为二级，设计使用年限 50 年。抗震设防烈度 6 度（0.05g），拟采用钢筋混凝土框架结构。

2）建筑构造。

①墙身做法：±0.000 标高以下墙体均为多孔黏土砖，用 M7.5 水泥砂浆砌筑；±0.000 标高以上外墙采用 PK1 黏土多孔砖，内墙采用 ALC 加气混凝土砌块，用 M5 混合砂浆砌筑。

内墙（乳胶漆墙面）：苏 J01-2019-9/5
　　　　　　　　刷乳胶漆
　　　　　　　　5mm 厚 1:0.3:3 水泥石灰膏砂浆粉面
　　　　　　　　12mm 厚 1:1.6 水泥石灰膏砂浆打底
　　　　　　　　刷界面处理剂一道

外墙（保温墙面——聚苯板保温）：苏 J01-2019-22/6
　　　　　　　　喷涂料面层
　　　　　　　　聚合物抹面抗裂砂浆
　　　　　　　　耐碱玻纤网格布
　　　　　　　　聚合物抹面抗裂砂浆
　　　　　　　　界面剂一道刷在膨胀聚苯板粘贴面上
　　　　　　　　25mm 厚膨胀聚苯板保温层（需专业固定件）
　　　　　　　　界面剂一道刷在膨胀聚苯板粘贴面上
　　　　　　　　3mm 厚专用胶粘剂
　　　　　　　　20mm 厚 1:3 水泥砂浆找平层
　　　　　　　　界面处理剂一道
　　　　　　　　黏土多孔砖基层墙面

②平顶做法（乳胶漆顶棚）：苏 J01-2019-6/8
　　　　　　　　刷乳胶漆
　　　　　　　　20mm 厚 1:0.3:3 水泥石灰膏砂浆打底
　　　　　　　　刷素水泥浆一道（内掺建筑胶）
　　　　　　　　现浇混凝土楼板

③楼面做法（水磨石地面）：苏 J01-2019-5/3
　　　　　　　　15mm 厚 1:2 白水泥彩色石子磨光打蜡（铝条分格条）
　　　　　　　　刷素水泥结合层一道
　　　　　　　　20mm 厚 1:3 水泥砂浆找平层
　　　　　　　　现浇钢筋混凝土楼面

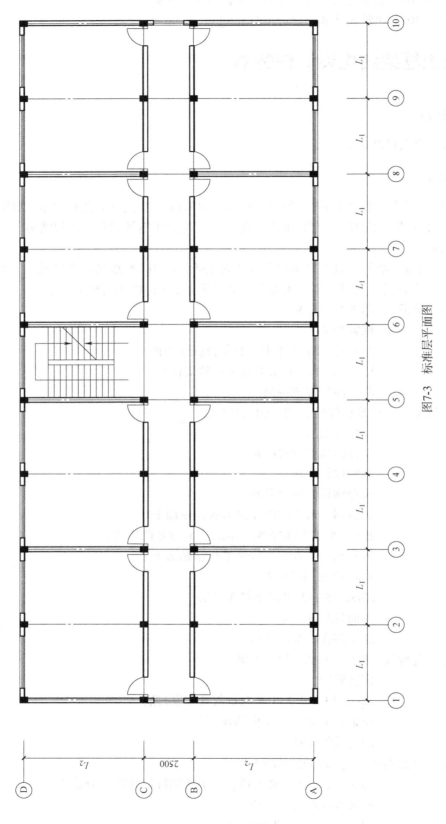

图 7-3   标准层平面图

④屋面做法（刚性防水屋面——有保温层）：苏 J01-2019-12/7。

$\qquad$50mm 厚 C20 细石混凝土内配φ4 双向钢筋，中距 200mm 抹平压光

$\qquad$20mm 厚 1:3 水泥砂浆找平层

$\qquad$60mm 厚挤塑聚苯板保温层

$\qquad$20mm 厚 1:3 水泥砂浆找平层

$\qquad$合成高分子防水卷材一层（厚度≥12mm）

$\qquad$20 ~ 150mm 厚轻质混凝土找坡（坡度 2%）

$\qquad$钢筋混凝土屋面板

⑤门窗做法：隔热断桥铝合金窗（2700mm × 1800mm），木门（1200mm × 2400mm）。

3）可变荷载标准值。

①建设地点基本风压 $w_0 = 0.45 \text{kN/m}^2$（重现期 50 年），场地粗糙度属 B 类，组合值系数 $\psi_c = 0.6$。

②建设地点基本雪压 $S_0 = 0.40 \text{kN/m}^2$（重现期 50 年），组合值系数 $\psi_c = 0.7$。

③不上人屋面可变荷载标准值 0.5kN/m^2，组合值系数 $\psi_c = 0.7$。

④办公室楼面可变荷载标准值 2.0kN/m^2，组合值系数 $\psi_c = 0.7$。

⑤走廊、楼梯可变荷载标准值 2.5kN/m^2，组合值系数 $\psi_c = 0.7$。

4）柱网及层数（表 7-5）。

表 7-5　各题号的设计条件（四）

层数	柱网 $L_1 \times L_2 /(\text{m} \times \text{m})$									
	3.6 × 6.0	3.6 × 6.3	3.6 × 6.6	3.6 × 6.9	3.6 × 7.2	3.9 × 6.3	3.9 × 6.6	3.9 × 6.9	3.9 × 7.2	4.2 × 6.0
三层	30	29	28	27	26	25	24	23	22	21
四层	20	19	18	17	16	15	14	13	12	11
五层	10	9	8	7	6	5	4	3	2	1

7.4.3　设计内容

1）结构平面布置（楼盖布置、估算构件截面尺寸）与材料选择。

2）横向框架结构分析（荷载计算、竖向荷载下内力计算、水平荷载下内力计算、水平荷载下侧移计算）。

3）框架梁、柱截面设计（选择材料、内力组合、配筋计算）。

4）绘制施工图，内容包括：

①结构平面布置图（1:200）。内容：轴线号、板、梁、柱的编号，断面尺寸，梁中心距离，边界及尺寸，标高等。

②框架施工图（1:200）。内容：横向框架立面图、断面配筋图等。

③施工说明。内容：材料强度等级；混凝土保护层厚度等。

7.4.4　成果要求

1）进度安排（1.5 周）。

下达设计任务及结构布置	1.0 天
框架结构分析	2.0 天
框架截面设计	2.0 天
绘制施工图及整理计算书	2.5 天

2）计算正确，计算书必须统一格式并用钢笔抄写清楚。

3）每人需完成 1 号图一张或 2 号图两张，用铅笔绘图。要求图面布局均匀、比例适当、线条流畅、整洁美观，标注及说明用仿宋体书写，严格按照建筑制图标准作图。

4）在完成上述设计任务后方可参加课程设计答辩。

7.4.5　参考资料

1. 东南大学，天津大学，同济大学. 混凝土结构（第 6 版）（中册）［M］. 北京：中国建筑工业出版社，2016

2. 《建筑结构静力计算手册》编写组. 建筑结构静力计算手册（第 2 版）［M］. 北京：中国建筑工业出版社，1998

3. GB 50009—2012 建筑结构荷载规范［S］

4. GB/T 50105—2010 建筑结构制图标准［S］

5. GB 50010—2010 混凝土结构设计规范（2015 年版）［S］

6. GB 50011—2010 建筑抗震设计规范（2016 年版）［S］

7.5　砌体结构设计任务书

7.5.1　设计题目

某多层教学楼结构设计。

7.5.2　设计条件

1）教学楼标准层平面图、剖面图如图 7-4、图 7-5 所示，层高均为 3.6m，室内外高差 0.45m。房屋安全等级为二级，设计使用年限 50 年，施工质量等级 B 级，抗震设防烈度 6 度（0.05g），拟采用装配式钢筋混凝土楼、屋盖，多层砌体结构。

2）构造做法。

①楼面构造做法：

20mm 厚 1:2 水泥砂浆面层

120mm 厚预应力混凝土空心板

15mm 厚混合砂浆粉底

②屋面构造做法：

改性沥青防水层

20mm 厚 1:3 水泥砂浆

100mm 厚泡沫混凝土保温层

120mm 厚预应力混凝土空心板

15mm 厚混合砂浆粉底

③墙面构造做法：内、外墙面均为 240mm 厚，两侧 20mm 厚的混合砂浆粉饰后，再刷以乳胶漆。

④门窗——采用塑钢门窗。

窗洞尺寸 C1：1800mm × 2100mm。

门洞尺寸 M2：900mm × 2400mm、M1：1200mm × 2400mm。

3）工程地质资料。根据勘探揭露，地表下 20.23m 深度范围内，除根植土外，其余均为第四纪滨海、河湖相沉积物。主要由黏土组成，按其工程特性从上到下可分为 5 个层次，各层次分布厚度及结构特征见表 7-6。

地下水位距地面 1.5m，变化幅度不大，且地下水无明显的腐蚀性。

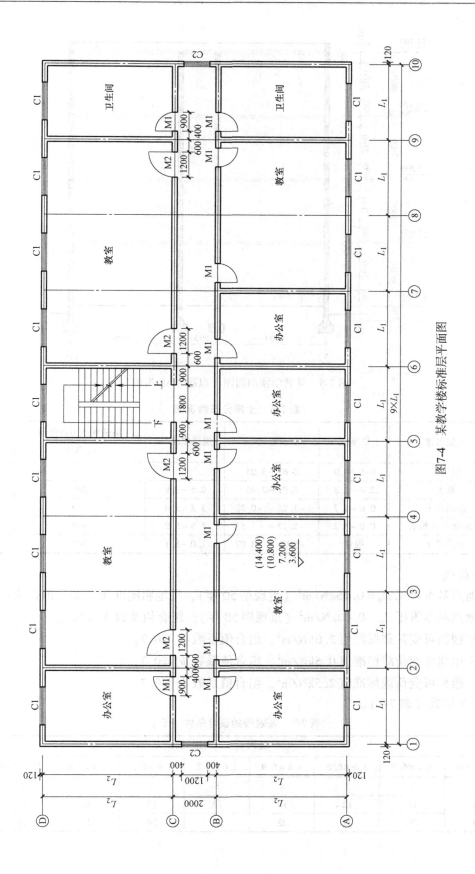

图7-4　某教学楼标准层平面图

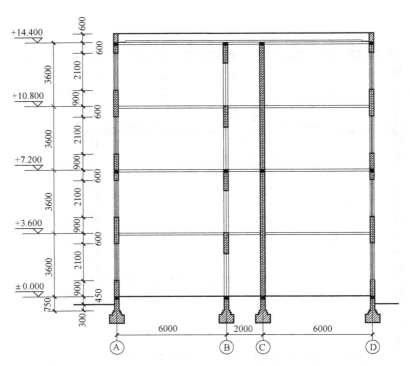

图 7-5 某教学楼剖面图（以题号 10 为例）

表 7-6 土层分布情况表

土层编号	土层名称	土层厚度/m	层顶标高/m	层顶埋深/m	地基承载力特征值 f_{ak}/kPa	压缩模量 $E_{s0.1\sim0.2}$/MPa
①	根植土	0.5~0.9	2.63~3.05			
②	黏土	2.4~3.3	0.91~2.46	0.5~0.9	200	7.5
③	粉质黏土	0.6~1.7	−1.26~−0.32	3.2~3.9	170	6.5
④	粉质黏土夹粉土	0.0~3.2	−2.27~−1.52	4.5~5.2	140	5.5
⑤	粉质黏土	揭穿	−5.27~−4.07	7.0~8.1	100	3.5

4）可变荷载。

①建设地点基本风压 $w_0 = 0.45 \text{kN/m}^2$（重现期 50 年），场地粗糙度属 B 类，组合值系数 $\psi_c = 0.6$。

②建设地点基本雪压 $S_0 = 0.40 \text{kN/m}^2$（重现期 50 年），组合值系数 $\psi_c = 0.7$。

③办公室楼面可变荷载标准值 2.0kN/m^2，组合值系数 $\psi_c = 0.7$。

④不上人屋面可变荷载标准值 0.5kN/m^2，组合值系数 $\psi_c = 0.7$。

⑤走廊、楼梯可变荷载标准值 2.5kN/m^2，组合值系数 $\psi_c = 0.7$。

5）开间及层数（表 7-7）。

表 7-7 各题号的设计条件（五）

层数	柱网 $L_1 \times L_2$/(m×m)								
	3.6×6.0	3.6×6.3	3.6×6.6	3.6×6.9	3.6×7.2	3.9×6.3	3.9×6.6	3.9×6.9	3.9×7.2
三层	1	2	3	4	5	6	7	8	9
四层	10	11	12	13	14	15	16	17	18
五层	19	20	21	22	23	24	25	26	27

7.5.3　设计内容

1) 结构承重方案选择、结构布置。

2) 墙体高厚比验算。

3) 墙体（纵墙、横墙）承载力验算。

4) 梁下砌体局部受压承载力验算。

5) 墙下条形基础设计。

6) 绘制施工图，包括：

①结构平面布置图（1:200）。

②基础布置图（1:200）、基础详图（1:30~1:40）。

③施工说明。

7.5.4　成果要求

1) 进度安排（1.0 周）

下达设计任务及结构布置	1.0 天
墙体高厚比验算、纵墙承载力验算	1.0 天
横墙承载力验算、梁下砌体局部受压承载力验算	1.0 天
基础设计	1.0 天
整理计算书	1.0 天

2) 计算正确，计算书必须统一格式并用钢笔抄写清楚。

3) 每人需完成 1 号图一张或 2 号图两张，用铅笔绘图。要求图面布局均匀、比例适当、线条流畅、整洁美观，标注及说明用仿宋体书写，严格按照建筑制图标准作图。

4) 在完成上述设计任务后方可参加课程设计答辩。

7.5.5　参考资料

1. 丁大钧. 砌体结构 [M]. 北京：中国建筑工业出版社，2004
2. GB/T 50105—2010 建筑结构制图标准 [S]
3. GB 50009—2012 建筑结构荷载规范 [S]
4. GB 50011—2010 建筑抗震设计规范（2016 年版）[S]
5. GB 50003—2011 砌体结构设计规范 [S]
6. GB 50007—2011 建筑地基基础设计规范 [S]

参 考 文 献

[1] 中华人民共和国住房和城乡建设部.建筑结构可靠性设计统一标准：GB 50068—2018 [S].北京：中国建筑工业出版社，2018.

[2] 中华人民共和国住房和城乡建设部.混凝土结构设计规范（2015 年版）：GB 50010—2010 [S].北京：中国建筑工业出版社，2015.

[3] 中华人民共和国住房和城乡建设部.建筑结构荷载规范：GB 50009—2012 [S].北京：中国建筑工业出版社，2012.

[4] 中华人民共和国住房和城乡建设部.砌体结构设计规范：GB 50003—2011 [S].北京：中国建筑工业出版社，2011.

[5] 中华人民共和国住房和城乡建设部.建筑地基基础设计规范：GB 50007—2011 [S].北京：中国建筑工业出版社，2011.

[6] 中华人民共和国住房和城乡建设部.建筑抗震设计规范（2016 年版）：GB 50011—2010 [S].北京：中国建筑工业出版社，2016.

[7] 中华人民共和国住房和城乡建设部.建筑结构制图标准：GB/T 50105—2010 [S].北京：中国建筑工业出版社，2010.

[8] 中华人民共和国住房和城乡建设部.房屋建筑制图统一标准：GB/T 50001—2017 [S].北京：中国建筑工业出版社，2017.

[9] 东南大学，天津大学，同济大学.混凝土结构·中册：混凝土结构与砌体结构设计 [M].7 版.北京：中国建筑工业出版社，2020.

[10] 罗福午.单层工业厂房结构设计 [M].2 版.北京：清华大学出版社，1990.

[11] 丁大钧，蓝宗建.砌体结构 [M].2 版.北京：中国建筑工业出版社，2011.

[12] 邱洪兴.建筑结构设计（第二册）——设计示例 [M].3 版.北京：高等教育出版社，2020.